高等院校"十一五"规划教材

# Windows CE（C#）嵌入式应用开发

王 浩 林艺春 编著

中国水利水电出版社
www.waterpub.com.cn

## 内 容 提 要

全书共分为五部分内容：Windows CE 系统基础、Windows CE 系统定制、图形界面开发、嵌入式移动数据库开发、通信开发。Windows CE 系统基础部分介绍 Windows CE 5.0 体系结构的组成、开发流程及开发工具的使用；Windows CE 系统定制部分介绍如何使用 Platform Builder 5.0 工具按步骤定制适合目标硬件平台的操作系统映像；图形界面开发部分讲述利用.NET Compact Framework 框架下的 GDI+的特性，开发手写笔程序及电子相册；嵌入式移动数据库开发部分采用案例式讲述 SQL Server Mobile 数据库的创建，并利用 VS.NET2005 平台开发设备端数据库应用以及设备端和服务器端之间的数据同步技术；通信开发部分包括串口通信应用和蓝牙通信应用，串口通信应用讲述通过编程实现短信收发，蓝牙通信应用讲述通过蓝牙套接字编程实现信息广播和文件传输功能。

本书可作为高等院校相关专业师生的教学参考书及相关培训机构的培训教材，并适合从事 Windows CE 系统开发的各级技术人员阅读。

**本书配有电子教案和程序源代码，读者可以从中国水利水电出版社网站和万水书苑免费下载，网址为：http://www.waterpub.com.cn/softdown/和 http://www.wsbookshow.com。**

**图书在版编目（CIP）数据**

Windows CE（C#）嵌入式应用开发 / 王浩，林艺春编著. -- 北京 : 中国水利水电出版社，2010.4（2015.6 重印）
高等院校“十一五”规划教材
ISBN 978-7-5084-7401-4

Ⅰ. ①W… Ⅱ. ①王… ②林… Ⅲ. ①窗口软件，Windows CE－程序设计－高等学校－教材 Ⅳ. ①TP316.7

中国版本图书馆CIP数据核字(2010)第062623号

策划编辑：石永峰　　责任编辑：宋俊娥　　封面设计：李　佳

| | |
|---|---|
| 书　　名 | 高等院校“十一五”规划教材<br>Windows CE（C#）嵌入式应用开发 |
| 作　　者 | 王　浩　林艺春　编著 |
| 出版发行 | 中国水利水电出版社<br>（北京市海淀区玉渊潭南路 1 号 D 座　100038）<br>网址：www.waterpub.com.cn<br>E-mail：mchannel@263.net（万水）<br>sales@waterpub.com.cn<br>电话：（010）68367658（发行部）、82562819（万水） |
| 经　　售 | 北京科水图书销售中心（零售）<br>电话：（010）88383994、63202643、68545874<br>全国各地新华书店和相关出版物销售网点 |
| 排　　版 | 北京万水电子信息有限公司 |
| 印　　刷 | 北京蓝空印刷厂 |
| 规　　格 | 184mm×260mm　16 开本　15.25 印张　376 千字 |
| 版　　次 | 2010 年 4 月第 1 版　2015 年 6 月第 4 次印刷 |
| 印　　数 | 6001—7000 册 |
| 定　　价 | 28.00 元 |

# 序

嵌入式系统技术是当今信息技术中最具生命力的新技术之一，从日常生活中电视机的机顶盒、智能手机，到汽车电子、网络通信以及航空航天飞行器，嵌入式系统技术应用的身影随处可见。美国Microsoft公司研发的组件化实时操作系统Windows CE经过12年的快速发展，现已占据嵌入式系统领域非常重要的位置，依托Windows CE平台，可以开发各式各样的嵌入式系统应用，如智能手机、智能家居、汽车导航以及工业控制等应用。国内嵌入式系统产业现已成为IT产业中的重要新兴产业，这对渴望学习和掌握嵌入式系统应用技术的相关人员是一个非常好的契机。但是嵌入式系统是包含硬件、操作系统、应用软件三部分的一个综合性系统，要真正掌握和应用好嵌入式系统技术，一方面需要有相对应的硬件学习平台，另一方面需要有针对具体硬件平台的软件书籍做指导。

《Windows CE（C#）嵌入式应用开发》一书的内容涵盖当前嵌入式系统应用热门领域，包含图形图像绘制、移动数据库应用、GPRS和蓝牙应用。书中将嵌入式系统最前沿的技术热点与实践应用紧密结合，以工作过程为导向并结合具体实际项目，深入浅出地讲解Windows CE系统的开发技术，这无疑为嵌入式系统领域的开发人员提供了最佳学习向导。

本书的硬件平台采用中国软件协会嵌入式系统分会常务理事单位上海双实科技有限公司所研发的实验实训平台。希望通过本书和实验实训平台，能够加快中国嵌入式系统产业人才的培养，以推动嵌入式系统技术在国内各行业领域内的广泛应用。

中国软件行业协会嵌入式系统分会副理事长兼秘书长

郭淳学

# 前　言

随着嵌入式技术的快速发展，微软公司的 Windows CE 系统在消费、汽车电子、工业控制、无线电、数码产品、网络设备等领域得到了广泛的应用。这使得 Windows CE 方面的嵌入式人才成为当今较为紧缺的人才，目前越来越多的学校相继开设了嵌入式专业及有关课程，同时国内市场上有关 Windows CE 系统开发方面的书籍也不少，但几乎没有一本是以工作过程为导向，按照任务驱动、案例式、模块化讲解 Windows CE 系统的开发技术。

本书集作者多年来从事 Windows CE 技术开发、教学及师资培训方面的经验，系统总结和归纳 Windows CE 系统的开发技术，对 Windows CE 开发过程中涉及到的操作系统定制和下载、SDK 导出以及 VS.NET2005 平台下的应用程序设计与开发进行详细论述。本书立足当前嵌入式技术的发展趋势、核心技术及其主要应用领域，将技术热点与实践应用紧密结合，以实际应用为中心，按照任务驱动、模块化方式，并结合嵌入式开发项目案例，由浅入深、循序渐进地讲解 Windows CE 系统的开发流程和实用技术。

本书按照嵌入式系统的开发流程分成 7 章，分别为 Windows CE 嵌入式系统、Windows CE 开发平台的组建、图形界面应用开发、Windows CE 下的数据库开发、SQL Server Mobile 数据库同步应用、Windows CE 串口通信应用、蓝牙通信应用。这 7 章可以分成五大模块：Windows CE 系统基础、Windows CE 系统定制、图形界面开发、数据库开发、通信开发。Windows CE 系统基础部分介绍 Windows CE 5.0 体系结构的组成、开发流程及开发工具使用；Windows CE 系统定制部分介绍如何使用 Platform Builder 5.0 工具按步骤定制适合目标硬件平台的操作系统映像，并采用相关的软件将内核映像下载到目标设备上运行；图形界面开发部分介绍利用.NET Compact Framework 框架下的 GDI+的特性，开发手写笔程序及电子相册，理解和掌握图形图像绘制技术；数据库开发部分采用案例式介绍 SQL Server Mobile 数据库的创建，并利用 VS.NET2005 平台开发设备端数据库的应用以及实现设备端和服务器端之间的数据同步技术；通信开发部分介绍串口通信在短信收发方面的应用以及蓝牙通信在信息广播和文件传输方面的应用。

本书内容体系完整，案例详实，叙述风格平实，通俗易懂。书中的程序实例已全部通过国内著名嵌入式设备生产商上海双实科技有限公司的嵌入式实验平台的测试。读者对象包括各个级别的 Windows CE 系统开发人员，应用程序开发人员，本书也可以作为高等院校相关专业师生的教学参考书以及相关培训机构的教程。通过本书的学习，读者可以快速掌握和提高 Windows CE 的编程能力和实际开发水平。

本书主要由王浩编写，参与部分编写工作的还有林艺春。在本书编写过程中得到上海双实科技有限公司的大力支持和帮助，在此表示衷心的感谢。

由于时间仓促及作者水平有限，书中错误和不妥之处在所难免，敬请广大读者批评指正。

作　者

2010 年 2 月

# 目 录

# 第 1 章 Windows CE 嵌入式系统

## 1.1 Windows CE 概述

### 1.1.1 什么是 Windows CE

Windows CE 是用于嵌入式设备中的一种开放式操作系统，它是一个基于 Win32 抢先式多任务并具有强大通信能力的模块化操作系统，是微软公司专门为工业控制、移动通信、个人电子消费品等非 PC 领域而全新设计开发的操作系统产品。从开发人员角度来看 Windows CE 具有模块化、结构化、基于 Win32 应用程序接口以及与处理器无关等特点，使得嵌入式系统的设计者得以充分利用基于 32 位的 Windows CE 提供的函数接口进行嵌入式系统开发。关于 Windows CE 中的"CE"含义，微软技术人员普遍认为 C 代表袖珍（Compact）、消费（Consumer）、通信能力（Connectivit）和伴侣（Companion）；而 E 代表电子产品（Electronics）。从这些解释就能感受微软对 Windows CE 产品的定位以及广泛的应用前景。

就目前来说，Windows CE 已经经历了 WinCE 3.0、WinCE 4.0、WinCE 5.0、WinCE 6.0 版本，而 WinCE 5.0 是现在应用最广泛的视窗平台下的嵌入式操作系统。在开发环境上，微软针对 WinCE 5.0 提供了.NET Compact Framework 框架组件，让正在学习.NET 或已拥有.NET 程序开发技术的开发人员能迅速而顺利地开发针对 Windows CE 系统的嵌入式应用程序。本书将以 Windows CE 5.0 为操作系统平台，对 Windows CE 的内部体系结构、平台如何裁剪定制以及平台之上的应用程序开发进行详细讲解。

### 1.1.2 Windows CE 平台主要开发特征

1. 可裁剪定制内核

嵌入式设备可谓多种多样，设备本身硬件资源都是有限的，典型的 Windows CE 设备内存 ROM 一般只有 8～32MB，同时设备的处理器类型也是多样的，这就要求 Windows CE 操作系统必须是可定制的，Windows CE 是微软为嵌入式设备打造的高度模块化，支持在多种不同硬件平台上运行的操作系统。用户可以根据产品的功能需求，对 Windows CE 操作系统进行定制，在定制过程中把跟功能相关的组件加入进去，不需要的组件排除在外。说简单点，可以把 Windows CE 想像成一盒积木，可以用积木搭建出任何物体，但不一定要把所有的积木都用上。经过裁剪之后的 Windows CE 内核最小容量只占 200KB，如果增加图形界面或者网络支持的组件，那么其内核体积可达 4MB 左右，对于开发人员来说，微软提供了强大而又友好的操作系统定制工具 Platform Builder，通过这个工具可以帮助开发人员快速方便地根据硬件平台的功能特征定制适合的 Windows CE 操作系统。

2. 丰富的开发组件支持

（1）Active Template Library（ATL）。活动模板库（ATL）是一套基于模板的 C++类，用

C++可以方便灵活地开发 COM 组件对象。ATL 本身相当小巧灵活，适合在资源受限的设备上提供功能服务，这是它最大的优点。另外开发人员可以创建小型、快速的 ActiveX 服务，它是一个包括一个或多个对象模型组件的动态链接库（DLL）或者可执行文件。选择 ATL 是为了在嵌入式设备上开发基于活动模板库的应用程序和服务。比如在设备端有了 ATL 的支持，可以编写一个提供视频捕捉功能的 COM 组件，然后可以利用 ASP 页面调用 COM 组件的功能，实现远程视频监控服务。

（2）微软基础类库（MFC）。MFC 是一个用来设计应用程序、组件的类库以及全部面向对象的应用框架，它是按照面向对象的思想对 Win32 的 API 封装的类库，嵌入式设备上有了这个组件的加入，就可以开发本地即非托管的代码程序。

（3）.NET Compact Framework 支持。.NET Compact Framework 是.NET Framework 的一个子集，专门面向内存体积占用较少的设备而设计的。.NET Compact Framework 是一个面向安全、可下载应用程序的独立于硬件的程序执行环境，定位于资源有限的计算设备，并且专门为这些设备进行了优化。目前已经有了两个版本的支持，一个是 1.0 版，另一个是 2.0 版。针对 VS.NET 2005 用的是 2.0 版本，它可以使开发者选择多种语言，如 VB.NET、C#，开发出一种与底层平台兼容的托管应用程序。

（4）提供 SQL Server Mobile 数据库访问支持。设备端添加进 SQL Server Mobile 数据存储管理访问组件之后，就可以提供本地数据管理和远程数据同步访问支持。

（5）提供作为服务器端支持。Windows CE 提供了 FTP Server、Telnet Server 和 Web Server 等核心服务器端的支持，使得开发人员不仅可以开发设备客户端服务，也为设备开发远程服务器端服务提供了强大组件支持。例如 Windows CE 中的 Web Server 服务器提供对 ASP（Active Server Page）的支持，它为运行动态交互式的 Web 页提供了脚本环境，这样包含 HTML 页、服务器端脚本和 Com 组件的 ASP 页就可以实现功能强大的远程 Web 服务。

3. 丰富的开发工具支持

在 Windows CE 系统下的开发可以分为操作系统设计、驱动程序设计以及应用程序的开发，Windows CE 为开发者提供了友好的开发工具支持。Platform Builder 是为定制 Windows CE 操作系统提供的开发工具，同时也是一个集成操作系统的构建、调试及发布为一体的集成开发环境。对于应用程序开发人员，可以选择两种易于操作的开发工具，一个是 Embeded Visual C++，另一个是 VS.NET。近几年用的较多的是 VS.NET2005，它提供了.NET Compact Framework 2.0 支持和集成了多种模拟器，使得开发者在硬件资源受限的情况下可以开发、调试和部署嵌入式设备应用程序。

### 1.1.3 Windows CE 应用领域

Windows CE 这种组件化的实时操作系统，适用于各种占用空间小的消费类和企业级设备。从消费电子产品到任务关键型工业控制器无所不含，如图 1-1 所示。这其中包括：

（1）网络设备。在互联网日益昌盛的今天，人们对网络访问的要求也越来越高，随着 3G、4G 网络的普及，越来越多的应用离不开网络，越来越多的设备加入网络的支持，世界因为网络而改变已成为不争的事实。Windows CE 对广域网、局域网、无线设备、有线设备的支持都很强大，所以有如下被广泛应用于这个领域的各个设备：

- Internet 连接设备

- 家庭/建筑物自动化网关
- 移动服务点
- 联网式媒体设备
- 机顶盒
- IP 电话（VoIP）
- 迷你网亭
- 数字媒体适配器

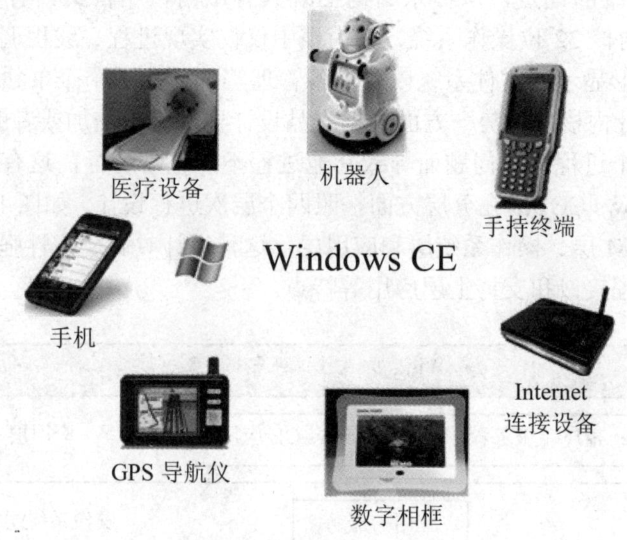


图 1-1　Windows CE 应用设备

（2）消费类电子。这类产品的应用极其广泛，很多产品大家都能随处可见，甚至已经在使用。Windows CE 创建用户界面更具有个性化，浏览体验更丰富多彩。设备制造商可以快速、高效地将其设备推向市场。Windows CE 在这方面的典型应用如下：

- 数字相框
- 游戏设备
- 电子阅读器设备
- GPS 设备
- 便携式媒体播放器
- 智能媒体控件
- 手持终端

（3）工业控制仪器。Windows CE 以其高性能、高可靠性、强大的数据库和网络支持，使其在工业控制、仪表仪器和医疗设备等方面也占有一席之地。

- 人机界面
- 工业控制
- 遥测设备
- 智能装置
- 监控设备

（4）其他。Windows CE 还依靠其快速、高效开发的特点被广泛应用于其他领域：

- 条码和 RFID 扫描仪
- 媒体服务器
- 瘦客户端

### 1.1.4 Windows CE 体系结构的特性

Windows CE 操作系统负责帮助用户管理设备硬件资源和软件资源，它的设计借鉴了 Windows 桌面操作系统的优点，从体系结构上既具有微内核结构又具有分层结构的特点。Windows CE 属于微内核 32 位操作系统，在内核中仅仅实现进程、线程调度和内存管理等最基本的模块，对于图形显示、文件系统以及设备管理等都作为一个个单独模块去实现和运行它们的进程，这样设计内核的优势一方面根据产品设计要求可以增加或者删减不需要的组件，另一方面就是防止一个进程出现问题而导致其他进程不能正常运行，这有利于提高系统的稳定性和灵活性。Windows CE 5.0 在分层方面按照四个层次进行设计，如图 1-2 所示，从底层向上分别为硬件层、OEM 层、操作系统层和应用层，这种设计具有层次性强、可移植性好、组件化可剪裁、强化编程接口和支持上层应用等特点。

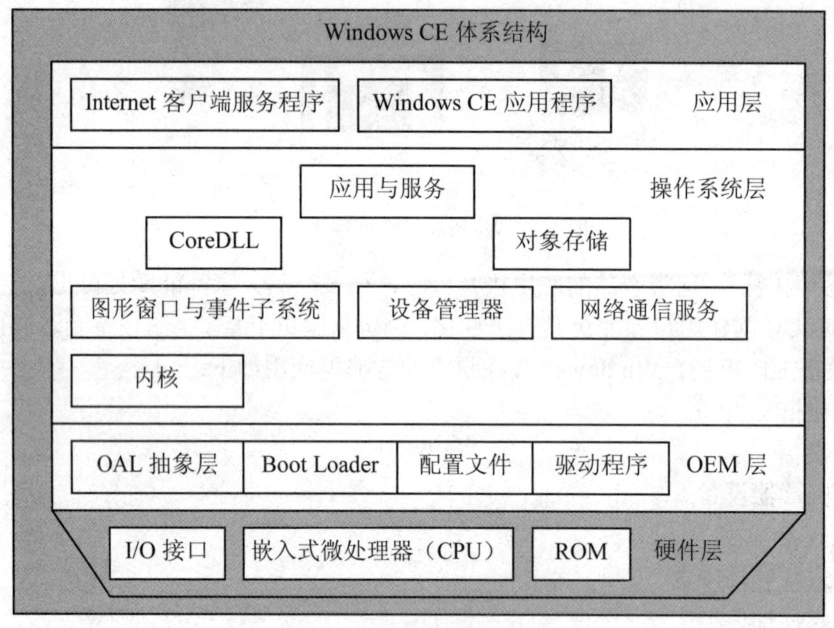


图 1-2 Windows CE 层次体系架构图

#### 1. Windows CE 硬件层

在 Windows CE 嵌入式系统设计中，往往是以设备的应用为核心进行开发的，这使得嵌入式设备根据所应用的领域不同，硬件组成往往有着较大的差别。一般来说，几乎所有的嵌入式设备基本上都是由 CPU、存储器、I/O 端口和其他扩展模块组合在一起构成一个硬件平台。Windows CE 系统是微内核 32 位的操作系统，如果要运行在硬件平台上，需要处理器具备 MMU 单元，ARM9 处理器以及 ARM9 之上处理器具有 MMU 单元，这是因为 Windows CE 系统中程序所运行的进程申请的内存空间都是按照虚拟地址分配的，而实际运行时还是要获取物理地址的，MMU 单元的作用就是用于实现虚拟地址映射为物理地址的，并提供内存的保护。

2. Windows CE OEM 层

在 Windows CE 系统设备中，硬件构成往往具有多样性，为了使 Windows CE 操作系统能够移植运行在多种硬件平台上，微软在设计操作系统的时候，将很多与硬件通信相关的代码放进 OEM 层，这样 Windows CE 要访问底层硬件资源时，可以通过 OEM 层实现对硬件资源的控制。

一般来说，OEM 层包括 OEM 抽象层（OAL）、引导程序（Boot Loader）、配置文件以及设备驱动程序。对于 OAL 层主要实现对具体硬件的抽象，以帮助 Windows CE 内核与硬件通信。另外 OAL 中的代码经过操作系统定制编译之后，在物理上就成为内核的一部分。

引导程序 Boot Loader 用于将定制编译生成的操作系统内核（NK.nb0 或 NK.bin）加载进嵌入式设备中的内存里，然后跳转到操作系统启动代码并执行 Windows CE。Boot Loader 可以通过串口、USB 口或者以太网口进行内核映像的下载。以往一般使用以太网口下载内核，称之为 EBoot，目前用的较多是通过 USB 口下载 NK.nb0 或 NK.bin 内核。

OEM 层中配置文件是一些包含配置信息的文本文件，其主要包括源代码配置文件和映像配置文件。其中源代码配置文件用来通知编译系统如何对用到的模块进行配置。而映像配置文件用于告诉编译系统如何配置以生成在具体硬件平台上运行的操作系统映像。

设备加电之后，为了使上层应用程序或操作系统控制硬件，需要一种媒介程序负责处理应用程序或操作系统与硬件的交互，称之为驱动程序，Windows CE 中的驱动程序都是以一个个 DLL 文件的形式存在的，它实现物理设备或虚拟设备功能的软件抽象，并对外提供一定的编程接口，这样应用程序或操作系统就可以通过驱动程序提供的 API 完成对相关硬件设备的控制。

3. Windows CE 操作系统层

Windows CE 操作系统层在整个嵌入式系统中具有重要的核心作用，一方面对应用层中的应用程序提供各种功能服务和应用编程接口，使得开发者开发的应用程序能够稳定地运行在 Windows CE 平台上，另一方面运行在 OEM 层之上，利用 OEM 抽象层提供服务接口访问硬件资源。从操作系统组成上来说，它主要由内核（NK.EXE）、图形窗口和事件系统模块（GWES.EXE）、对象存储（FILESYS.EXE）、设备管理系统（DEVICE.EXE）以及 CoreDLL 模块构成。

由于 Windows CE 是一个微内核操作系统，内核进程 NK.EXE 是 Windows CE 中的重要核心进程，它实现 Win32 API 进程中处理器调度、内存管理、系统内通信等重要功能，一般只要系统中的内核进程能够正常运行，我们就认为 Windows CE 系统是处于运行状态的。

GWES 模块负责管理 Windows CE 操作系统中与图形界面相关的部分，由 User32 和 GDI32 两部分组成，User32 用来处理来自操作系统的消息和用户的输入，包括鼠标、键盘和触摸屏等。GDI32 用于控制文本和图像的输出显示。另外在 Windows CE 设计中，跟输入输出相关的设备驱动程序如触摸屏、键盘等一个个 DLL 文件都由 GWES.EXE 进程来加载与管理，这样做的好处就是能快速提高系统的输入输出性能。

在 Windows CE 系统中，对象存储的作用与 PC 机中的硬盘很相似，它为应用程序及相关的数据提供了持久稳固的存储。另外文件系统和所有与文件的相关操作都是通过 Filesys.EXE

进程进行管理的，Windows CE 提供给嵌入式设备三种类型的文件系统进行选择使用，分别是基于 RAM 的文件系统、基于 ROM 的文件系统和用于外围存储设备的 FAT 文件系统，在嵌入式设备端进行操作系统定制的时候，如果采用 RAM 文件系统，可以将存储器分成两部分，一部分是程序的运行空间，另一部分是存储内存空间，存储内存有点像一个永久的 RAM 磁盘，只要嵌入式设备有后备电源供应，存储内存中保存的程序或者数据可以在关闭电源的情况下进行持久的保存。对象存储除了用于存放文件外，还存储着系统的注册表和 Windows CE 自带的数据库。

在 Windows CE 系统中运行的应用程序是不能直接访问操作系统提供的系统资源的，如果应用程序要想获得 Windows CE 提供的系统调用服务，必须通过一个 CoreDLL 动态链接库文件帮助实现。这里系统调用服务是以函数的形式提供的，具体函数的功能实现是在应用程序之外的进程中实现的。如图 1-3 所示，具体可以通过以下一个调用实例进行理解。

（1）当用户应用程序通过 SDK 头文件的调用接口发出系统调用请求时，调用接口将通过调用 CoreDll.dll 中的 API 接口进行调用。

（2）在 CoreDll.dll 中的 GetDC 的 API 函数并不真正实现函数的功能，具体实现 GetDC()函数的功能是在 GWES.exe 模块中实现的，所以 CoreDll.dll 会引发软件中断或叫内核陷入，这时内核 NK.exe 捕捉这个软件中断，同时将跳转到真实实现 GetDC()函数的模块 GWES.exe 中。

（3）GWES.exe 进程得到了执行 GetDC()函数的权力，实现具体功能，然后返回。

（4）当实现系统调用的进程执行结束返回的时候，整个系统调用就结束了，用户进程从 CoreDll.dll 的调用处返回，并继续往后执行下一条程序指令。

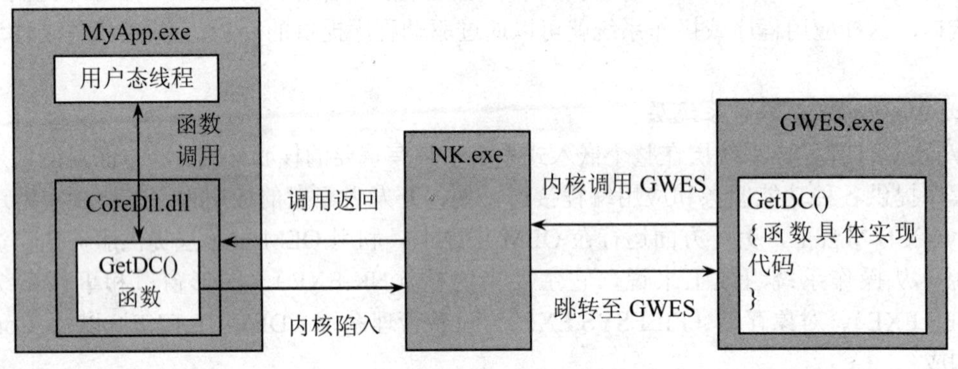


图 1-3　系统调用实例

# 1.2　基于 Windows CE 系统开发

## 1.2.1　Windows CE 开发内容

Windows CE 系统开发本质上属于嵌入式系统开发，而嵌入式系统是由硬件和底层系统软件、操作系统和应用软件组成的，如图 1-4 所示，所以嵌入式系统开发不同于 PC 机的开发，作为一个完整的基于 Windows CE 的系统开发是由硬件开发和软件开发两部分构建的。

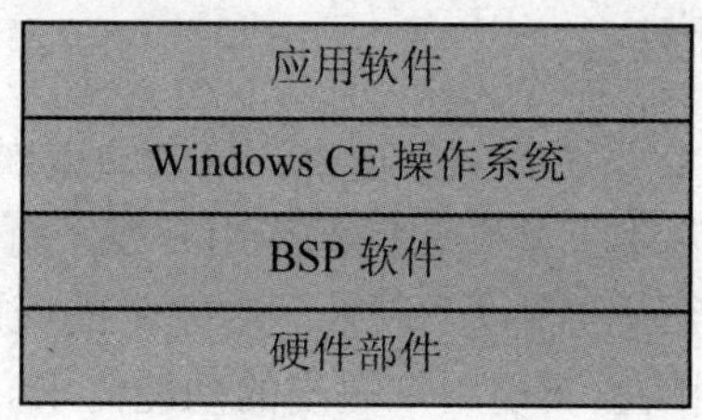


图 1-4 嵌入式系统的分层开发

1. 硬件设计

由于嵌入式系统是以应用为中心的，功能面向专用性的，它的硬件选型设计不同于 PC 机追求容量大、功能全，而是在功能设计符合要求的条件下尽量去除不需要的硬件部件，一方面降低开发成本，另一方面增加系统的稳定性。比如开发一个 Web 远程控制系统产品，硬件工程师考虑较多的是网络方面硬件选型设计，软件开发人员考虑较多的是系统作为服务器端通过 Internet 网对外提供的各种服务，这时就没有必要在设备端添加 LCD 屏进行输出显示，因为用户最终是通过 PC 机的浏览器将各种请求发送到远程设备端的 Web Server 中的，然后由 Web Server 将处理的结果再发往客户端，显示在用户 PC 机的浏览器中。

2. 底层软件 BSP 设计

硬件平台根据产品设计要求由硬件工程师搭建起来之后，下一步需要做的事就是要让 Windows CE 操作系统在硬件平台上稳定地运行，但微软技术人员在设计开发 Windows CE 操作系统时，考虑较多的是让 Windows CE 能够在不同体系结构的硬件平台上移植运行，这样就要求生产硬件的厂商（OEM）按照 Windows CE 支持的接口开发与硬件交互的底层软件，这种与硬件打交道并对硬件功能进行抽象出来提供给操作系统服务的代码，我们一般称之为 BSP 包。它是属于 OEM 层的，硬件平台上有了 BSP 包的支持之后，Windows CE 就可以通过 BSP 包间接地和硬件进行通信，并稳定地运行在嵌入式硬件平台上。

3. 裁剪定制 Windows CE 操作系统

硬件平台搭建好了，BSP 包通过移植或自行开发也顺利完成了，后面的开发工作基本上借助于微软提供的强大开发工具去实现。对于 Windows CE 操作系统的开发主要是通过 Platform Builder 集成开发环境去裁剪和定制可运行的操作系统。大多数情况下，定制操作系统就是通过 Platform Builder 可视化操作界面进行组件的选择和对组件进行配置的过程。如果用户不满意微软提供的操作系统功能组件，可以根据设计要求自定义组件，如特定的界面开发、自定义浏览器等。

4. 应用程序的开发

进入这一层开发，使得原先从事 PC 机软件开发的人员也可以轻松地踏进嵌入式开发的殿堂。针对 Windows CE 平台的嵌入式应用软件开发这一方面，微软在技术支持上做的非常出色，比如目前大多数从事 PC 机软件的开发人员过去一直在 VS.NET 平台上进行桌面应用程序开发或者 Web 程序开发，这时候只要稍微调整一下开发的平台对象，就可以很快投入到嵌入式软件开发中去，不需要改变原先的开发风格和开发习惯，因为选择 C++、VB.NET 和 C#中的任何一门语言，就可以在 VS.NET 平台中按照熟悉的操作界面进行嵌入式应用软件开发。

### 1.2.2 Windows CE 开发流程

通过上面介绍的 Windows CE 系统开发的内容，可以知道嵌入式系统开发要比 PC 机端开发复杂得多，因为 PC 机端开发基本上是纯软件的应用开发，而嵌入式系统开发需要考虑硬件平台设计、BSP 包开发、操作系统定制以及硬件平台之上的应用软件开发。因此整个嵌入式系统开发需要有个软硬结合的团队去实现用户提出的功能需求。如图 1-5 所示是 Windows CE 系统开发的一般流程。

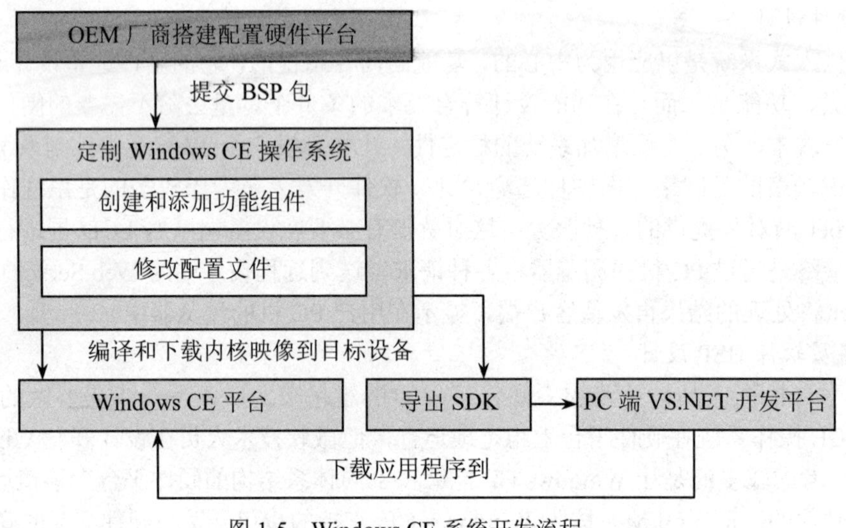


图 1-5 Windows CE 系统开发流程

## 1.3 Windows CE 开发工具

微软针对 Windows CE 系统平台的开发提供了完备的开发工具，这些开发工具可以帮助嵌入式开发人员快速地进行 Windows CE 产品开发，提高开发效率，降低开发成本。如 BSP 包的开发、操作系统的定制开发可以通过 Platform Builder 集成开发环境去实现，而应用程序的开发目前首选 VS.NET 平台。

### 1.3.1 Platform Builder for Windows CE 5.0

Platform Builder 是微软提供给基于 Windows CE 平台的开发人员进行操作系统定制的集成开发环境，开发界面如图 1-6 所示，它提供给底层软件开发人员进行设计、创建、编译、测试及调试 Windows CE 系统平台的工具。

具体来说，Platform Builder 提供的主要开发功能如下：

（1）提供 Windows CE 操作平台开发向导。Platform Builder 开发工具已经为机顶盒、手持设备、智能电话等嵌入式常用设备预先定制了操作系统应具备的基础特性组件，以使它能够完成基本的控制任务。开发人员只要按照规定的定制向导就能快速地创建针对这一硬件平台的操作系统，并可以在此基础上进行特性调整，选择系统特性，从而定制出适合功能要求的目标平台操作系统。

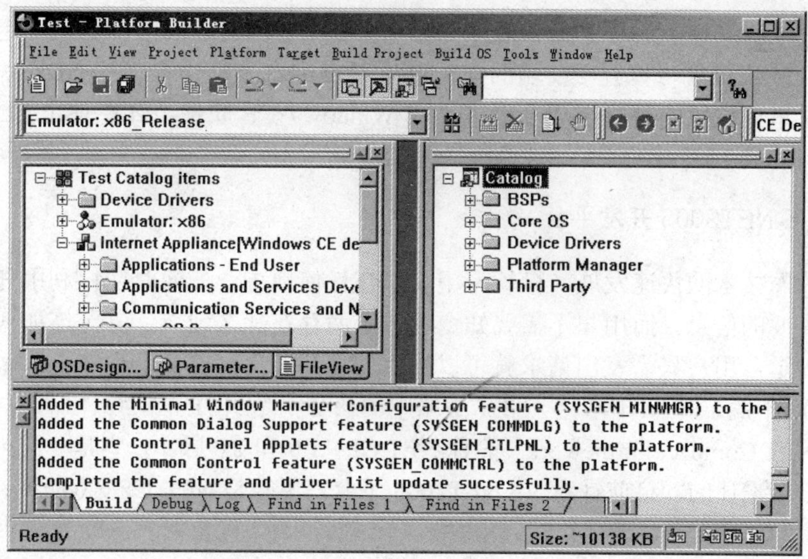


图 1-6　Platform Builder 集成开发环境

（2）提供 BSP 开发向导。在实际开发中，从头开始编写 BSP 所有代码的情况是很少的，大多数场合底层系统开发人员都是基于现有的 BSP 源码进行修改形成的，在 Platform Builder 中，微软提供多种支持标准开发板的 BSP 包，当开发人员要开发目标设备的 BSP 时，可以通过 BSP 向导，如图 1-7 所示，选择一个 BSP，并在其上开发，当然如果现有的开发环境所提供的 BSP 不能实现对目标设备的开发任务，Platform Builder 开发工具也支持创建自己定义的 BSP。

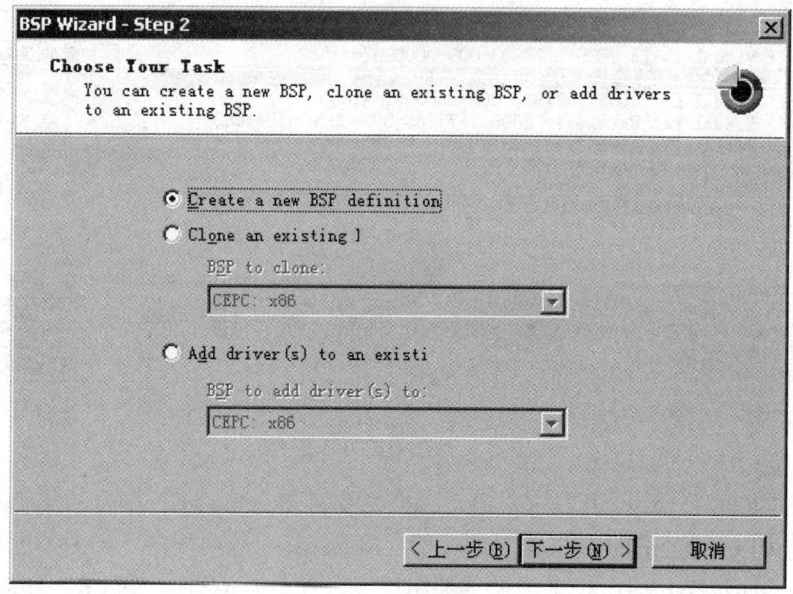


图 1-7　BSP 创建向导

（3）导出 SDK 向导。如果要为某种目标硬件平台开发 Windows CE 系统的应用程序，则必须要在 PC 端安装针对这一平台的 SDK，SDK 是一系列头文件、库文件、文档、平台管理器及运行时库的总称。通过 Platform Builder 中 SDK 导出向导，可以生成特定目标平台的 SDK，这样开发人员就可以在 PC 端的 VS.NET 开发平台上使用安装的 SDK，开发嵌入式应用程序。这里要注意的是只有成功地先生成 Windows CE 映像，才能使用 SDK 向导生成 SDK 包。

### 1.3.2 VS.NET2005 开发平台

随着互联网技术的快速发展，微软希望用户在任何地方，任何时间，利用任何设备都能访问他们所需要的信息。而用户不需要知道这些东西存在什么地方，甚至连如何获取等具体细节都无须知道，用户只需发出请求就可以接收信息，而后台的复杂性完全屏蔽起来，这就是微软在 2000 年发布的.NET 战略。.NET 战略中的核心就是.NET 框架设计，针对嵌入式开发，微软提供了.NET Compact Framework（简称.NET CF）1.0 和 2.0 版本，它是专门为内存资源较少的嵌入式设备设计的，目前针对 VS.NET2005 平台使用的是.NET CF 2.0 版本，如图 1-8 所示是 VS.NET2005 平台。

图 1-8　VS.NET2005 平台

在 VS.NET2005 平台中，开发人员既可以开发支持 Windows CE 平台的传统本地（Native）应用程序，也可以开发.NET CF 框架下的托管（Managed）应用程序，如图 1-9 所示。

.NET Compact Framework 有两个重要组件：公共语言运行时（CLR）和.NET Compact Framework 类库，如图 1-10 所示，.NET CF 框架负责在执行时管理代码、提供内存管理和线程管理等核心服务。在这里针对运行时的代码称为托管代码，反之，不针对运行时的代码称为本地代码或非托管代码。

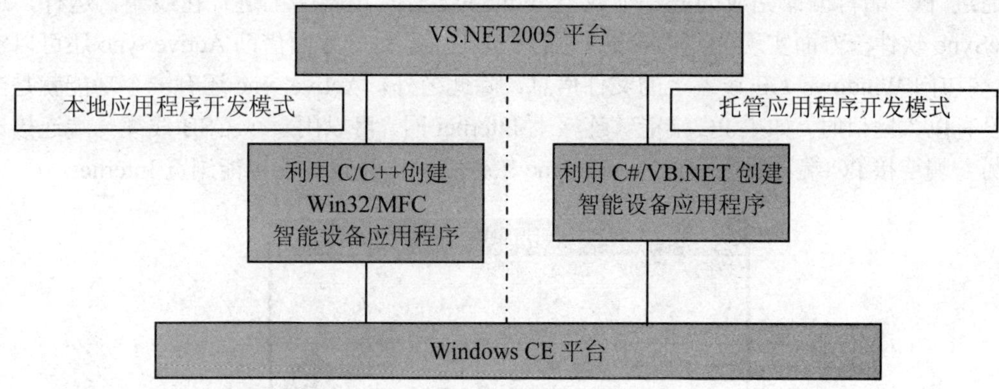


图 1-9 Windows CE 系统的应用开发模式

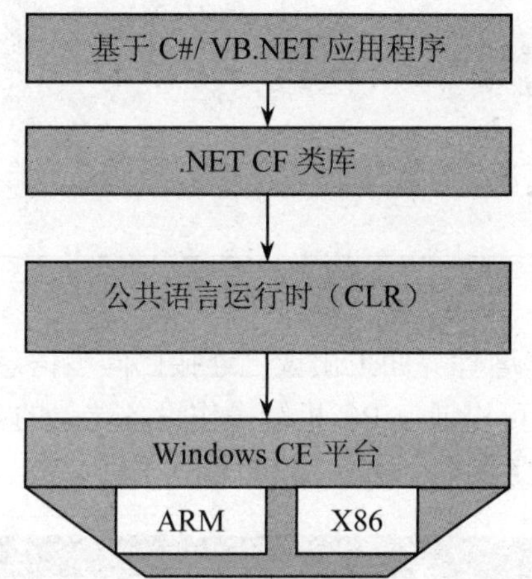


图 1-10 基于 Windows CE 平台的.NET CF 框架

（1）公共语言运行时（CLR）。公共语言运行时提供了管理.NET CF 代码的执行环境，并负责在执行时管理代码，当用户编译一个用 C#语言编写的应用程序时，C#编译器将源代码编译成中间语言代码（MSIL），当程序真正要在 Windows CE 平台上运行时，公共语言运行时（CLR）将调用即时编译器（JIT）把 MSIL 编译成与 CPU 相关的本地代码，使得应用程序能够在指定的目标硬件平台上运行。

（2）.NET CF 类库。.NET CF 类库就像其他面向对象的类库一样，已预先提供了通用的功能组件，包括界面设计、利用 XML、数据库访问、文件输入输出等，这些组件以编程接口的形式提供给开发者使用，使得开发人员在开发嵌入式各项功能时，不需要把大部分精力放在公关技术上，而将开发重心放在业务逻辑分析设计上，开发人员可以直接使用.NET CF 类库提供的功能模块完成设计功能，这样有助于提高嵌入式应用程序的开发效率。

### 1.3.3 ActiveSync 同步软件

Microsoft ActiveSync 是 Windows CE 设备与 PC 机之间进行同步通信的软件，可以在 Win98/WinME/WinNT/Win2000/WinXP 系统上运行，ActiveSync 运行界面如图 1-11 所示，由于 Windows CE 系统是一个程序运行的平台，而开发程序都是在 PC 机端进行的，开发者经常需要通过 PC 端将编译完成的程序下载至 Windows CE 设备端上进行在线调试运行，通过 ActiveSync 软件一方面实现 PC 机与设备进行即时通信，另一方面借助 ActiveSync 还可以实现 PC 机端访问 Windows CE 设备上的文件信息，除此之外，ActiveSync 还有一个功能就是当设备端没有以太网口时，如果 PC 端能够连接上 Internet 网，可以用一个 USB 线缆一端连接设备端，另一端连接 PC 端，然后通过 ActiveSync 软件就可以让设备端也能浏览 Internet。

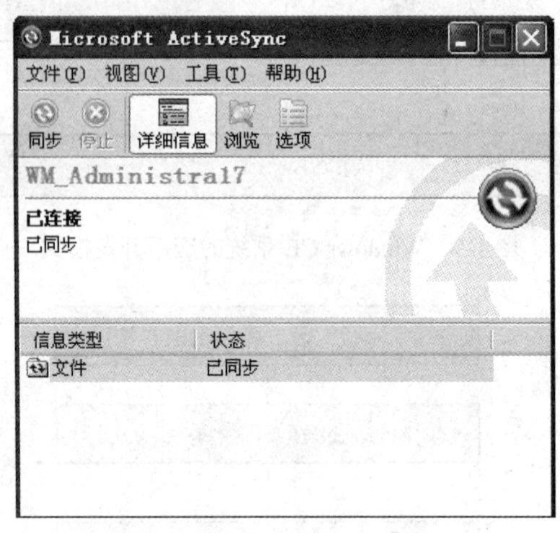


图 1-11　ActiveSync 运行界面

当 Microsoft ActiveSync 运行界面上出现已连接已同步信息时，单击“浏览”选项，出现如图 1-12 所示的窗口，这时可以通过 PC 机端操作设备端上的文件，包括从 PC 机中拷贝一个文件到设备端，或从设备端拷贝一个文件到 PC 端，等等。

图 1-12　PC 端访问设备端文件

### 1.3.4　Windows CE 远程工具

VS.NET2005 包含 6 个远程工具，它们用于在开发平台与实际平台间执行一些调试工作。利用它们可以在开发平台中得到实际运行平台上的文件、监视实际平台上进程或线程的状况、测试实际平台上应用程序的性能以及获得实际平台上运行程序的截图等。在使用远程工具之前需要在设备端加载相应的服务和做一些适当的配置。

1. 准备工作

安装 ActiveSync 文件夹下的 MicrosoftActiveSync_setup_cn.msi 安装程序，安装过程直接按照默认安装即可，无特殊设置。准备好一根 USB 线，一头接到 PC 端，另外一头接到嵌入式设备的 USB Slave 端。准备工作做好后，给设备上电并启动 Windows CE 系统。

2. 建立 PC 机和目标设备连接

（1）在目标设备中打开“我的设备→控制面板→网络和拨号连接”，然后双击“新建连接”图标，选择“直接连接”选项后单击“下一步”按钮，如图 1-13 所示。

图 1-13　新建连接

（2）出现如图 1-14 所示的对话框时，选择 SC2440 USB Cable 选项，单击“配置”按钮。

图 1-14　选择设备

（3）在如图 1-15 所示的“设备属性”对话框中，配置图中的选项值。

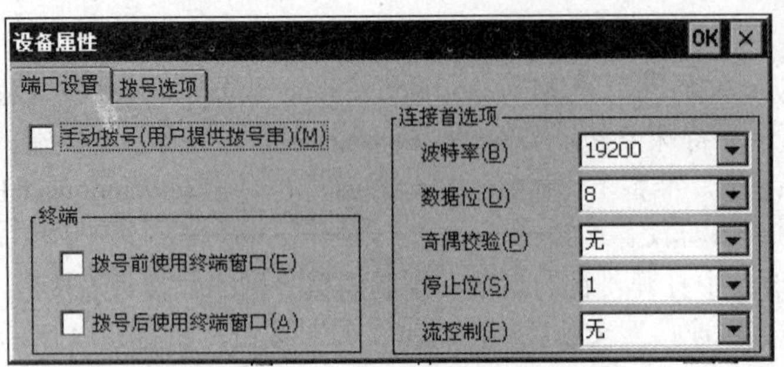


图 1-15　设备属性设置

（4）选择完后单击 OK 按钮退出，这样就完成了新建连接。这样在 WinCE 设备系统的“控制面板”下双击“PC 连接”，然后单击“更改连接”按钮，如图 1-16 所示。在接下来的对话框中选择“我的连接”选项，如图 1-17 所示。

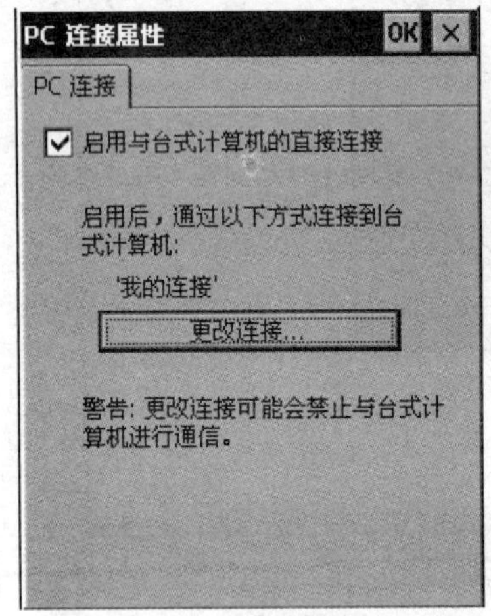


图 1-16　PC 连接属性

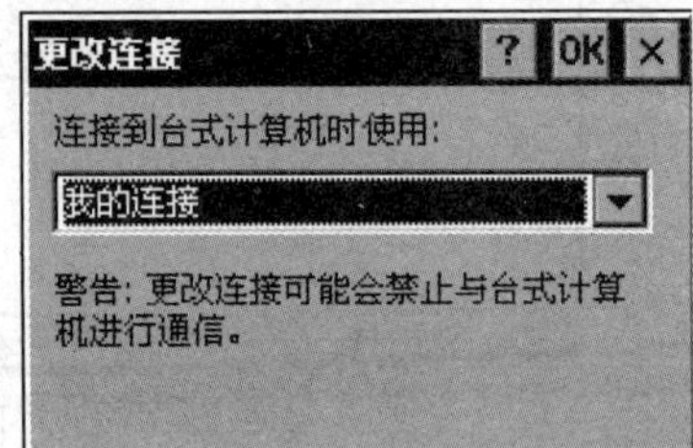


图 1-17　更改连接

（5）打开刚才安装的 Microsoft ActiveSync，选择“File→连接设置”选项，设置参数如图 1-18 所示，单击“确定”按钮。

（6）等待几秒钟之后，可以看到如图 1-19 所示已连接成功的提示信息。

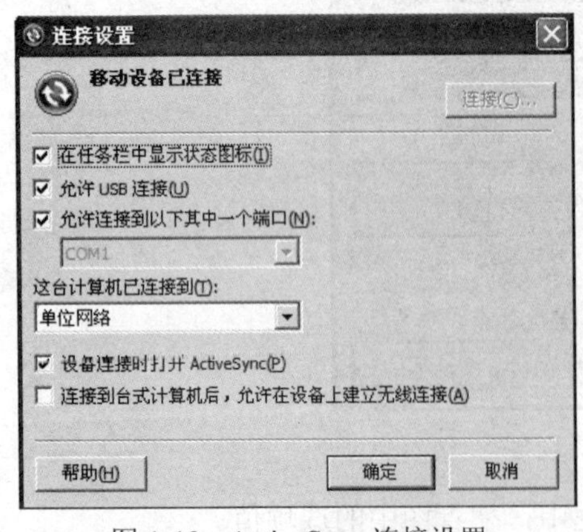


图 1-18　ActiveSync 连接设置

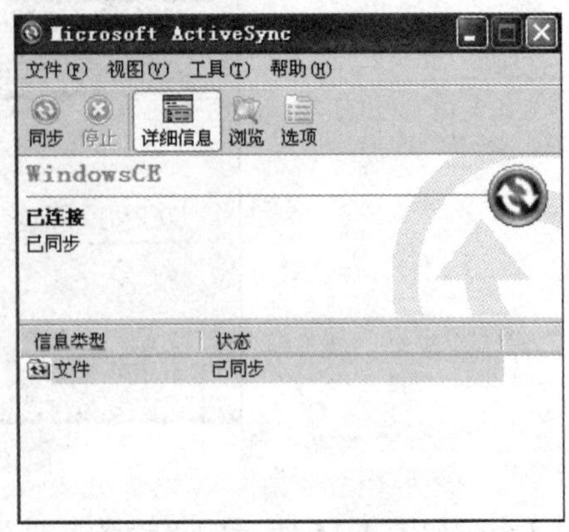


图 1-19　设备端与 PC 端连接成功

至此 PC 机和目标设备就建立了通信连接，在“我的电脑”下双击“移动设备”图标，就可以浏览到目标设备中的文件，如图 1-20 所示。一方面可以把 PC 机上的文件拷贝到目标设备，另一方面可以把目标设备的文件传送到 PC 机，实现双方文件的上传和下载。

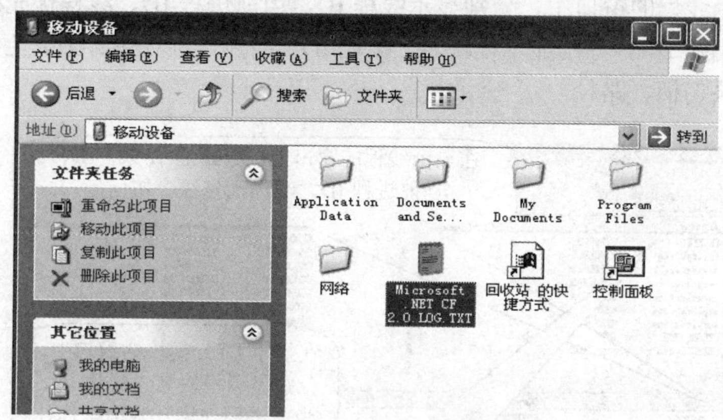


图 1-20　PC 端访问设备的快捷方式

3. 远程工具的使用

当通过 ActiveSync 方式完成 PC 端与目标设备的连接成功之后，可以在 PC 端的“开始→所有程序→Microsoft Visual Studio 2005→VS.NET2005→Visual Studio Remote Tools”项中使用任何一种远程工具，这些远程工具按照功能可以分成两类，一类是进行调试的，如 Remote Heap Walker、Remote Process Viewer 及 Remote Spy；另一类是进行远程信息管理的，如 Remote File Viewer、Remote Registry Editor 及 Remote Zoom-in。

（1）远程堆查看器（Remote Heap Walker）。从名字就可以看出它是用来查看操作系统中每个进程使用的堆的情况。利用“远程堆查看程序”能够查看到内核中正运行的进程的名字、ID 及使用的所有堆的 ID。进程的一个堆中的首地址、结束地址及标志（Fixed、Free），及堆中每块（Block）的实际内容，如图 1-21 所示。

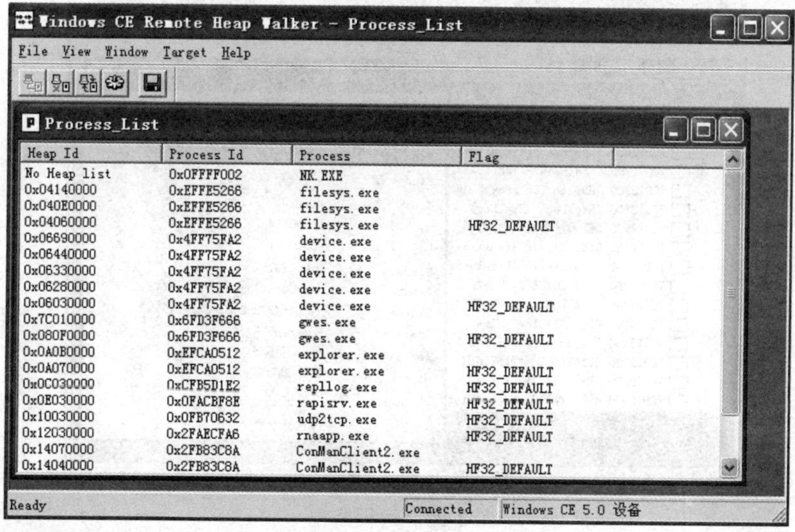


| Heap Id | Process Id | Process | Flag |
|---|---|---|---|
| No Heap list | 0x0FFFF002 | NK.EXE | |
| 0x04140000 | 0xEFFE5266 | filesys.exe | |
| 0x040E0000 | 0xEFFE5266 | filesys.exe | |
| 0x04060000 | 0xEFFE5266 | filesys.exe | HF32_DEFAULT |
| 0x06690000 | 0x4FF75FA2 | device.exe | |
| 0x06440000 | 0x4FF75FA2 | device.exe | |
| 0x06330000 | 0x4FF75FA2 | device.exe | |
| 0x06280000 | 0x4FF75FA2 | device.exe | |
| 0x06030000 | 0x4FF75FA2 | device.exe | HF32_DEFAULT |
| 0x7C010000 | 0x6FD3F666 | gwes.exe | |
| 0x080F0000 | 0x6FD3F666 | gwes.exe | HF32_DEFAULT |
| 0x0A0B0000 | 0xEFCA0512 | explorer.exe | |
| 0x0A070000 | 0xEFCA0512 | explorer.exe | HF32_DEFAULT |
| 0x0C030000 | 0xCFB5D1E2 | repllog.exe | HF32_DEFAULT |
| 0x0E030000 | 0x0FACBF8E | rapisrv.exe | HF32_DEFAULT |
| 0x10030000 | 0x0FB70632 | udp2tcp.exe | HF32_DEFAULT |
| 0x12030000 | 0x2FAECFA6 | rnaapp.exe | HF32_DEFAULT |
| 0x14070000 | 0x2FB83C8A | ConManClient2.exe | |
| 0x14040000 | 0x2FB83C8A | ConManClient2.exe | HF32_DEFAULT |

图 1-21　远程堆查看器

（2）远程进程查看器（Remote Process Viewer）。此程序共有三个窗口，分别显示当前内核中的所有进程、进程中的线程及进程中所有加载的 DLL，如图 1-22 所示。在显示进程的窗口中，分别显示进程名、进程 ID、基本优先级级别、拥有的线程总数、基地址、访问键值、主窗口名。在显示线程的窗口中，分别显示线程 ID、当前进程 ID、线程优先级、访问键。在显示 DLL 模块的窗口中，分别显示模块名、模块 ID、当前进程使用计数、全局使用计数、基地址、大小、模块句柄、路径。

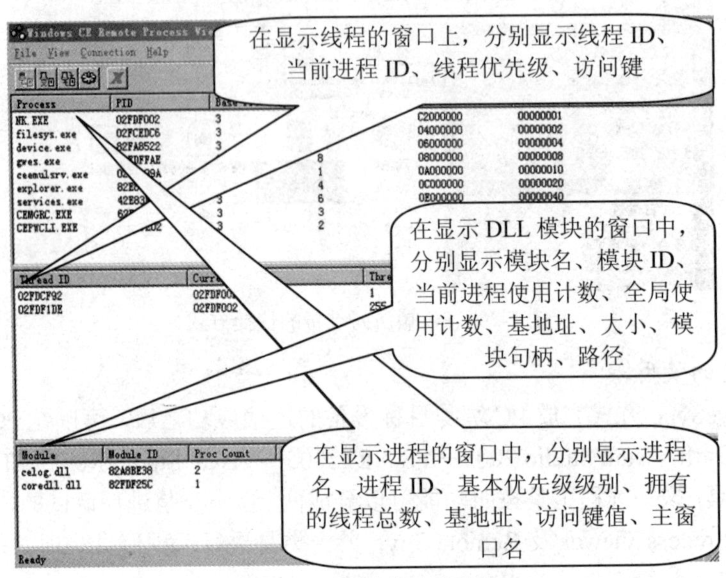


图 1-22　远程进程查看器

（3）远程监视（Remote Spy）。这个程序和 VC 下附带的工具 Spy 非常相似，能够列出所有实际平台下的窗口和窗口消息。熟悉 VC 下的工具，就能操作这个工具，其界面如图 1-23 所示。

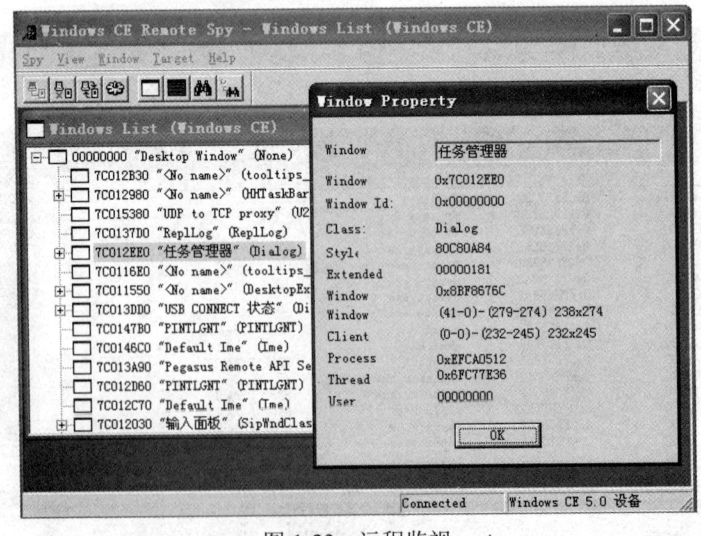

图 1-23　远程监视

（4）远程文件查看器（Remote File Viewer）。远程文件查看程序可以远程查看和管理 WinCE 设备端上的各个文件，它有点类似 PC 端的资源管理器，如图 1-24 所示，通过该程序一方面可以对 WinCE 设备上的文件进行删除、重命名等操作，另一方面可以在 PC 端和设备端之间进行文件传输。

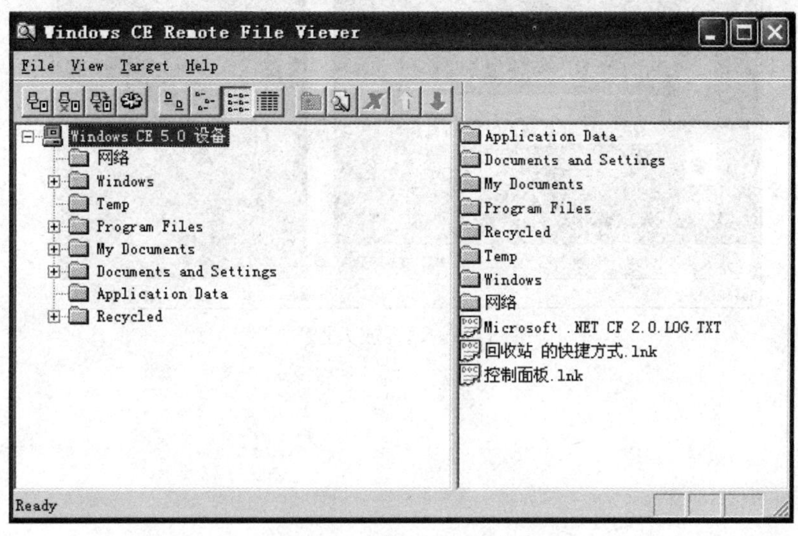


图 1-24 远程文件查看器

（5）远程注册表编辑器（Remote Registry Editor）。远程注册表编辑程序可以在 PC 端管理和查看 WinCE 设备端上的注册表，例如可以添加、删除或修改注册表键值等操作，如图 1-25 所示，其操作方法类似于 PC 端 Windows 操作系统下的注册表编辑器。

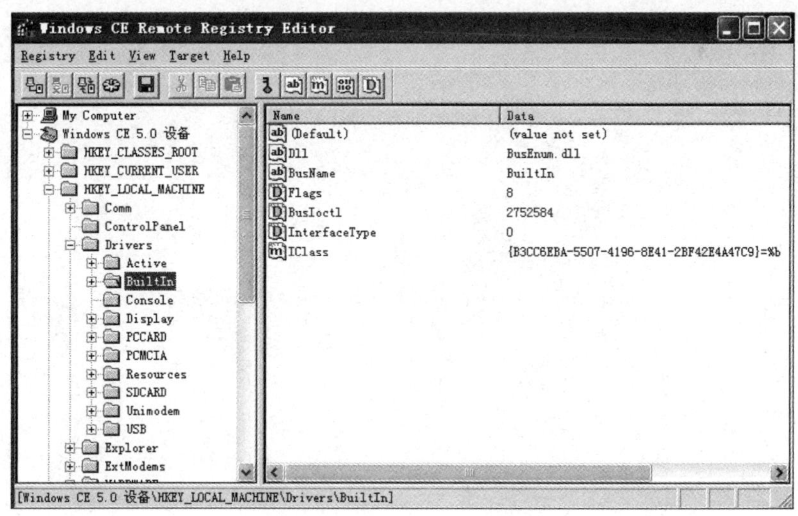


图 1-25 远程注册表编辑器

（6）远程放大（Remote Zoom-in）。远程放大程序其实就是用于获取远程 WinCE 设备端屏幕中的图像（.bmp），当需要演示设备端程序运行的结果或者写文档时需要得到设备屏幕中的图片，这个工具就起到很重要的作用，如图 1-26 所示。

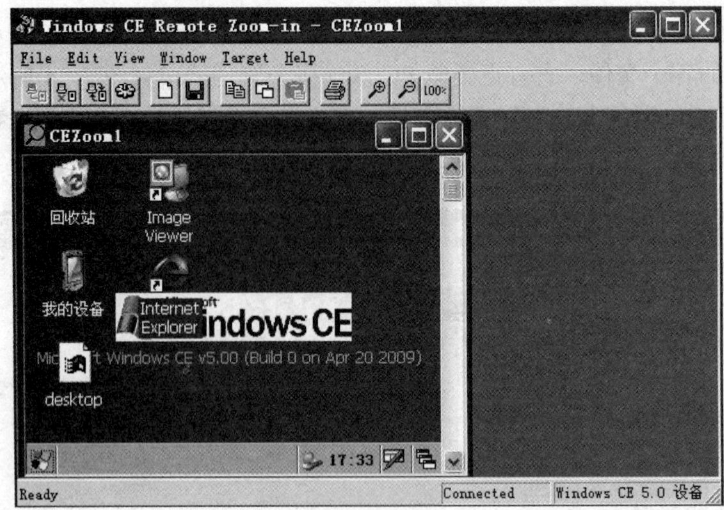


Windows CE Remote Zoom-in - CEZoom1
File Edit View Window Target Help
CEZoom1
回收站
Image Viewer
我的设备
Internet Explorer
Windows CE
Microsoft Windows CE v5.00 (Build 0 on Apr 20 2009)
desktop
17:33
Ready
Connected
Windows CE 5.0 设备

图 1-26　远程放大程序

# 第 2 章　Windows CE 开发平台的组建

## 2.1　Windows CE 目标平台

### 2.1.1　ARM9 硬件开发平台简介

本书开发的项目案例选用的是 Sinosys-EA2440a 硬件平台，如图 2-1 所示，同时这些案例也适用于 PMP 和 HMI 实训包平台，Sinosys-EA2440a 硬件平台是基于 ARM920T 的 S3C2440A 的基本配置，Sinosys-EA2440a 采用三星 S3C2440A（400MHz）CPU，标配 7 寸 TFT 触摸液晶屏，外扩 SD 卡，支持 USB 连接。Sinosys-EA2440a 平台是从产品和教学两方面考虑进行设计和开发的，用户可以在此平台上根据实际应用进行 Windows CE 操作系统内核的定制，继而开发相应的应用软件，这样可以大大提高产品的性能，让用户更快速、更容易地掌握基于 Windows CE 系统的相关开发技术。

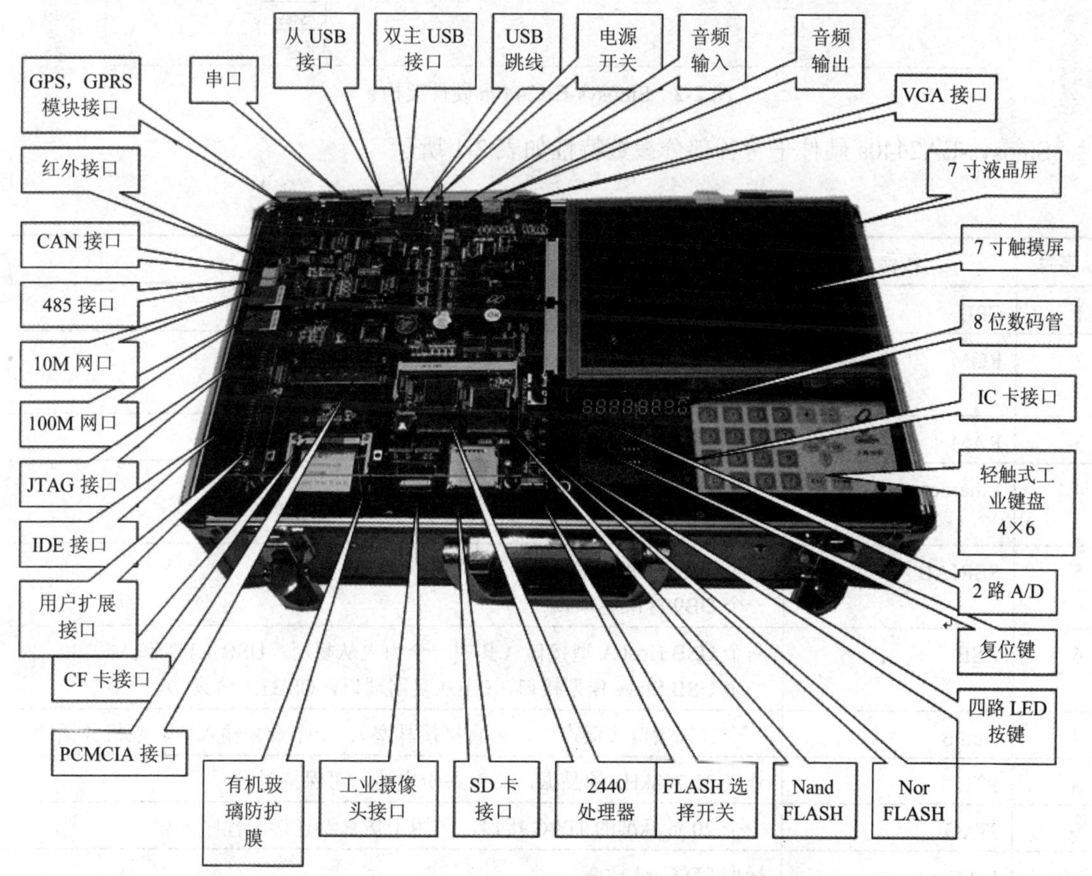


图 2-1　基于 ARM9 的 Sinosys-EA2440a 开发平台

### 2.1.2 平台硬件架构

如图 2-2 所示是 Sinosys-EA2440a 硬件架构。

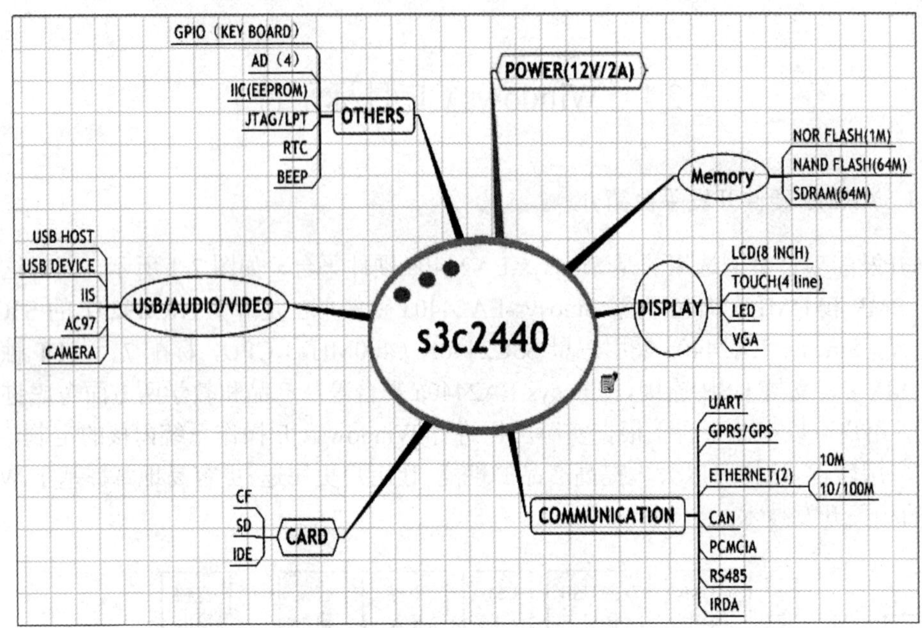


图 2-2　Sinosys-EA2440a 硬件架构

Sinosys-EA2440a 硬件平台各部分参数特性如表 2-1 所示。

表 2-1　Sinosys-EA2440a 硬件平台参数

| 序号 | 名称 | 描述 |
|---|---|---|
| 1 | CPU | Samsung S3C2440A 400MHz 主频 |
| 2 | ROM | 2M bytes SST Nor Flash<br>64M bytes Samsung Nand Flash |
| 3 | RAM | 64M bytes SDRAM，133MHz 刷新频率 |
| 4 | Ethernet | 一个 10M Ethernet，RJ-45 接口<br>一个 10/100M Ethernet，RJ-45 接口 |
| 5 | SERIAL | 一个 DB9 标准从串口<br>一个 DB9 标准主串口 |
| 6 | USB | 两个 USB Host A 型接口（其中一个为主从复用，USB 1.1 协议）<br>一个 USB Slave B 型接口，（主从复用端口，USB1.1 协议 ） |
| 7 | Audio | 一个音频接口（双声道，可直接接耳塞）、一个音频输入口、驻机式话筒 |
| 8 | RTC | 外接 32.768kHz 的晶振，带有备份电池，可保持时钟 |
| 9 | JTAG | 一个 20 针标准的 JTAG 接口，可用于仿真器连接和程序下载 |
| 10 | SD Card | 标准 SD Card 插座 |

续表

| 序号 | 名称 | 描述 |
|---|---|---|
| 11 | CF Card | 标准 CF Card 插座 |
| 12 | PCMCIA Card | 标准 PCMCIA Card 插座 |
| 13 | IC Card | 标准 IC 存储卡接口 |
| 14 | IDE | 标准 IDE 接口 |
| 15 | LED | 4 个可编程用户 LED |
| 16 | 数码管 | 8 位可编程数码管 |
| 17 | Keypad | 4 个可编程用户按键（显示配板上带 20 键矩阵键盘） |
| 18 | 485 | 标准 485 两芯接口 |
| 19 | CAN | 标准 CAN 两芯接口 |
| 20 | GPS/GPRS | GPS/GPRS 接口实现可与本公司设计的（GPS/GPRS）模块连接 |
| 21 | IrDA | 红外接收/发送模块 |
| 22 | AD | 2 路 AD 转换可调电阻，2 路 AD 转换到扩展插槽 |
| 23 | IIC | 8K IIC 接口的 EEPROM |
| 24 | BEEP | PWM 控制 BEEP 一路 |
| 25 | Switch | 一个电源开关 |
| 26 | Reset | 一个复位按键 |
| 27 | Mode | 一个模式选择开关，用于选择从 NAND 还是 NOR FLASH 启动 |
| 28 | 扩展插针 | 一个扩展 50 芯插针（用户可自由设计自己的扩展板与其连接进行扩展） |
| 29 | Power | 一个开关电源+12V 供电 |
| 30 | LCD | 7 寸真彩液晶屏 |
| 31 | 触摸屏 | 7 寸四线电阻式触摸屏 |
| 32 | VGA | 可驱动显示器 |

## 2.2　Windows CE 操作系统定制

### 2.2.1　Platform Builder 5.0 安装与配置

Microsoft Platform Builder for Windows CE 简称 Platform Builder 或 PB，它是用于定制创建基于 Windows CE 操作系统的集成开发环境（IDE），Windows CE 系统开发人员可以通过 Platform Builder 定制、构建、下载、调试操作系统。目前用的较多的是 Platform Builder 5.0 版本，在 PC 机安装 PB5.0 之前必须先安装.NET Framework 1.1 框架，如图 2-3 所示。

1. 安装.NET Framework1.1 框架

选中“同意”选项，单击“安装”按钮进入.NET Framework 1.1 安装运行界面，如图 2-4 所示。

图 2-3　.NET Framework 1.1 安装界面

图 2-4　.NET Framework 1.1 安装过程

在安装成功之后，出现如图 2-5 所示的提示信息。

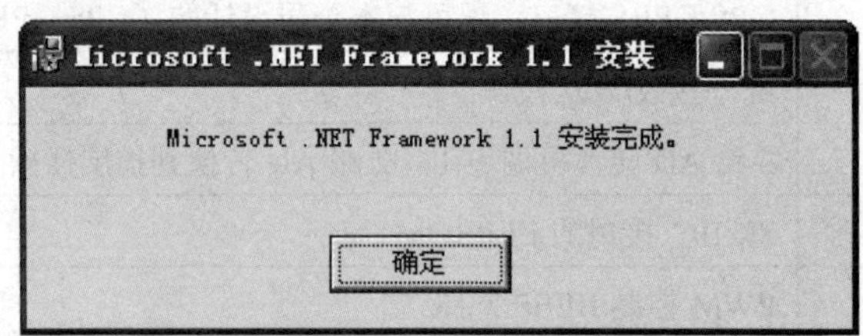


图 2-5　.NET Framework1.1 安装完成

2. Platform Builder 5.0 安装步骤

（1）插入 Platform Builder 5.0 安装光盘到 CD-ROM，系统会自动运行显示安装开始界面，如图 2-6 所示。

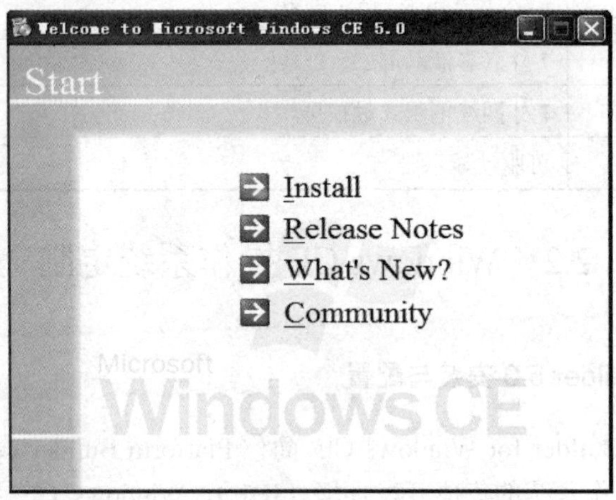


图 2-6　Platform Builder 安装开始界面

（2）单击 Install 按钮，进入安装向导界面，如图 2-7 所示，选中 Custom 自定义选项，单击 Next 按钮。

（3）在如图 2-8 所示的安装界面中，由于本书选用的硬件平台 CPU 是 ARMV4I 型，安装时选中 Emulator、X86 和 ARMV4I 处理器，单击 Next 按钮。

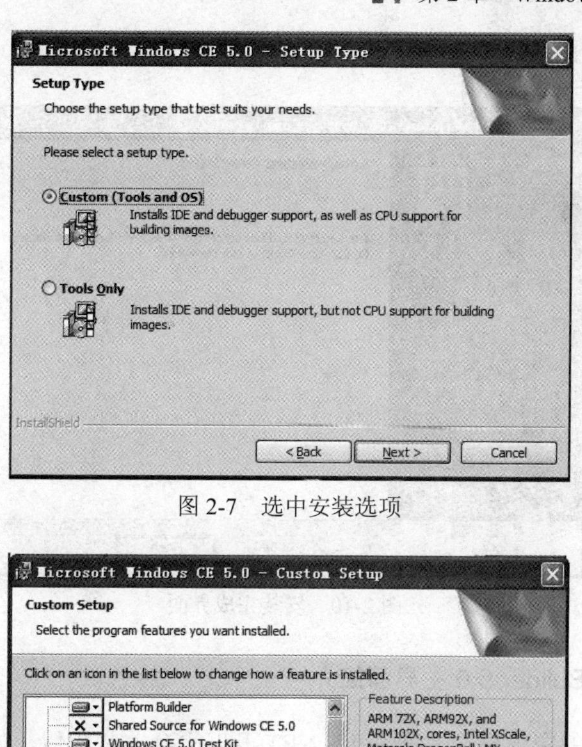


图 2-7　选中安装选项

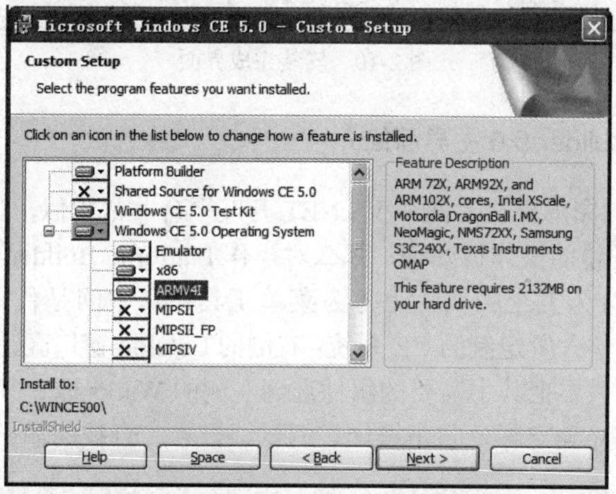

图 2-8　选择定制硬件平台的安装界面

（4）如图 2-9 所示，Platform Builder 5.0 安装程序进入文件安装拷贝过程，安装持续的时间根据用户选择的安装组件和 PC 机的硬件性能配置会有所不同。

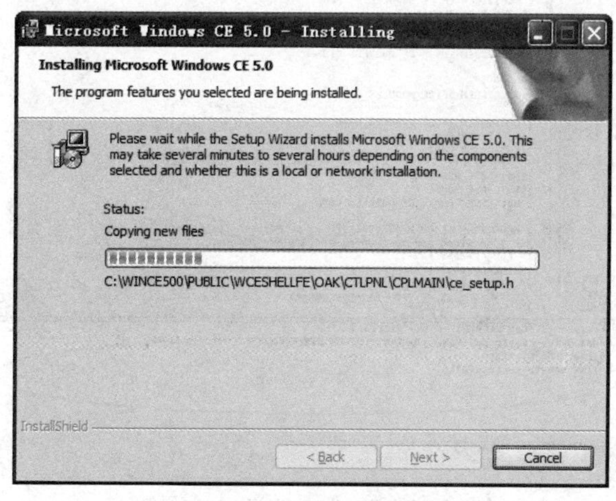


图 2-9　文件安装过程

（5）安装完成之后，将显示如图 2-10 所示的安装完成界面。

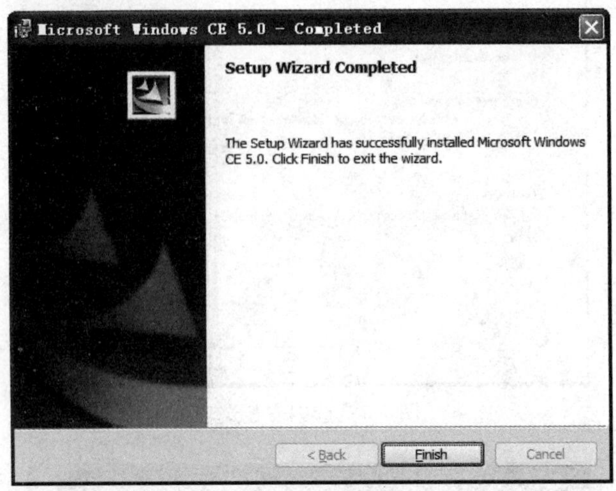


图 2-10　安装完成界面

### 2.2.2　Platform Builder 5.0 主界面简介

Platform Builder 的图形操作界面和 VS.NET 开发平台非常相似，如图 2-11 所示，如果开发者对 VS.NET 开发环境的操作很熟练，那么对操作 Platform Builder 视窗界面将会很快适应并掌握它。整个界面分为五个版块，上方为菜单工具栏，中间是代码编辑窗口区，左侧的 Workspace 窗口工作区包含所定制的 CE 系统，右侧的 Catalog 窗口区是 PB 提供的可供选择使用的 CE 内核组件包，只要把其中需要的组件选到左侧的 Workspace 窗口，就可以得到所定制的 CE 系统，下方是信息输出栏，它是编译、调试、日志、查找的输出窗口。

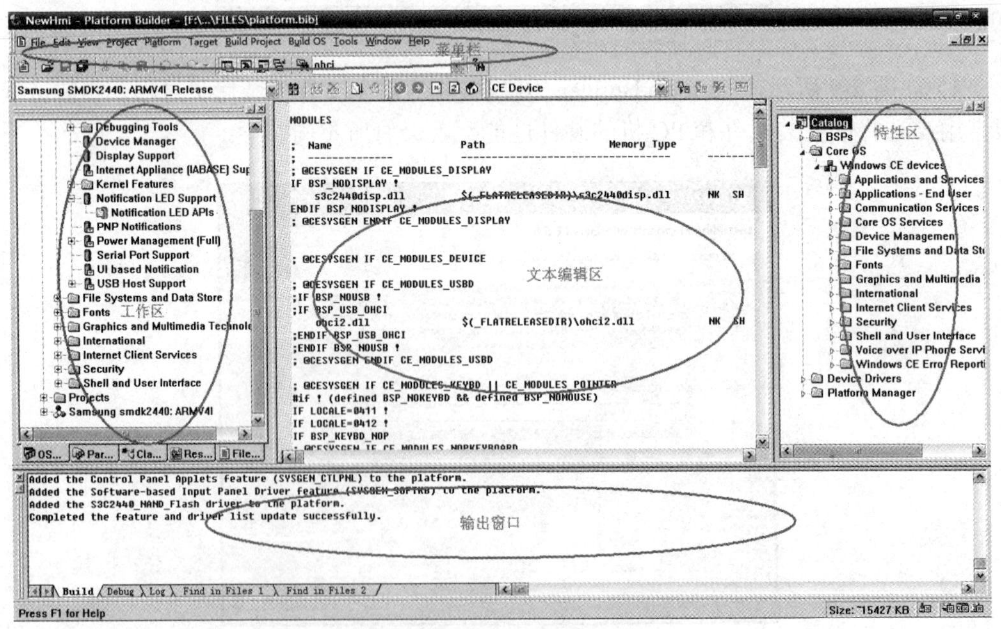


图 2-11　Platform Builder 主界面

1. Workspace 窗口

在 Platform Builder 没有创建任何操作系统平台时，Workspace 窗口不会有任何显示。当用户成功创建一个新的操作系统平台或者打开一个已创建平台时，一般情况下可以看到 Workspace 窗口中显示的三个选项卡：OSDesignView、ParameterView、FileView。

（1）OSDesignView：用来向开发者展示已定制的操作系统平台包含的特性组件，可以把它看做是 Catalog 的一个子集。如果开发者想往这里添加新组件，可以通过在 Catalog 中单击右键将组件添加进去，移除一个组件也很方便，直接在 OSDesignView 中选中要移除的组件，然后右击选择 Remove Item…选项就行了。

（2）ParameterView：通过 ParameterView 选项卡开发者可以快速查看当前定制的操作系统相关的配置文件。ParameterView 选项卡主要分为两个目录：Common Files 和当前 BSP 名称命名的目录。Common Files 的配置文件一般不推荐开发者修改这里面的信息。另一个目录下的配置文件和当前 BSP 关系密切，经常用到的是 Hardware Specific Files 目录下的 config.bib、platform.bib 以及 platform.reg 文件。

1）config.bib 用来定义内存的物理及虚拟地址，并给每个设备分配一定大小的虚拟地址。其分配的格式如下：<Name> <Virtual Address> <Size> <TYPE>。

Name：该内存区域的名字，必须是唯一的。

Virtual Address：该内存区域的起始地址，用十六进制表示。

Size：该内存区域的大小，用十六进制表示。

TYPE：内存区域的类型。包涵的多种类型如下。

2）platform.bib 用来定义将被链接到操作系统映像中的文件，其格式如下：<Name> <Path> <Size> < Memory Type >。

Name：打包进操作系统映像后的名字，一般是一个 dll 或者 exe 文件的文件名。

Path：将要打包进操作系统映像的文件在本地硬盘的存放地址。

Memory Type：文件的类型，常用的有如下几种，几种类型可以配合使用，如：SH 表示隐藏的系统文件。

①S：表示系统文件。

②H：表示隐藏文件。

③U：表示不压缩此文件。

④D：表示不能对此文件进行调试。

⑤N：表示此文件不受信任。

⑥M：表示对此文件禁止按需调页。

3）platform.reg：Windows CE 中使用的 REG 文件和其他 Windows 系统上的几乎一样，提供了操作系统映像文件的注册表入口点。

（3）FileView：FileView 选项卡以目录树的形式显示 Windows CE 安装目录下所有具有源代码（包括.s、makefile、dir、.h、.C、.cpp 文件等）的文件夹。单击任何目录树中的任意一个文件，就可以在中间的编辑窗口中打开这个文件，然后进行分析或编辑修改。

2. Catalog 窗口

Catalog 窗口是 Platform Builder 的一个重要工作窗口，它包含 Windows CE 所具有的可选特性 Feature，这些特性中的每一个组件都代表开发者可以添加到所定制的 Windows CE 操作系统设计中的一个系统功能。这其中包含 BSP、CoreOS、设备管理器、平台管理器和第三方特性。

（1）BSP。BSP 是指目标硬件平台所支持的软件包，它包含 OEM 抽象层、Boot Loader 启动程序、硬件平台中设备驱动程序以及定制内核时需要的平台配置文件。在这里用户可以添加自己硬件平台提供的 BSP 包作为定制系统内核时可选的特性。

（2）CoreOS。CoreOS 是指操作系统服务，它包含几乎所有构成 Windows CE 操作系统的重要特性，如表 2-2 所示，其中包含核心操作系统服务、文件系统和数据存储、应用程序和服务开发、面向用户的应用程序、通信服务和网络、字体和国际化支持、Internet 网络客户服务、图形与多媒体、安全与用户界面等。

表 2-2　Platform Builder Feature 管理

| 特性 | 含义 |
|---|---|
| Application and Service Development | 包含.NET CF、MFC、ATL、COM、SQL Mobile 数据库等特性，可以用来开发应用程序 |
| Application-End User | 包含 Windows CE 本身自带的应用程序，如 Word 和 Image 查看器等，还包含用于 ActiveSync 同步通信及支持安装部署的组件 |
| Communication Service and NetWorking | 包含有线网和无线网支持的协议、FTP 和 WebServer 服务、支持蓝牙和红外服务协议 |
| Core OS Service | 包含串口、USB 口、内存映射文件及消息队列等 |
| Device Management | 包含设备特性，如 SNMP 和设备管理客户端 |
| File Systems and Data Store | 包含注册表、存储管理器及文件系统等特性 |
| Font | 包含各种可选的字体 |
| Graphics and Multimedia Technologies | 包含支持图形图像显示及各种音频、视频组件 |
| International | 包含各种语言的输入法及输入图形界面 |
| Internet Client Services | 包含用于浏览 Internet 的 IE6 及 Pocket IE 的组件 |
| Security | 包含用来认证、授权及加密的组件 |
| Shell and User Interface | 包含用于显示图形界面的组件 |

### 2.2.3　定制 Windows CE OS 的过程

现在开始针对后面所要开发的应用程序，在基于 Sinosys 硬件平台上定制 Windows CE 操作系统映像。这里通过一步步的实际操作来介绍 BSP 安装、创建 OS、添加支持应用程序的 OS 特性组件、编译 OS 的过程。

1. 安装 BSP

一般来说，只要从硬件（OEM）厂商购买了目标硬件平台，都会随硬件平台附带一张提供 BSP 源码的光盘。这里选择 Sinosys 厂商的 BSP 包，下面通过手动方式将 BSP 添加进 Platform Builder 开发环境中。

（1）将 BSP 包所在的目录 SMDK2440 拷贝进 C:\WINCE500\PLATFORM 所在的目录下，如图 2-12 所示。

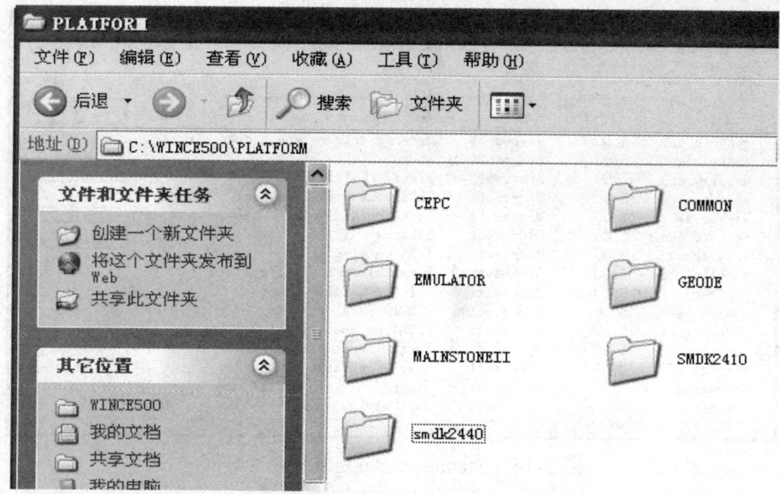


图 2-12　Platform Builder 中 BSP 所在的目录

（2）打开 Platform Builder 开发环境主界面，如图 2-13 所示，选择菜单项 File→Manage Catalog Items…，打开 Manage Catalog Items 对话框。

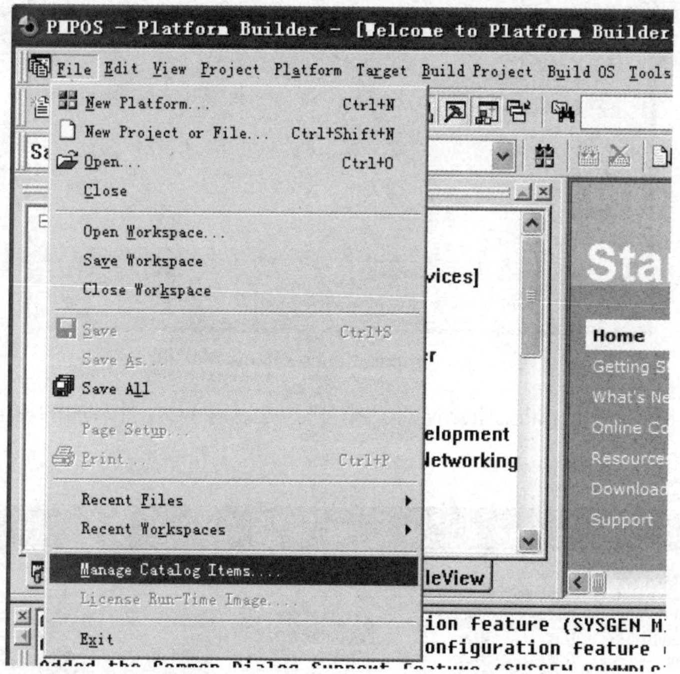


图 2-13　Platform Builder 中 Manage Catalog Items 选项

（3）打开 Manage Catalog Items 对话框之后，对话框中显示所有 Platform Builder 中已经安装的组件，如图 2-14 所示，在这里将 Sinosys 平台的 BSP 包所在的.cec 文件导入到 Platform Builder 中。单击 Import…按钮，进入 Import Catalog Items 对话框。

（4）在 Import Catalog Items 对话框中，选择 Sinosys 平台的 BSP 包所在的 Smdk2440 目录下的 smdk.cec 文件，单击“打开”按钮，则将 BSP 自动导入进 Platform Builder 中，如图 2-15 所示。

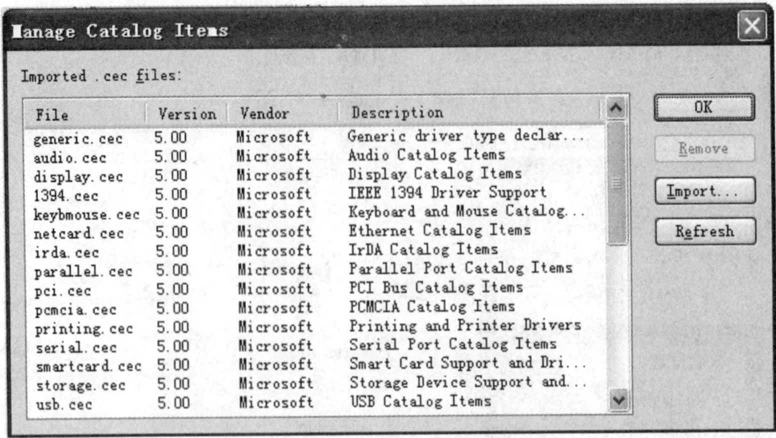


图 2-14 Manage Catalog Items 对话框

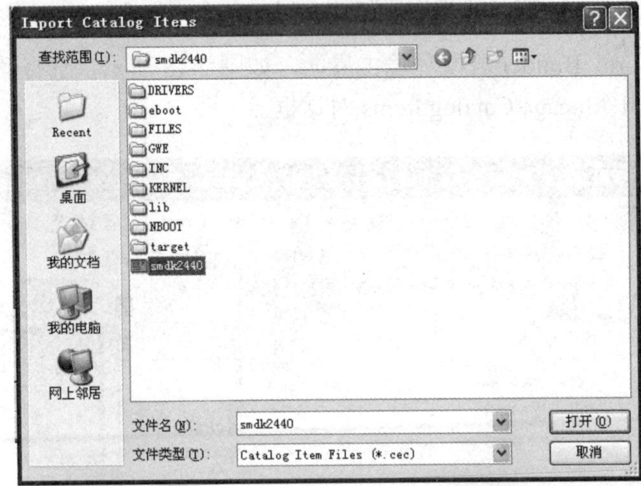


图 2-15 Import Catalog Items 对话框

（5）这时在 Manage Catalog Items 对话框中，可以看见刚刚添加的 smdk2440.cec 文件，如图 2-16 所示。

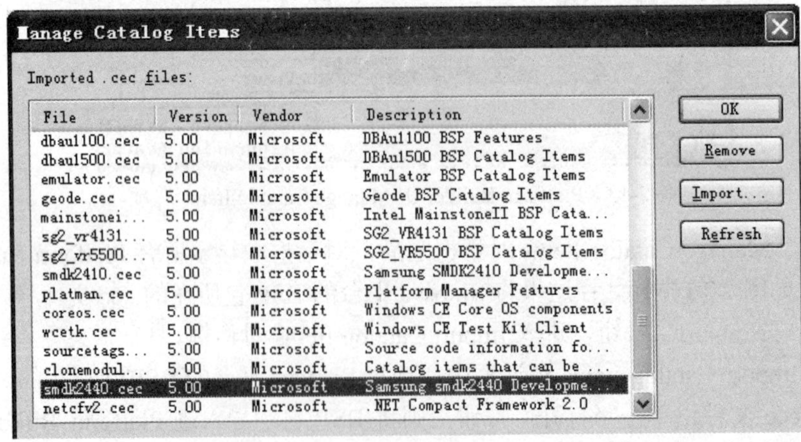


图 2-16 添加 smdk2440.cec 文件

2. 创建 Windows CE OS

（1）运行 Platform Builder 5.0 开发工具，首先显示欢迎界面，这里直接选择 Next 选项，进入下一个操作界面，如图 2-17 所示。输入要创建的 OS 名称 PMPOS 和保存 OS 的路径之后，单击 Next 按钮，进入 BSP 平台选择对话框。

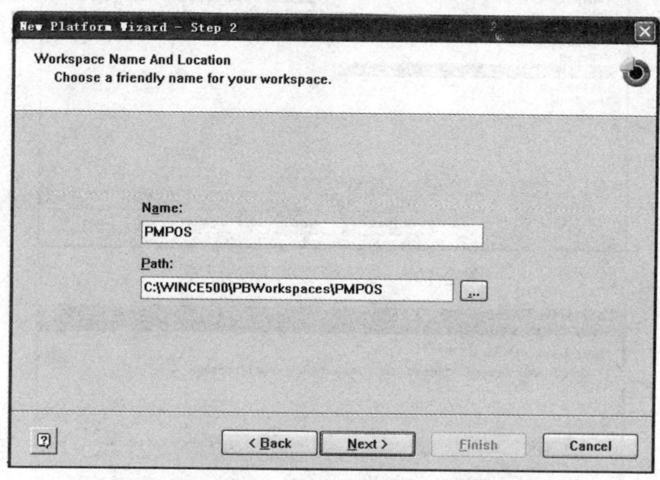


图 2-17 PMPOS 工作空间及位置对话框

（2）在 BSP 平台选择对话框中，选择刚刚导入的 SMDK2440BSP 项 SAMSUNG SMDK2440:ARMV4I，如图 2-18 所示，单击 Next 按钮，进入 OS 设计模板对话框。

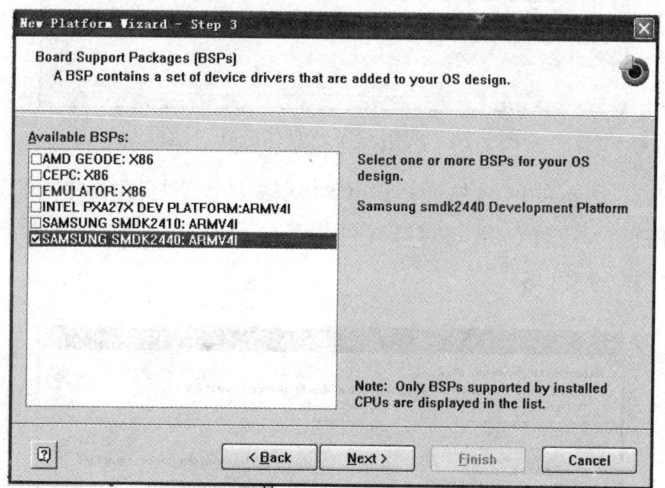


图 2-18 BSP 选择对话框

（3）在 OS 设计模板对话框中，有很多可供选择的设计模板，如图 2-19 所示，包括数字媒体接收器、企业终端、企业平板电脑、网关设备、工业控制器、互联网设备、IP 电话、移动手持设备、机顶盒、没有图形界面的微内核设备、瘦客户端设备。这里选择 Mobile Handheld 项，单击 Next 按钮，进入应用程序及多媒体选择对话框。

（4）在如图 2-20 所示的应用程序及媒体选择对话框中，选择图中打钩的选项，单击 Next 按钮，进入网络与通信选项对话框。

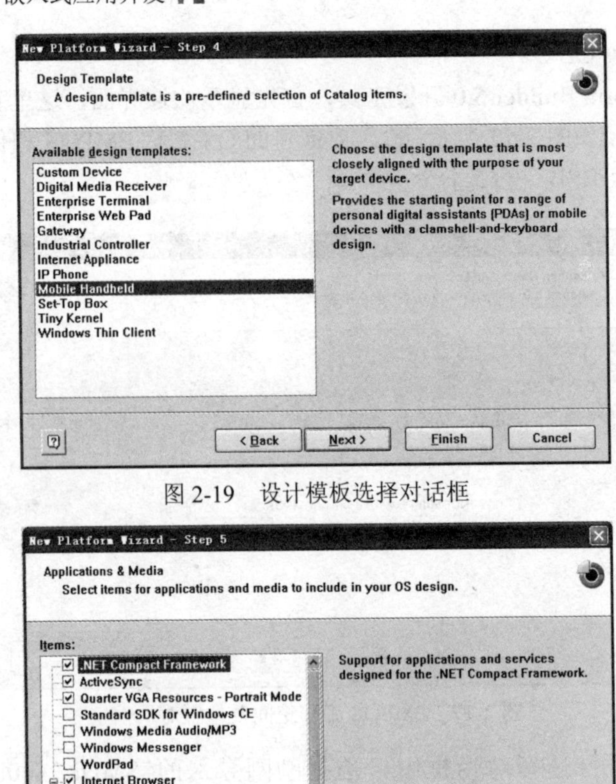


图 2-19　设计模板选择对话框

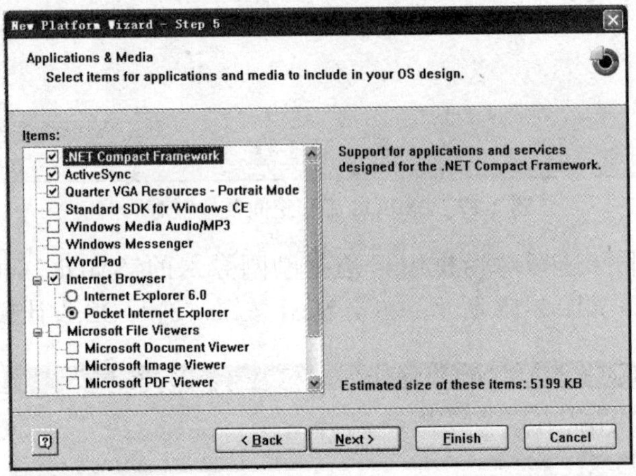

图 2-20　应用程序及媒体选择对话框

（5）在如图 2-21 所示的网络与通信选项对话框中，选择图中打钩的选项，其中 Dial-up Networking(RAS/PPP)选项是 PC 端与目标硬件设备进行 ActiveSync 通信时必需的。最后单击 Finish 按钮，完成创建 PMPOS。

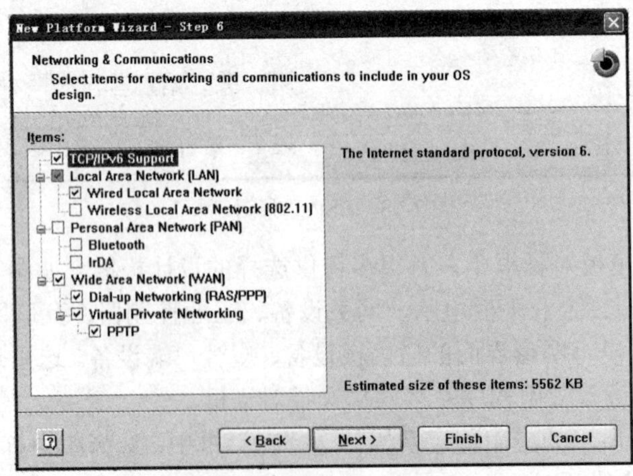


图 2-21　网络与通信选项对话框

3. 添加支持应用程序的 OS 特性组件

根据上面向导创建了 Windows CE 的操作系统，它只是基本地完成了 Windows CE 所具有的通用特性功能设置，为了支持后面的应用程序运行,需要对 Windows CE OS 添加一些应用程序运行支持的组件。

（1）添加 ActiveSync 支持。在 Platform Builder 的 Catalog 窗口中，单击 Catalog→Core OS→Windows CE devices→Applications-End User→ActiveSync 节点，选择 FileSync 节点，右击选择 Add to OS Design，如图 2-22 所示，这样 ActiveSync 组件就添加进上面定制的 OS 中。

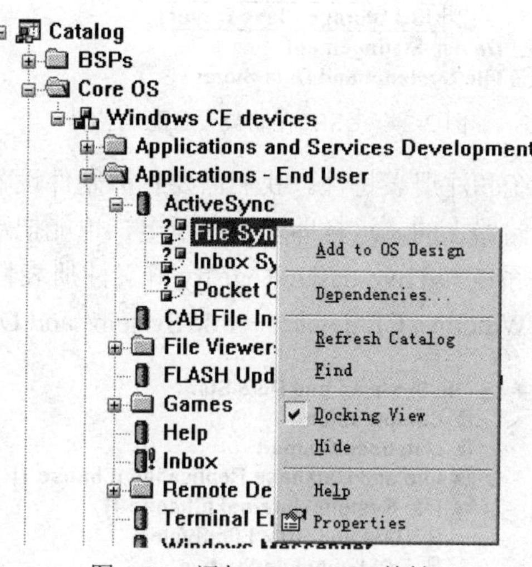

图 2-22　添加 ActiveSync 特性

（2）添加 CAB File Installer/UnInstaller 支持。为了能在目标硬件平台上安装.CAB 程序和通过 Windows CE 设备的控制面板删除应用程序，需要在 OS 中添加 CAB File Installer/UnInstaller 支持的组件，它的添加路径和 ActiveSync 组件的添加路径相同。

（3）添加.NET CF 2.0 支持。本书后面所开发的应用程序都是基于.NET CF 2.0 框架下托管应用程序，这就需要在设备端中有.NET CF 2.0 相关特性的支持。如图 2-23 所示，单击 Catalog→Core OS→Windows CE devices→Applications and Services Development 节点，选择.NET Compact Framework 2.0 及 OS Dependencies for .NET Compact Framwork 2.0 特性添加进 OS 中。

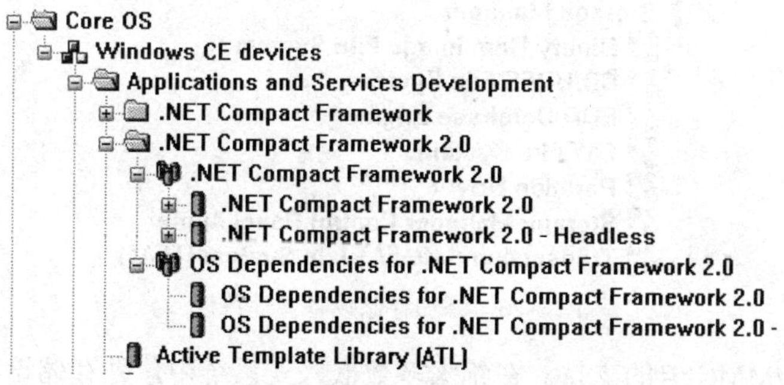

图 2-23　添加.NET CF 2.0 特性

（4）添加 USB 存储类设备驱动特性。如图 2-24 所示，添加路径为 Catalog→CoreOS→Windows CE devices→Core OS Services→USB Host Support 节点，然后选择 USB Storage Class Driver 特性加入进 OS 中。

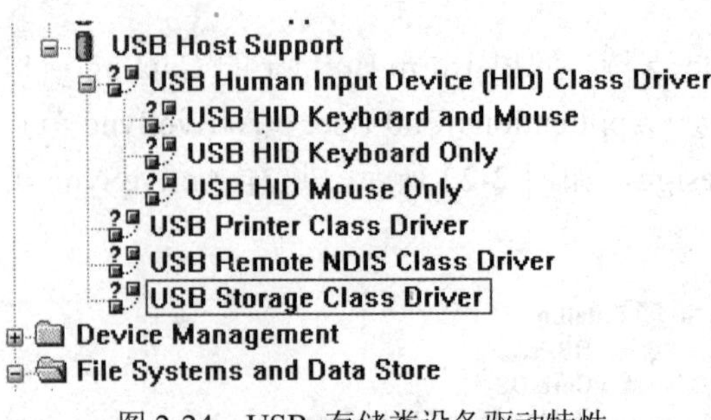


图 2-24　USB 存储类设备驱动特性

（5）添加 OS 文件系统和注册表特性。我们需要目标硬件设备平台上对目录和文件的操作是映射在 Nand Flash 存储器上的，这样即使设备断电，也能把数据永久保存，则需要添加 ROM-only File System 文件系统和 Hive-based Registry 蜂窝注册表特性。如图 2-25 所示，添加路径为 Catalog→CoreOS→Windows CE devices→File Systems and Data Store 节点。

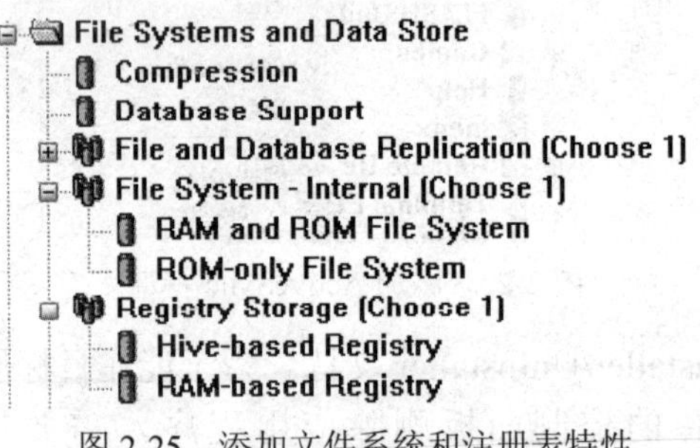


图 2-25　添加文件系统和注册表特性

（6）添加存储设备管理特性。对于存储设备的分区驱动和存储管理器控制面板，需要添加 Partition Driver 和 Storage Manage Control Panel Applet 特性。添加路径为 Catalog→CoreOS→Windows CE devices→File Systems and Data Store→Storage Manager 节点。另外在绝大多数嵌入式系统中，外部存储设备都是必不可少的，如 SD 卡，而 FAT 文件系统是 SD 卡必需的，则需要将 FAT File System 添加进 OS 中，如图 2-26 所示。

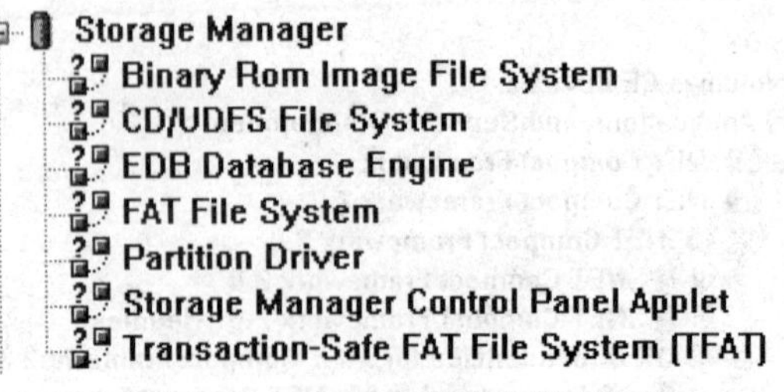


图 2-26　添加存储设备管理特性

（7）添加 SD/MMC 卡的支持。在绝大多数嵌入式系统中，外存储设备都是必不可少的，CF 卡、SD 卡、MMC 卡是目前嵌入式移动设备应用最多的外存储设备，随着容量的不断扩大，它们一方面可以存储大量的数据，另一方面也可以非常方便地与桌面 PC 或其他嵌入式移动设备交换信息。在嵌入式设备的硬件设计过程中，一般都保留有一个 CF 卡接口或 SD/MMC 卡接口，便于用户将来进行外存储器的扩展。本书所使用的目标硬件平台就包含一个 SD 卡插座，所以需要添加支持 SD 卡的特性 SD Memory。添加路径为 Catalog→Device Drivers→SDIO 节点，如图 2-27 所示。

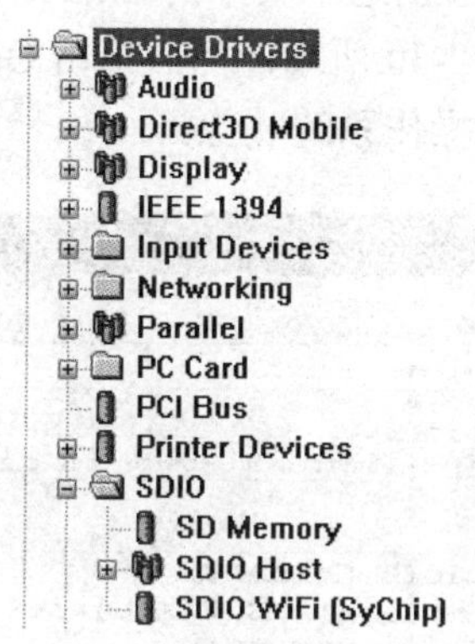


图 2-27　添加 SD/MMC 卡特性

（8）添加中文字库和中文键盘特性。向导创建的 OS 会默认加载一个名为 SimSun& NSimSun 的中文字库，大小为 10MB 左右，这将大大增加最后产生的 Windows CE 操作系统映像文件的大小。为了使最后所产生的 Windows CE 映像文件尽可能小，这里选择 SimSun& NSimSun(Subset2_50)特性，其大小为 2.78MB，替换原先的字库，另外为了能在设备上输入中文字符，需要添加拼音输入法的字库和双拼输入键盘特性，如图 2-28 所示。

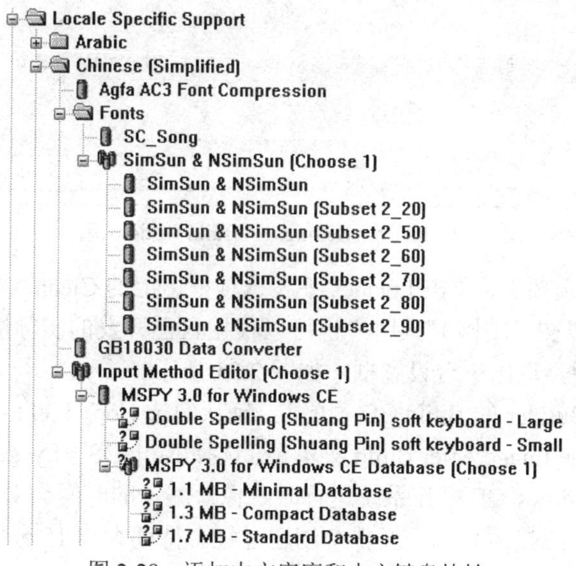


图 2-28　添加中文字库和中文键盘特性

4. OS 编译的参数配置

（1）在 Platform Builder 的 Build 工具条的 Set Active Configuration 下拉列表中，确认选择了 SAMSUNG SMDK2440：ARMV4 I Win32[WCE ARMV4I] Release 选项，如图 2-29 所示。

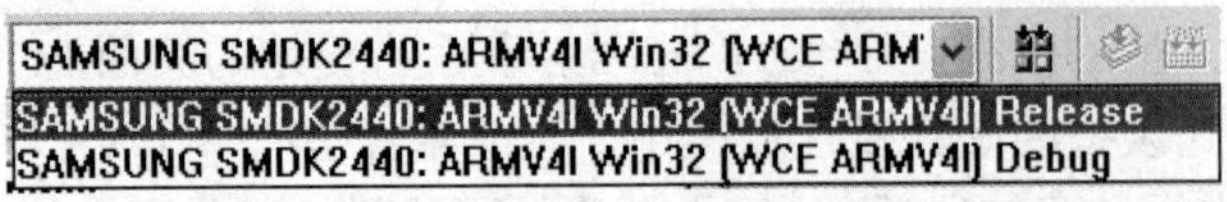

SAMSUNG SMDK2440: ARMV4I Win32 (WCE ARM
SAMSUNG SMDK2440: ARMV4I Win32 (WCE ARMV4I) Release
SAMSUNG SMDK2440: ARMV4I Win32 (WCE ARMV4I) Debug

图 2-29　选择 ARMV4 I Win32[WCEARMV4I] Release 选项

（2）在 Platform Builder 的 Platform 菜单上，单击 Settings…按钮，选择 Platfom Settings 对话框中的 Build Options 选项卡，取消选中其中的 Enable Images Larger than 32MB 选项，确认这时的 Build Options 选项卡如图 2-30 所示，然后单击 OK 按钮。在这里将创建一个不具有 KITL 支持的发布版的 Windows CE 操作系统映像。

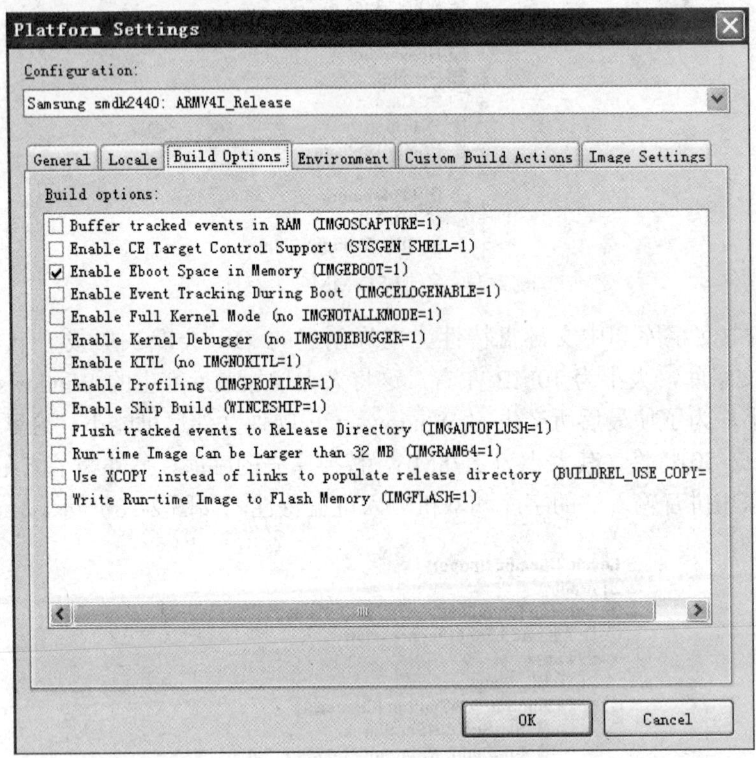


图 2-30　Platfom Settings 中 Build Options 选择

（3）选择 Locale 选项卡，单击 Locales 下拉选项框边上的 Clean All 按钮，然后在 Locales 下拉选项框中选择“中文（中国）”，用户也可以根据自己开发的实际情况选择不同的语言支持。最后单击 OK 按钮，退出平台设置框，如图 2-31 所示。

（4）在 Platform Builder 的 Build OS 菜单上，确认勾选 Copy Fiel to Release Directory After Build 和 Make Run-Time Image After Build 菜单项，选择 BuildOS→Sysgen 项，开始编译创建基于 PMPOS 平台的 Windows CE 操作系统运行时映像，编译的时间与 PC 机的硬件配置和定制的操作系统映像大小有直接关系，一般整个创建过程会持续大约 15 分钟。

操作系统创建过程结束后，Platform Builder 的 Output 窗口会显示如图 2-32 所示的信息，表明已经成功地创建了 Windows CE 操作系统运行时映像。编译生成的操作系统映像一般会生成两个文件 NK.bin 和 NK.nb0，其存放地址为 C:\WINCE500\PBWorkspaces\PMPOS\RelDir\smdk2440_ARMV4I_Release。

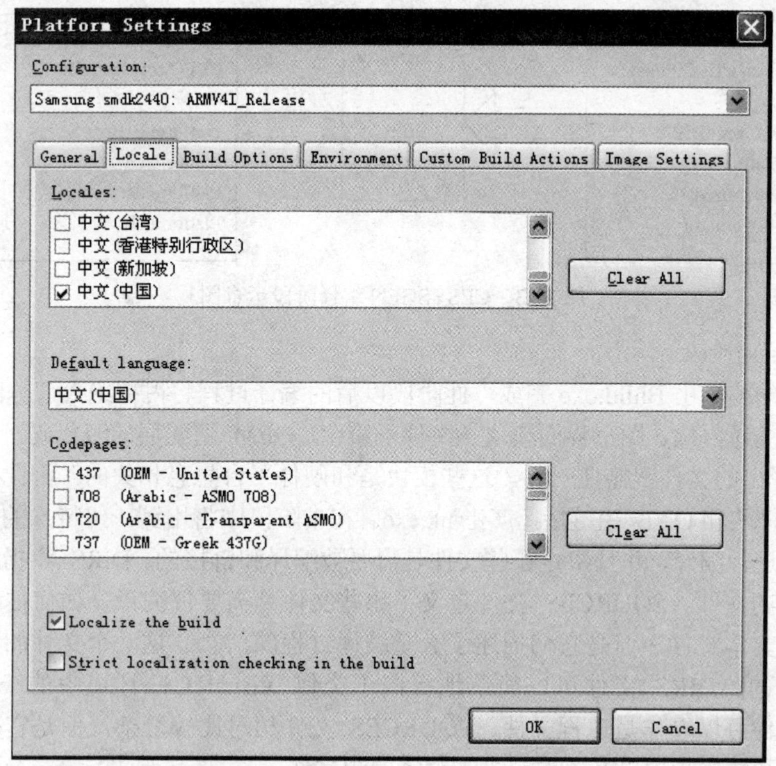


图 2-31 Platfom Settings 中 Locales 选择

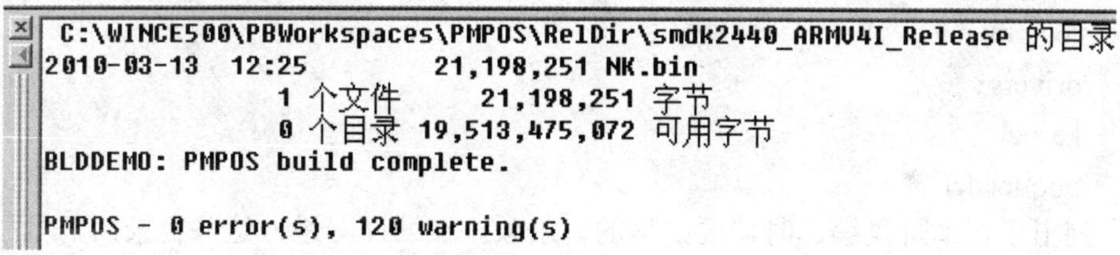

```
C:\WINCE500\PBWorkspaces\PMPOS\RelDir\smdk2440_ARMV4I_Release 的目录
2010-03-13  12:25        21,198,251 NK.bin
               1 个文件     21,198,251 字节
               0 个目录 19,513,475,072 可用字节
BLDDEMO: PMPOS build complete.

PMPOS - 0 error(s), 120 warning(s)
```

图 2-32 创建操作系统映像成功的信息输出窗口

### 2.2.4 Windows CE 的编译过程

Windows CE 的编译分为 4 个阶段。

1. CESYSGEN 编译阶段

这是编译的第一阶段，由 sysgen.bat 完成。这部分首先将用户在定制平台时排除在外的系统功能所对应的文件从编译的列表中剔除，保留和定制功能相关的头文件、def 文件以及.lib 文件，这些文件将用来编译成 DLL 以及在后续编译过程中所产生的其他文件。此外，被处理过的头文件和库文件可以用来导出平台 SDK。

在 IDE 集成开发环境中，这个部分有两个名称：generate system headers 和 re-generatesystem headers。实际上它们的功能是一样的。re-generate system headers 首先把已经存在的头文件等全部删除，然后重新过滤文件并进行处理。re-generate system headers 将花去很多时间，但是当用户重新配置了系统结构后，这样做还是有必要的。当用户已经设置完系统配置后，本阶段编译并不是每次编译操作系统时都需要进行的，如图 2-33 所示。

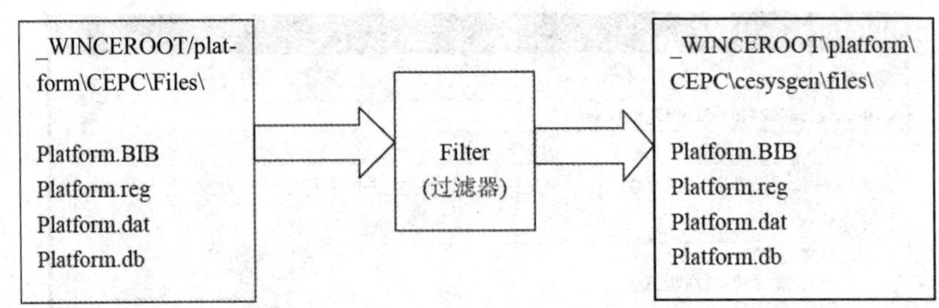


图 2-33　CESYSGEN 编译阶段示意图

2. BSP 编译阶段

这个阶段的编译由 Build.exe 完成，此阶段以后的编译过程将占据绝大部分的编译时间。

编译器将编译内核、图形界面模块、事件子系统、OEM 适配层的源代码，并且将这些部分和 BSP 编译出的文件链接在一起。这些模块是和硬件平台息息相关的，因此必须得到 BSP 的支持。内核模块和 OAL 相链接，产生 nk.exe。在本阶段中将用到一组特殊的文件，这些文件将指导如何进行编译，并且决定哪些文件是需要被编译和链接的。DIRS 将指示从哪些路径寻找需要编译的文件。SOURCES 文件定义了哪些文件是需要被编译，如何被编译的。这两个文件都只是文本文件，但是它们描述了大量编译过程的信息。这两个文件的格式都是基于 makefile 文件的。DIRS 文件可以简单地等同于类似 Visual C++环境中的 workspace。而 SOURCES 文件可以看作是工程文件。SOURCES 文件相对比较复杂，但是它基本上设置了各模块的编译和链接顺序以及所要包含和编译的源文件。

下面是 SMDK2410 BSP 下 DIR 文件的内容：

```
DIRS=common     \
     drivers    \
     kernel     \
     bootloader
```

以上列出了在本阶段编译时，要扫描的目录项。在编译器进入这些目录后，再扫描这些目录中的 DIR 文件或者 SOURCES 文件（两者选其一），从而进行递归扫描所有的目录。

3. BUILDREL 编译阶段

这个阶段主要由 BuildRel.BAT 文件完成。它将前两个阶段编译生成的目标文件、EXE 或者 DLL 文件，从它们各自的目录中复制到为编译 image 而准备的 release（_FLATRELEASEDIR）目录中。BSP 下的目标文件和子目录将被复制到目标文件夹下以获得前一阶段编译的各模块的中间文件。在集成开发环境中，操作系统的整体编译将在所有需要的文件被复制到 _FLATRELEASEDIR 目录后执行。

4. MAKEIMG 编译阶段

这个阶段由 makeimg.exe 文件执行，这是最终的编译阶段，它将所有的二进制文件链接到一起，生成适合特定平台的操作系统镜像文件。本阶段根据配置处理所有 release 目录下的文件。同样它还要寻找处理所有模块中 XIP 的问题。

本编译阶段主要由 3 个子阶段组成。

第一阶段将各种的配置文件整合到一起，比如 BIB、DAT、REG、DB 等，针对每种配置文件，整合的信息将存放到一个 master 文件中。

第二个子阶段中，makeimg 将用 LOC 文件中指定的 EXE 和 DLL 模块来替换当前指定的模块。在资源被更新以后，makeimg 将启动 RomImage 进入第三个编译子阶段。

第三个子阶段中将链接并且定位所有 XIP 文件，同时建立 ROM 文件系统的镜像文件。这个文件系统将最终被整合到 Windows CE 的统一文件系统中。在 Windows CE 启动以后，所有\Windows 下的文件都是对应ROM 文件系统的。RomImage 将最终建立NK.bin和NK.nb0镜像文件。这个镜像文件可以是 SRE 格式或者 BIN 格式，它们都能被编程器解释后下载到目标机中运行。SRE 是基于 ASCII Hex 的文件格式，在嵌入式系统中被广泛使用；BIN 格式文件是微软公司提供的类似于 SRE 的二进制文件格式。

### 2.2.5 Windows CE 内核映像的下载与测试

（1）运行 DNW.exe 工具，选择 Configuration 菜单下的 Options 命令，确认 UART/USB Options 对话框中的设置，如图 2-34 所示。

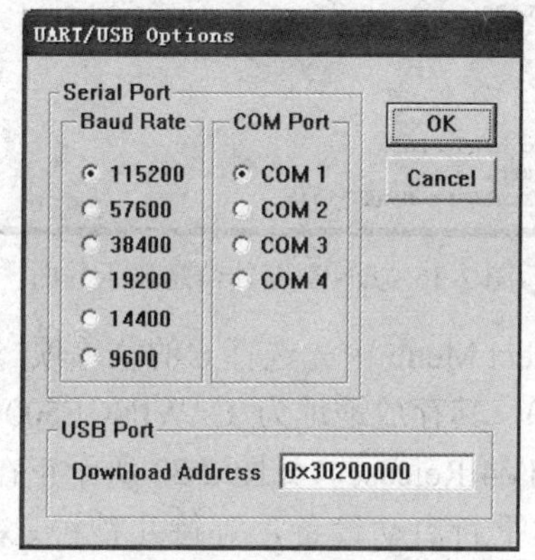


图 2-34 UART/USB 选择对话框

（2）选择 Serail Port 菜单下的 Connect 命令，打开 PC 的串口，确认 DNW 窗口标题栏的显示，如图 2-35 所示。

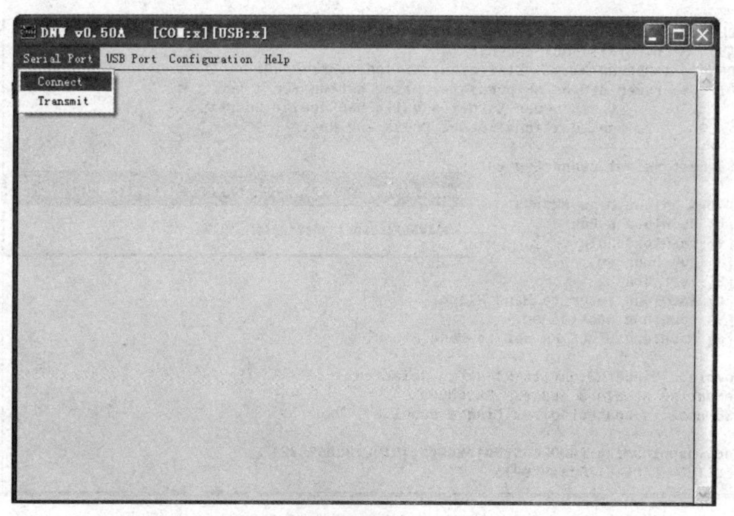


图 2-35 DNW 窗体运行界面

（3）在按下 Sinosys 设备上的复位键的同时请按住键盘的空格键，这时 DNW 窗口如图 2-36 所示进行显示。从 DNW 的标题可以看到 USB 已经显示连接成功。如果是第一次使用则需要安装驱动，驱动的安装请按照系统提示，驱动文件由设备厂商提供。

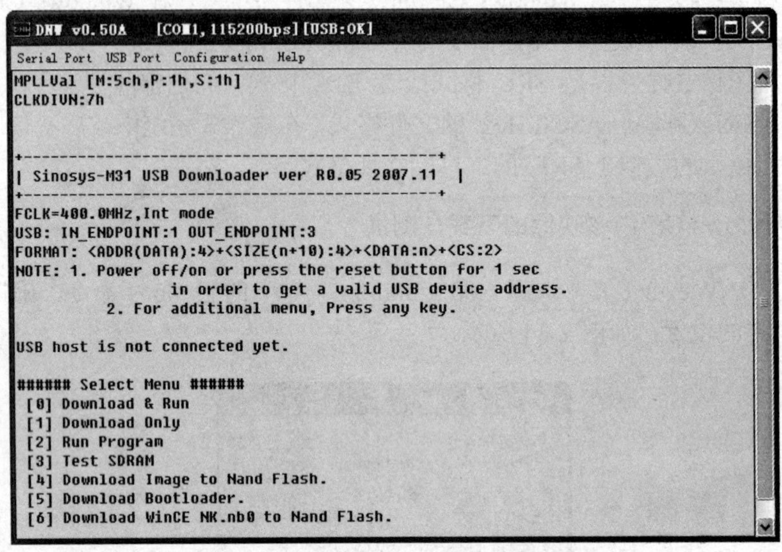


图 2-36 DNW 窗体信息显示界面

（4）在 DNW 窗体信息 Select Menu 中先选择 6 的菜单项，然后选择 USB Port→Transmit，查找到刚刚编译生成的 NK.nb0，其存放地址为 C:\WINCE500\PBWorkspaces\PMPOS \RelDir \SAMSUNG_SMDK2440_ARMV4IRelease。如图 2-37 所示正在通过 USB 口下载 NK.nb0，当下载完毕后，按下设备复位键重新启动设备，等待几秒钟之后，就能从设备的 LCD 看到 Windows CE 操作系统的运行界面，并能从 DNW 观察到系统往串口输出的部分调试信息，这种下载方式是将 Windows CE 映像直接下载到 Sinosys 目标设备的 Nand Flash 中。

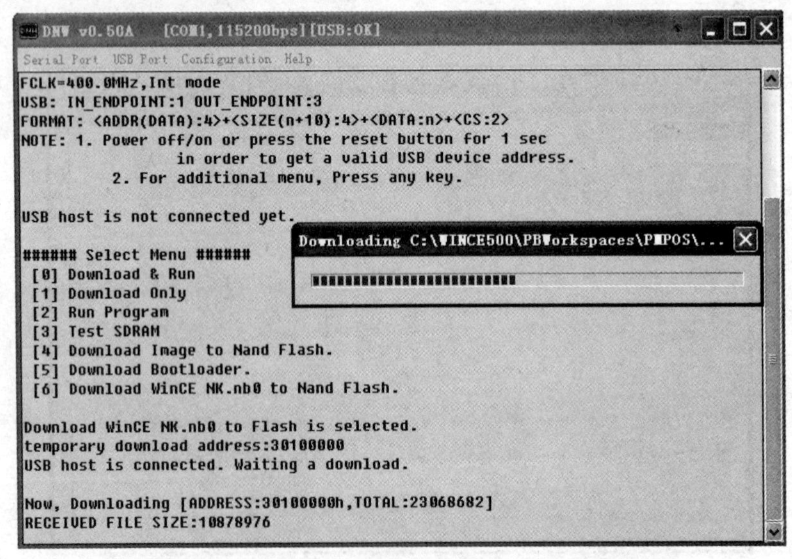


图 2-37 正在往 Nand Flash 下载 NK.nb0 的运行界面

# 2.3 Windows CE 应用开发环境构建

## 2.3.1 VS.NET2005 平台安装简介

微软推出的 VS.NET2005 平台可用来开发基于 Windows CE 平台上的应用程序，它既可以开发基于.NET Compact Framework 2.0 下的托管应用程序，也可以使用 C++语言开发本地（非托管）应用程序。

为了能够在 PC 端开发基于 Windows CE 平台上的应用程序，需要在安装 VS.NET2005 开发平台过程中，选择相应语言的“智能设备可编程技术”选项，如图 2-38 所示，就可以用对应的语言开发针对目标硬件平台的 Windows CE 应用程序。

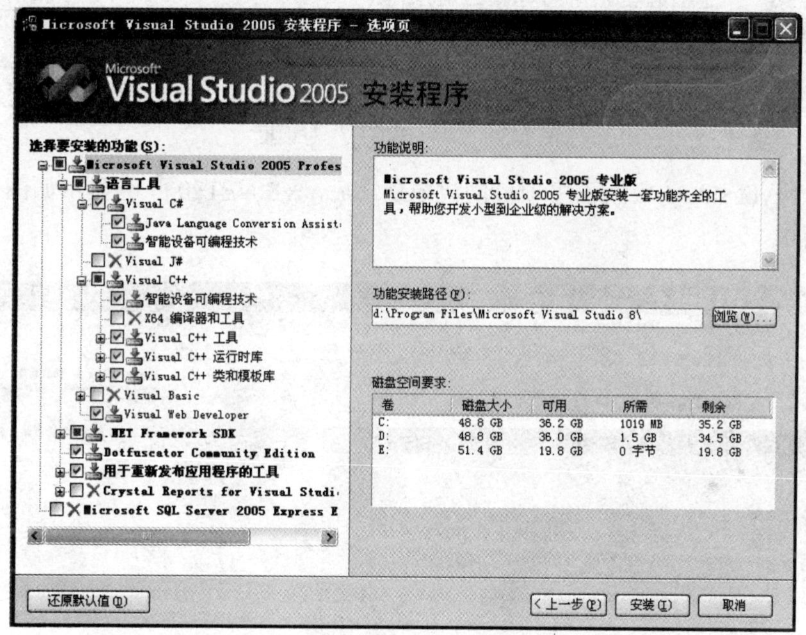


图 2-38 VS.NET2005 安装向导中的“智能设备可编程技术”选项

## 2.3.2 使用 VS.NET2005 构建基于 Windows CE 的 C#应用程序

现在通过 VS.NET2005 平台创建一个简单的 C#智能设备应用程序，并将它通过 ActiveSync 下载到 Sinosys 硬件平台上在线运行和调试，以展示一个完整的基于 Windows CE 应用程序的开发过程。

（1）启动 VS.NET2005。

（2）在起始页的项目窗体界面上，选择菜单中的“文件→新建→项目”选项，进入“新建项目”对话框，如图 2-39 所示，在左侧“项目类型”列表中选择“Visual C#智能设备”中的 Windows CE 5.0 选项，在右侧的模板中选择“设备应用程序”选项，在下方的“名称”输入栏中输入将要开发的应用程序名 MyFirstApp，在“位置”栏选择应用程序所保存的路径位置，最后单击“确定”按钮。

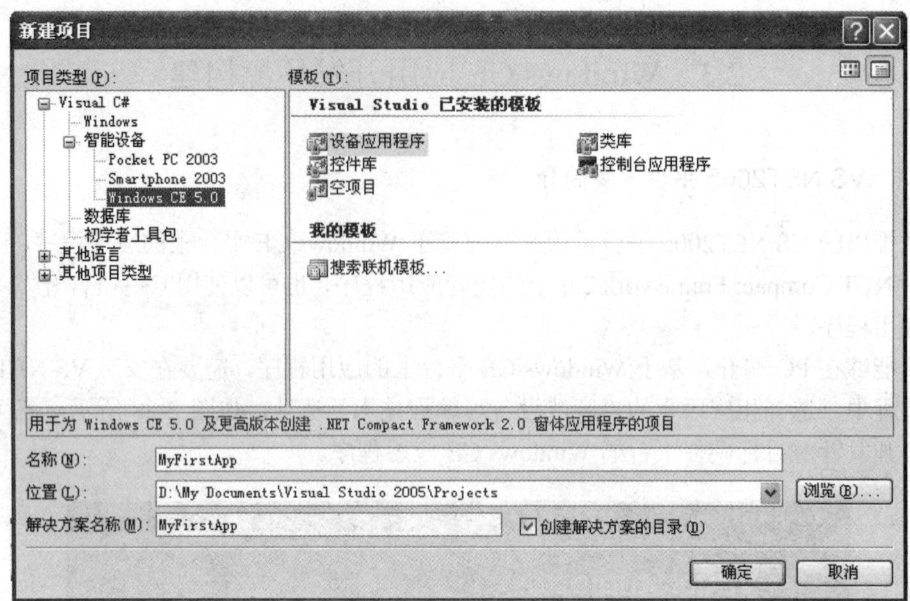

图 2-39 “新建项目”对话框

（3）当 MyFirstApp 应用程序项目创建成功之后，VS.NET2005 会显示如图 2-40 所示的 Form 设计界面。

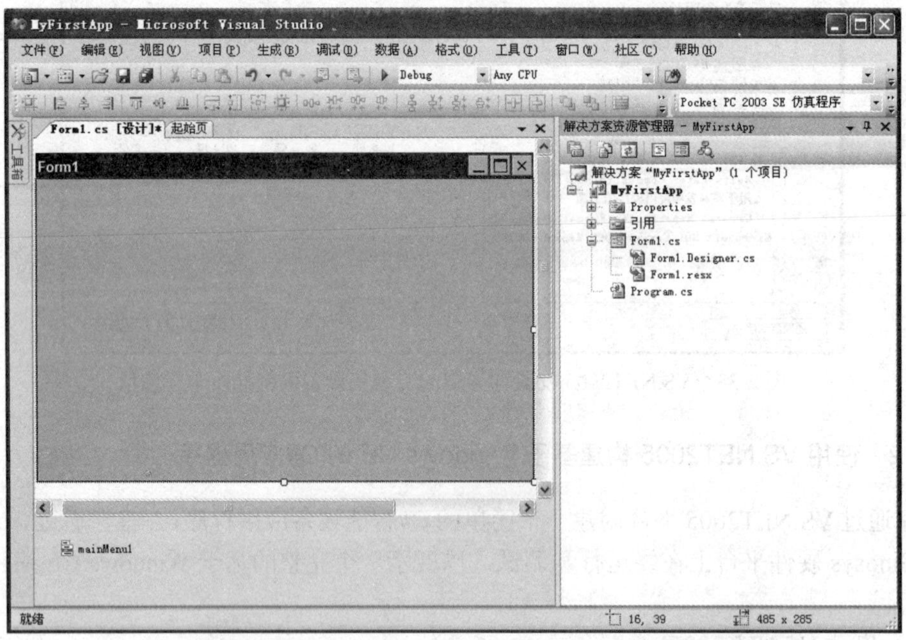

图 2-40 Windows CE 应用程序 Form 设计界面

（4）将鼠标移动到设计窗体左边的工具箱上，这时会显示工具箱面板，将一个 Button 按钮拖放至 Form1 设计窗体上，如图 2-41 所示。

（5）单击 Button 按钮，在窗体右下角的属性面板中将 Name 属性设置为 btnMsg，Text 属性设置为“点击这里”，如图 2-42 所示。

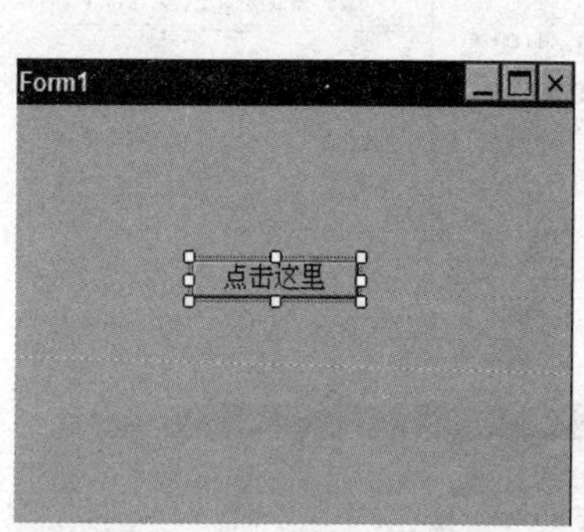


图 2-41　MyFirstApp 应用程序设计界面

属性

btnMSg System.Windows.Forms.Button

| | |
|---|---|
| ⊞ Location | 100, 79 |
| ⊞ Size | 96, 20 |
| ⊟ 设计 | |
| (Name) | btnMSg |
| GenerateMember | True |
| Locked | False |
| Modifiers | Private |
| ⊟ 数据 | |
| ⊞ (DataBindings) | |
| Tag | |
| ⊟ 外观 | |
| BackColor | Control |
| ⊞ Font | Tahoma, 10pt |
| ForeColor | ControlText |
| Text | 点击这里 |

图 2-42　Button 控件属性面板

（6）双击 Button 按钮，系统自动切换到代码编辑窗口，如图 2-43 所示，这样 Button 按钮的单击事件就自动和 btnMSg_Click 方法对应起来，这时只需要添加如下代码就可完成简单的事件处理任务。

```
private void btnMSg_Click(object sender, EventArgs e)
{
    MessageBox.Show("欢迎来到 Windows CE 编程世界！");
}
```

Form1.cs*　Form1.cs [设计]*　起始页

MyFirstApp.Form1　　btnMSg_Click(object sende

```
using System;
using System.Collections.Generic;
using System.ComponentModel;
using System.Data;
using System.Drawing;
using System.Text;
using System.Windows.Forms;

namespace MyFirstApp
{
    public partial class Form1 : Form
    {
        public Form1()
        {
            InitializeComponent();
        }

        private void btnMSg_Click(object sender, EventArgs e)
        {
            MessageBox.Show("欢迎来到Windows CE编程世界！");
        }
    }
}
```

图 2-43　Form1.cs 代码编辑窗口

（7）在“生成”菜单上选中“生成解决方案”选项，如图 2-44 所示，编译当前工程，编译成功之后屏幕下方的输出窗口会显示“生成：1 成功，0 失败，0 被跳过”信息，如图 2-45 所示。

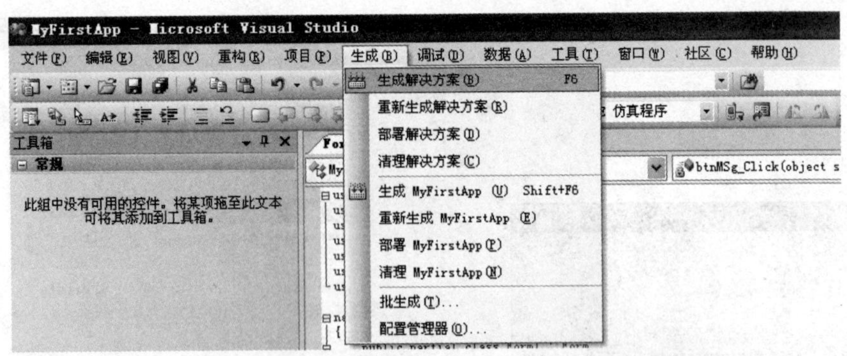


图 2-44　选择生成 MyFirstApp 应用程序项目的解决方案选项

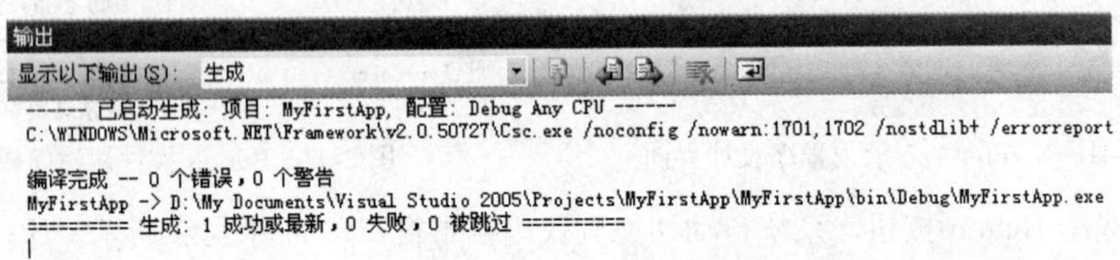


图 2-45　MyFirstApp 应用程序项目编译成功的输出信息

至此已成功创建了一个简单的 C#的 Windows CE 应用程序，下面将 MyFirstApp 应用程序部署到目标硬件平台上运行。

### 2.3.3　在 WinCE 目标设备上部署 C#应用程序

目标硬件设备 Sinosys 平台中大部分硬件都是按照半产品化标准进行设计的，外围接口实现标准化，其中它上面含有一个 USB Slave 接口，另外在前面定制 Windows CE 操作系统时，已将 ActiveSync 组件包含进 OS 了，所以在将 VS.NET2005 中 Windows CE 的 C#应用程序部署到 Sinosys 平台上运行之前，需要通过 ActiveSync 加 USB 接口实现与设备端之间的连接。

在 Sinosys 硬件平台上部署 MyFirstApp 应用程序的流程如下：

（1）在 PC 机端安装 Microsoft ActiveSync 软件，目前使用较多的是 Microsoft ActiveSync 4.5 版本，下载之后直接单击安装程序运行即可，如图 2-46 所示。

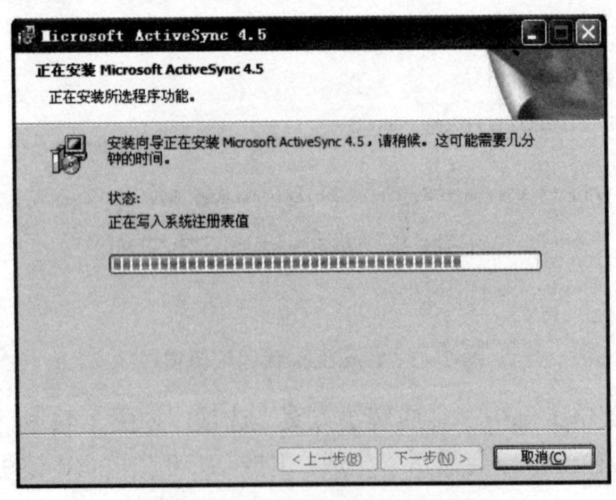


图 2-46　ActiveSync 的安装过程

（2）当看到 Sinosys 硬件平台上 Windows CE 操作系统界面起来之后，使用 USB 线缆一端连接 VS.NET2005 开发平台所在的 PC 机 USB Host 接口，另一端连接 Sinosys 硬件平台的 USB Slave 接口。

1）如果是第一次使用 USB 接口连接开发 PC 与目标设备，在开发 PC 上会出现如图 2-47 所示的“找到新的硬件向导”界面，单击选择“从列表或者指定位置安装（高级）”选项，然后单击“下一步”按钮。

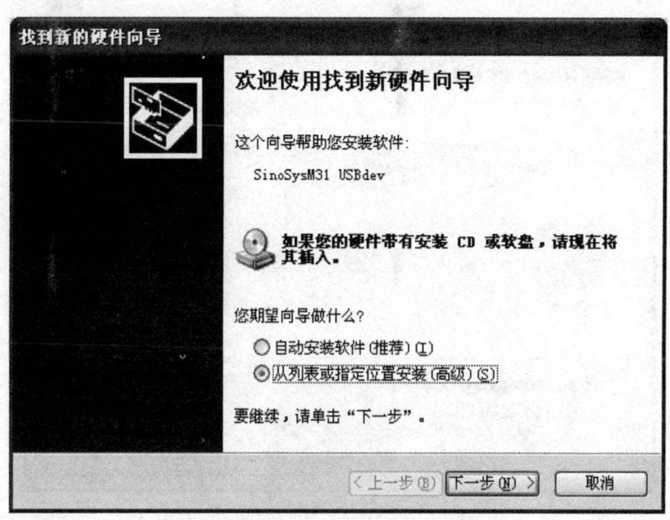


图 2-47　新的硬件向导界面

2）在如图 2-48 所示的选择搜索和安装选项的向导界面上，单击选择“不要搜索，我要自己选择要安装的驱动程序”选项，然后单击“下一步”按钮。

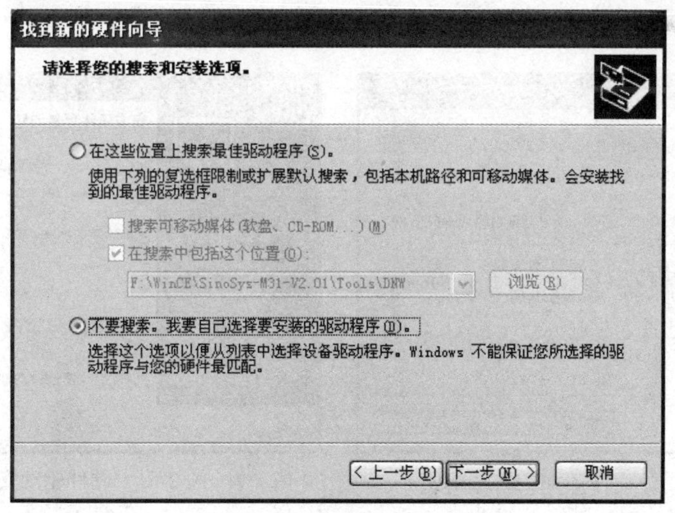


图 2-48　搜索与安装选项界面

3）在如图 2-49 所示的安装设备驱动程序向导界面上，单击“从磁盘安装”按钮，系统弹出对话框，单击“浏览”按钮，选择设备厂商提供的驱动程序，然后单击“确定”按钮，显示找到 SinoSysM31 USBdev 的硬件驱动。这里 USB 设备驱动和前面利用 DNW 软件下载操作系统映像的 USB 设备驱动是有区别的，它们可以从功能上区别：前面 USB 驱动利用 DNW 配合目标设备中已固化好的 Bootloader 实施完成通过 USB 下载、更新 Bootloader 或者系统映像的功能。而对于 WinCE 系统运行并在 PC 端安装了 Activesync 同步软件后，默认情况下会将目标设备当作一个 USB 设备并提示用户安装相关驱动，本驱动是和 Activesync 同步软件配合起来使用，它除完成文件的传输和拷贝功能外，还可以支持 Platform Builder 和 VS.NET2005 中的远程工具使用及在线调试部署。

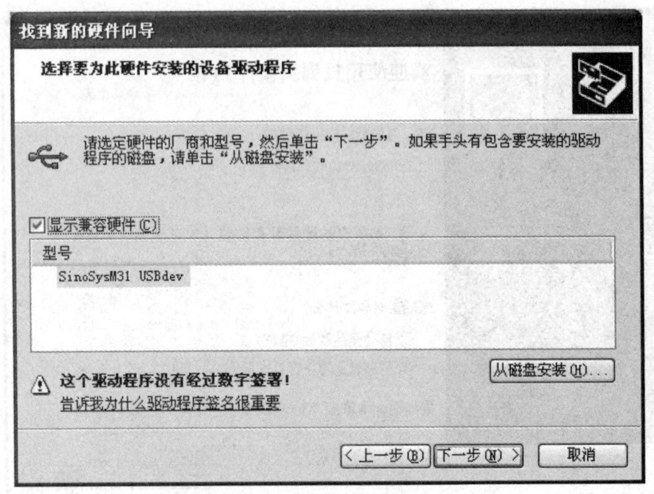


图 2-49　选择硬件安装的驱动程序

4）在弹出的向导界面上，单击“下一步”按钮，再在系统弹出的如图 2-50 所示的“硬件安装”对话框上，单击“仍然继续”按钮。

5）在如图 2-51 所示的向导界面上，单击“完成”按钮，完成 ActiveSync USB 设备驱动程序的安装。

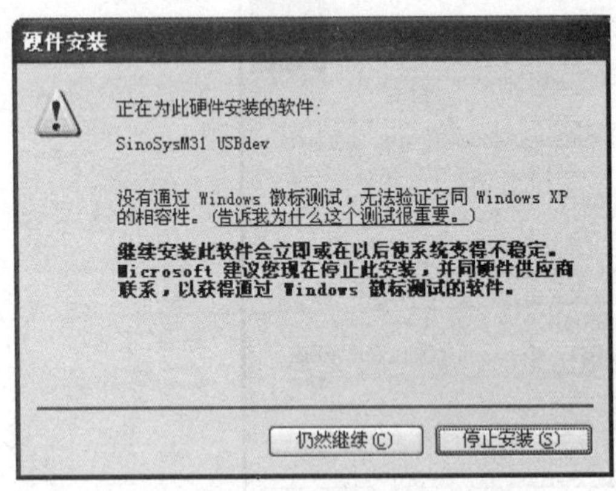


图 2-50　正在安装驱动的提示信息

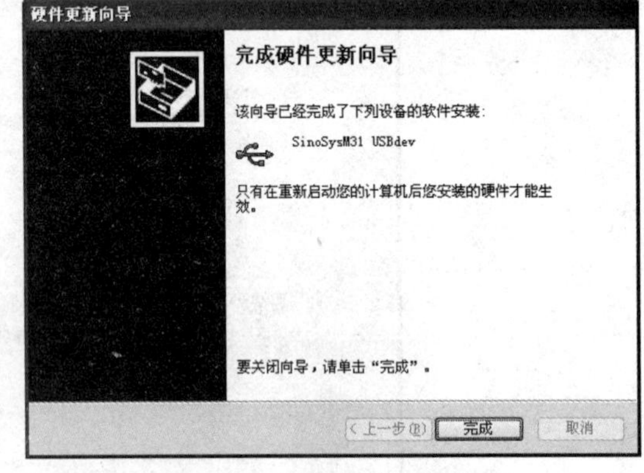


图 2-51　硬件驱动安装完成

6）在目标设备的 Windows CE 窗口界面上，单击左下角的“开始”菜单，选择“设置”子菜单下的“网络和拨号连接”命令，打开“网络和拨号连接”窗口。

7）在“网络和拨号连接”窗口中，双击“新建”图标，在“新建连接”对话框中选择“直接连接”选项，然后单击“下一步”按钮，如图 2-52 所示。

8）在如图 2-53 所示的“设备”对话框中，选择“选择设备”下拉列表中的 S3C2440 USB Cable 选项，然后单击“完成”按钮，这样，在“网络和拨号连接”窗口中就会多出一个名为“我的连接”的图标。

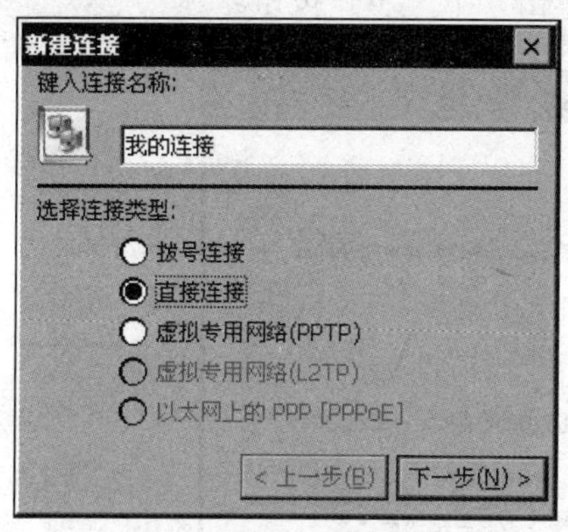


图 2-52 “新建连接”对话框

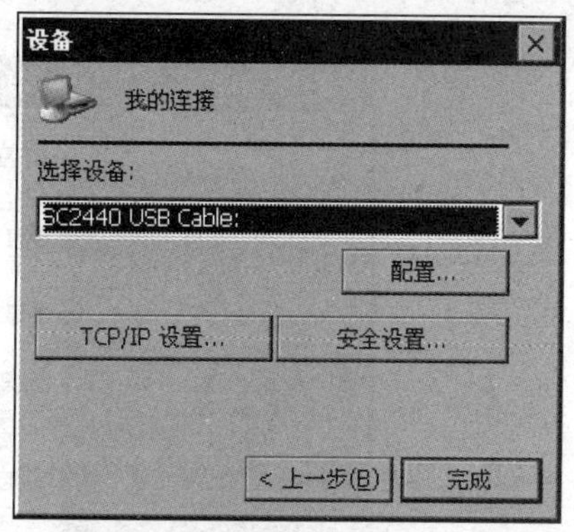


图 2-53 选择设备

9）在目标设备的 Windows CE 窗口界面上，单击左下角的“开始”菜单，选择“设置”子菜单下的“控制面板”命令，打开“控制面板”窗口，双击“控制面板”窗口中的“PC 连接”图标，在弹出的“PC 连接属性”对话框中确认选择了“设备在线时允许与桌面计算机建立连接”选项，单击“更改...”按钮，如图 2-54 所示。

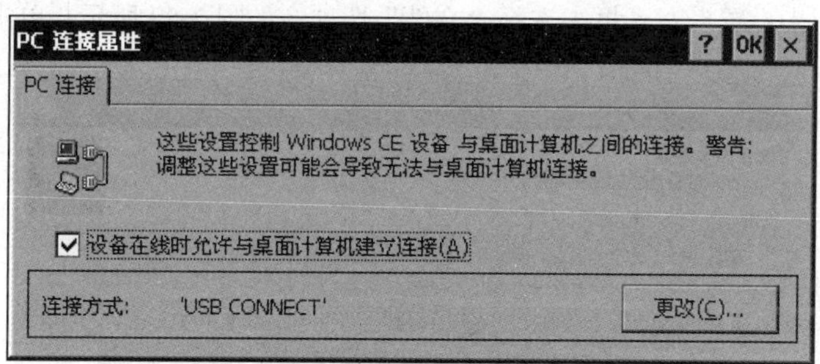


图 2-54 “PC 连接属性”对话框

10）在如图 2-55 所示的“更改连接”对话框的下拉列表框中选择“我的连接”选项，然后单击对话框右上角的 OK 按钮回到“PC 连接属性”对话框，再次单击 OK 按钮，关闭“PC 连接属性”对话框，完成 PC 连接的设置。

图 2-55 “更改连接”对话框

（3）通过 ActiveSync 程序建立 PC 端与目标设备的通信连接。

1）在桌面 PC 上，启动“开始→所有程序”菜单上的 Microsoft ActiveSync 程序，在 Microsoft ActiveSync 的窗口界面上，运行“文件”菜单的“进行连接”命令，系统弹出如图 2-56 所示的“建立合作关系”向导，选择“是”选项，然后单击“下一步”按钮。

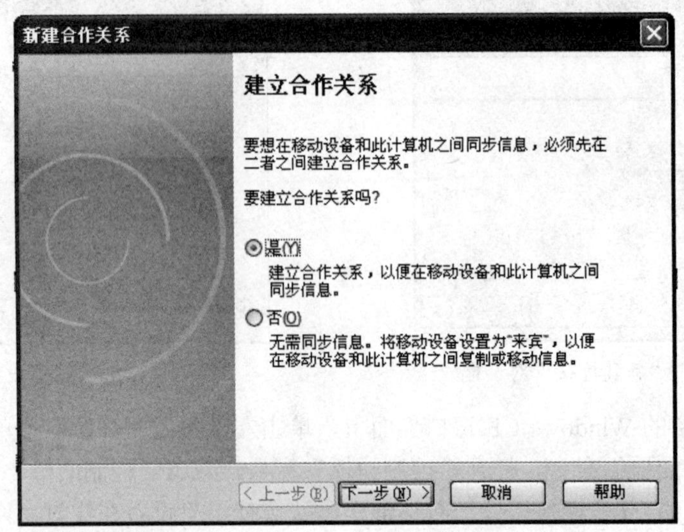


图 2-56　ActiveSync 的“新建合作关系”对话框

2）在“选择同步设置”对话框中选择“文件”选项，如图 2-57 所示，单击“下一步”按钮。

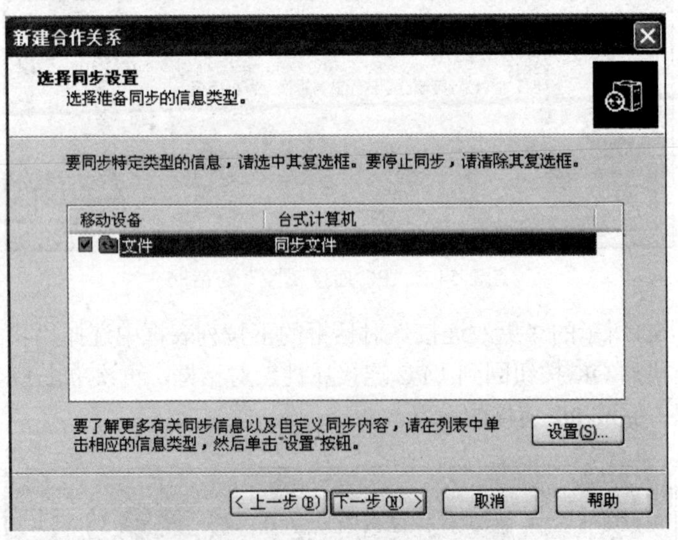


图 2-57　“选择同步设置”对话框

3）在如图 2-58 所示的“设置完毕”向导界面上，单击“完成”按钮，完成新建合作关系的设置，系统开始通过 USB 接口进行桌面 PC 与目标设备的 ActiveSync 连接，这样就实现了 PC 端与设备之间的合作关系。

4）ActiveSync 窗口持续几秒之后，出现如图 2-59 所示的窗口，这表示已经成功建立了 PC 机与目标设备之间的通信连接。

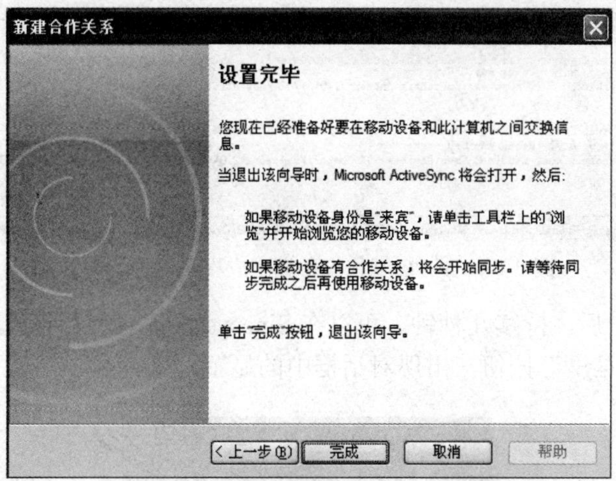


图 2-58　完成 PC 与设备间的合作关系

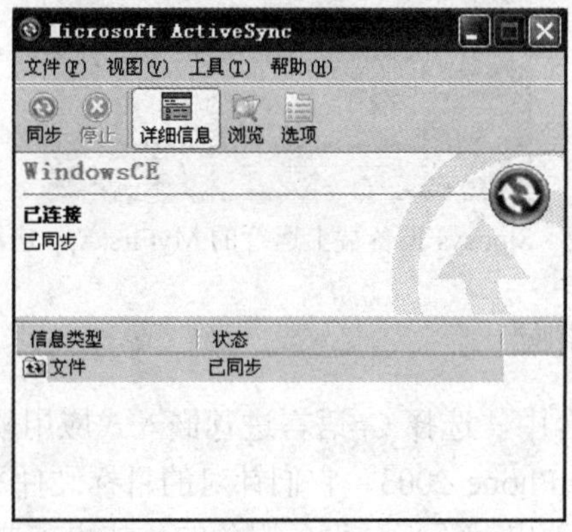


图 2-59　ActiveSync 已连接窗口

（4）在线调试部署 MyFirstApp 应用程序。

1）按 F5 键开始运行 MyFirstApp 程序，这时将显示如图 2-60 所示的应用程序部署窗口，选择 Windows CE 5.0 设备选项之后，单击“部署”按钮。

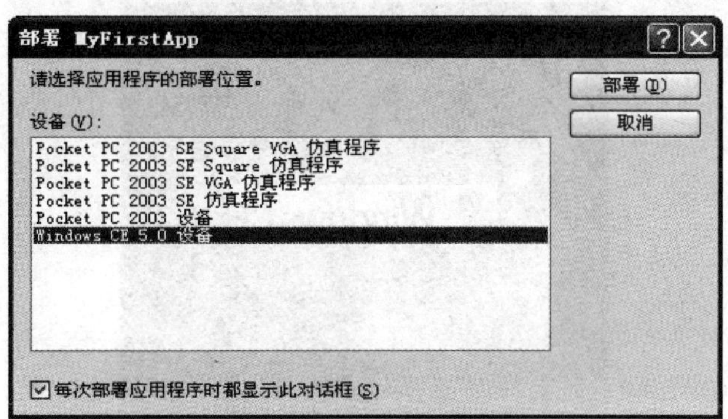


图 2-60　应用程序部署窗口

2）在 VS.NET2005 平台中，MyFirstApp 应用程序项目工程窗口的下方将出现如图 2-61 所示的正在部署的信息，这表示 MyFirstApp.exe 正往设备端进行程序信息的部署。

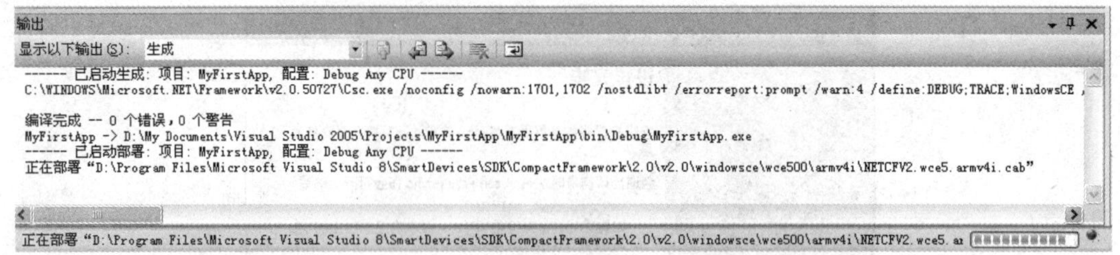


图 2-61　从 PC 端往设备端完成程序信息的部署

3）在部署成功之后，持续几秒钟，可以在 Sinosys 设备端上看到如图 2-62 所示的程序运行界面，单击“点击这里”按钮，出现对话框中的显示信息。

图 2-62　Sinosys 设备端上运行的 MyFirstApp 应用程序

### 2.3.4　Windows CE 模拟器

在 VS.NET2005 开发平台中，选择 C#语言进行嵌入式应用软件开发时，可供选择的模拟器有 Pocket PC 2003 和 SmartPhone 2003，它们针对的目标硬件平台 CPU 是 ARMV4I 型，它们一般是面向 PDA、智能移动电话等移动设备服务的，如果需要在 VS.NET 环境中建立标准的 Windows CE 模拟器，如图 2-63 所示，可以通过微软提供的基于 ARMV4I 的 DeviceEmulatorBSP.msi 安装包帮助实现，后面将详细介绍如何建立 WinCE 模拟器。

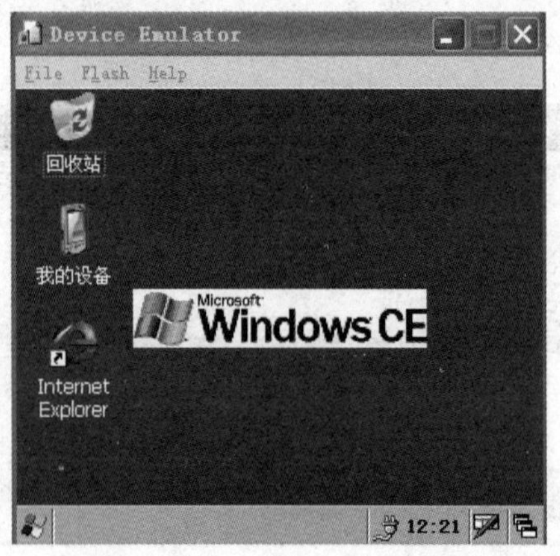


图 2-63　Windows CE 模拟器

Windows CE 模拟器专用于调试在 VS.NET2005 下创建的应用程序。模拟器能够在 PC 下模拟 Windows CE 的物理平台。但实际上它只不过是一个运行在 CPU Ring 3 级别的用户程序，所以它的运行速度比正常的物理平台要慢。另外模拟器也有很大的限制，这些限制就是它只能运行简单的应用程序。例如对于不受 CPU 类型影响的简单程序，可以通过模拟器进行在线调试运行。

下面将详细介绍在 VS.NET2005 集成开发环境中如何建立标准的 Windows CE 模拟器。

（1）从微软官方网站下载 Device Emulator: ARMV4I BSP for Windows CE 5.0 的 BSP 包并安装。安装成功之后可以在 PB5.0 的安装目录 WINCE500\PLATFORM 下看到已安装的 DeviceEmulator BSP 包，如图 2-64 所示。

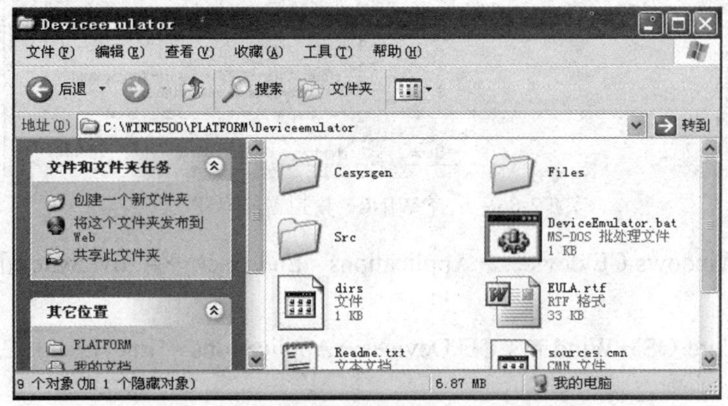


图 2-64　WINCE 模拟器的 BSP 包目录位置

（2）打开 PB5.0 新建一个工程，工程名称可命名为 ARMEmulator，如图 2-65 所示。

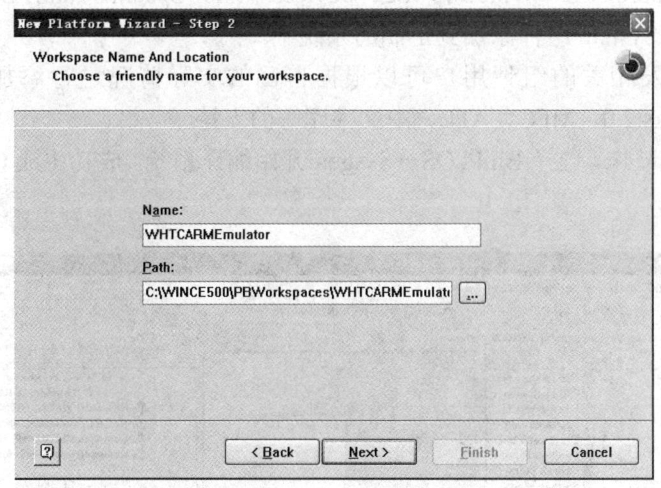


图 2-65　模拟器平台内核定制向导步骤 2

（3）在如图 2-66 所示的工程新建向导 3 中选择 WINCE 模拟器的 Microsoft Device Emulator:ARMV4I 选项，单击 Next 按钮。

（4）其他操作过程可以参照 2.2.3 节中的定制 Windows CE 操作系统，这里主要强调以下几点：

1）确认 Windows CE devices→Communication Services and Networking→Networking – Local Area Network（LAN）组件添加到定制的系统中。

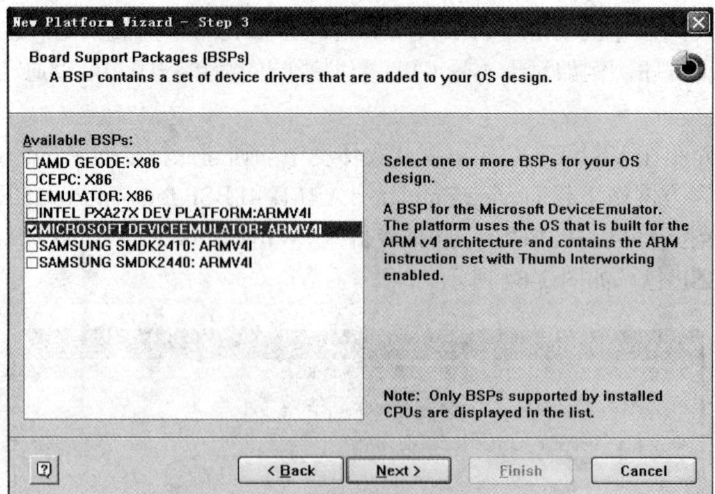


图 2-66　选择 WINCE 模拟器的 BSP 包

2）确认将 Windows CE devices→Applications - End User →ActiveSync 组件添加到定制的系统中。

3）确认将 Core OS→Windows CE Devices→Applications – End User→CAB File Installer/Uninstaller 组件添加到定制的系统中。

4）确认将 BSP→Microsoft Device Emulator→Storage Drivers→MSFlash Drivers→SmartMedia NAND Flash Driver (SMFLASH)组件添加到定制的系统中。

5）确认将 Core OS→Windows CE Devices→File Systems and Data Store→Storage Manager→FAT File System 组件添加到定制的系统中。

6）其他和开发相关的组件用户可以根据自己的实际情况进行添加，如添加对.NET Compact Frameworks 2.0、MFC、ATL、中文字库等的支持

（5）编译系统映像，选择 Build OS→Sysgen 开始编译系统。成功生成 OS 之后，如图 2-67 所示。

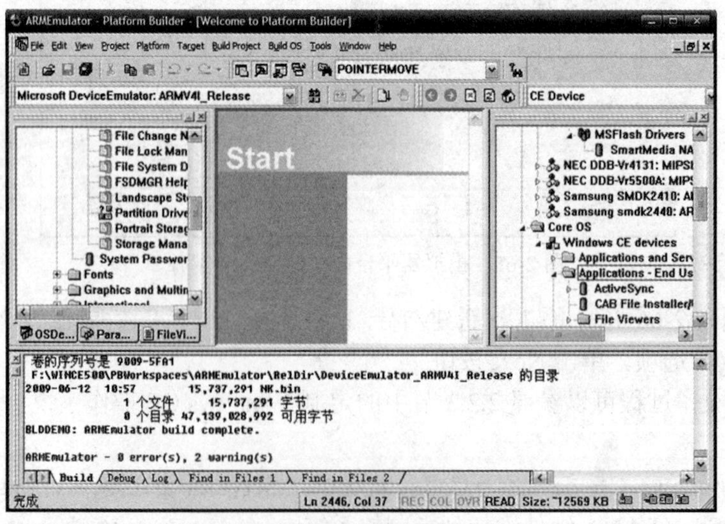


图 2-67　WINCE 模拟器映像生成成功

（6）编译成功完成之后，接下来需要导出 SDK，导出 SDK 主要执行两步。

1）单击 Platform→SDK→New SDK，配置情况如图 2-68 所示。

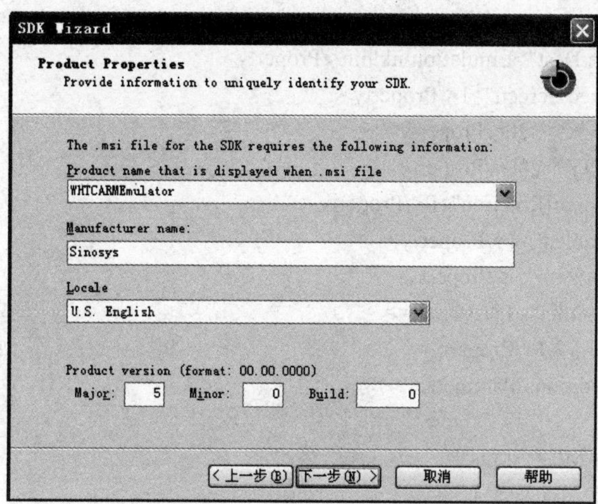


图 2-68 WINCE 模拟器 SDK 的属性配置

2）在 Platform→SDK→Configure SDK 中，只要选中.NET Compact Framework 选项，其他各项配置按照默认设置即可，用户不需要再做修改，如图 2-69 所示。

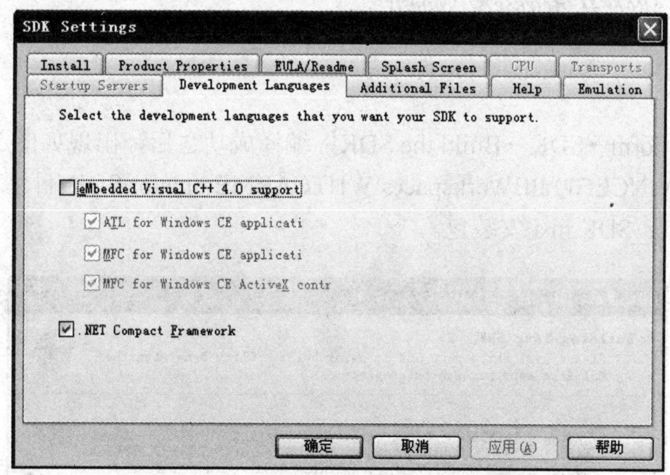


图 2-69 WinCE 模拟器的 SDK 设置

（7）SDK 配置向导完成之后，打开 C:\WINCE500\PBWorkspaces\WHTCARMEmulator 目录下 ExportSdk.sdkcfg 文件，还需要对该文件进行少量的修改，在 ExportSdk.sdkcfg 文件中的<PropertyBag NAME="DeviceEmulation"></PropertyBag>节点之间添加如下内容（关键修改内容用斜体加粗表示），这里要注意：WINCE500 路径要根据实际安装的路径来确定。

```
<Property NAME="Default Image">1</Property>
<PropertyBag NAME="1">
<Property NAME="ImageName">WINCEEmu</Property>
<Property NAME="VMID">{96401049-911C-443b-A10B-793A05D1A284}</Property>
<Property NAME="Default Skin"/>
```

```
<Property NAME="Height">480</Property>
<Property NAME="Width">640</Property>
<Property NAME="BitDepth">16</Property>
<Property NAME="Memory">128</Property>
<Property NAME="Bin Dest">Emulation\nk.bin</Property>
<Property NAME="Fixed Screen">1</Property>
<Property NAME="DPIX">320</Property>
<Property NAME="DPIY">240</Property>
<Property NAME="SupportRotation">0</Property>
<Property NAME="Enabled">1</Property>
<Property NAME="Bin Path"></Property>
<Property NAME="Ethernet">1</Property>
<Property NAME="Ports">1</Property>
<Property NAME="AdditionalParameters">
</Property>
    <PropertyBag NAME="Skins"/>
</PropertyBag>
</PropertyBag>
<PropertyBag NAME="Added Files">
<PropertyBag NAME="{3B388597-0924-4102-ADFA-2519D2C3E11B}">
    <Property NAME="Source">C:\WINCE500\PBWorkspaces\WHTCARMEmulator\RelDir\
DeviceEmulator_ARMV4I_Release </Property>
    <Property NAME="Destination">Emulation</Property>
    <Property NAME="Subfolders">0</Property>
</PropertyBag>
```

（8）执行 Platform→SDK→Build the SDK，编译成功之后，出现如图 2-70 所示的界面，然后就可以在 C:\WINCE500\PBWorkspaces\WHTCARMEmulator\SDK 目录中发现刚刚生成的 WHTCARMEmulator_SDK.msi 安装包。

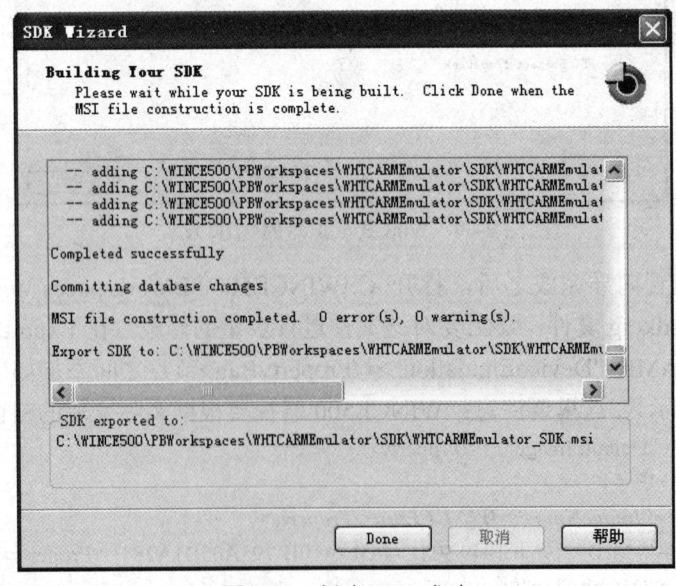


图 2-70 创建 SDK 成功

（9）安装 WHTCARMEmulator_SDK.msi 安装包，安装完成后打开“VS2005→工具→选项→设备工具→设备”，就可以看到新安装的平台设备了，如图 2-71 所示。

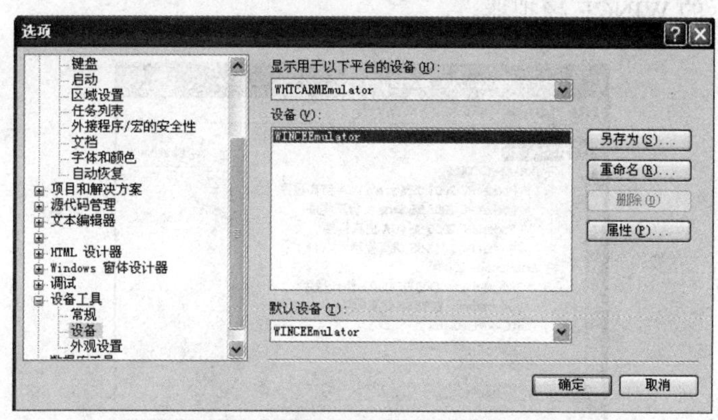


图 2-71　VS.NET 选择平台设备

（10）单击“属性”按钮对模拟器进行配置，配置情况如图 2-72 所示，在“传输”列表框中一定要选择使用“DMA 传输”。

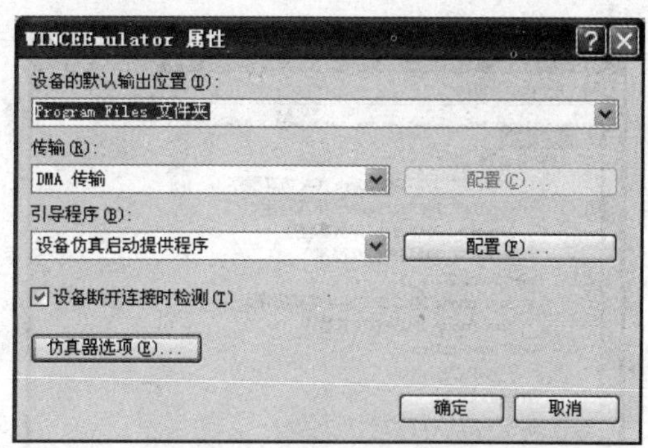


图 2-72　模拟器属性设置

（11）单击“仿真器选项”按钮，弹出“仿真程序属性”对话框，如图 2-73 所示，主要是对仿真器的调用映像地址、使用的内存、显示大小、网络和外围设备进行设置，用户可根据实际需求进行设置，这里主要将内存设置为 128MB，显示屏大小设置为 320×240。

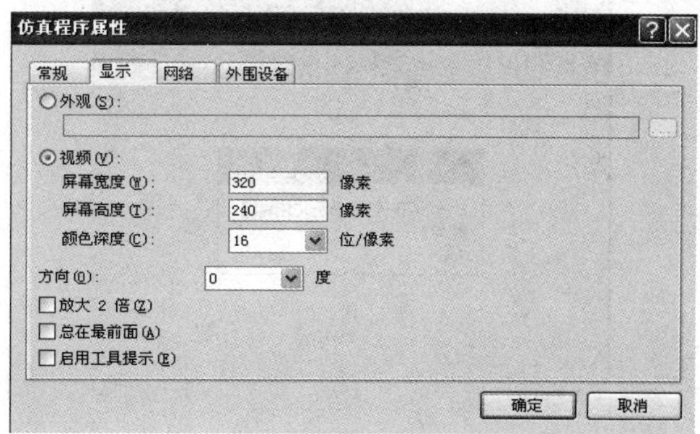


图 2-73　设置仿真程序属性

（12）在 VS.NET2005 平台中，选择“工具→设备仿真管理器”，可以找到 WINCE 模拟器（WHTCARMEmulator），展开其节点，右击 WINCEEmulator 子节点，选择“连接”项之后，出现如图 2-74 所示的 WINCE 模拟器。

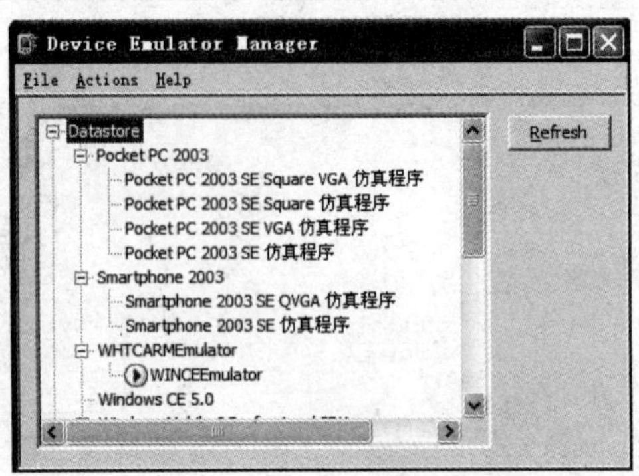


图 2-74　VS.NET 中的设备仿真管理器

（13）同样右击 WINCEEmulator 子节点，选择“插入底座”选项，然后会出现如图 2-75 所示的 WINCE 模拟器与 PC 机端连接的状态。

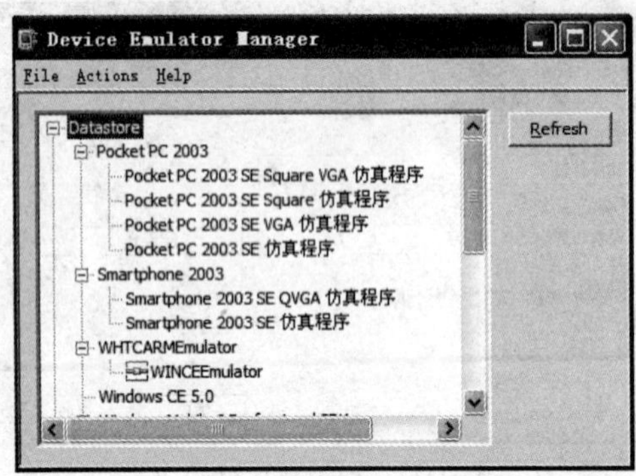


图 2-75　WINCE 模拟器的连接状态显示

（14）现在可以通过刚创建的 WINCE 模拟器对 2.3.2 节中建立的 C#应用程序（MyFirstApp）进行在线部署运行，如图 2-76 所示。

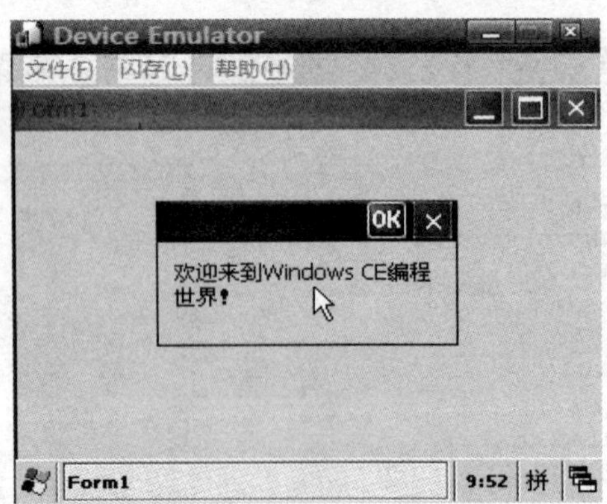


图 2-76　WINCE 模拟器运行 C#程序

# 第3章 图形界面应用开发

## 3.1 基于 GDI 屏幕绘图

### 3.1.1 GDI+简介

GDI+（Graphics Device Interface Plus）就是图形设备接口，它提供了各种丰富的图形图像处理功能，在 Windows CE 系统中，它充当应用程序和硬件设备之间的中间层，封装与硬件交互所需的低级 API，这些 API 函数可用于绘制图形和文本。过去 GDI 是以 C 语言函数形式提供可以调用的 API，而 GDI+在很大程度上是 GDI 和应用程序之间的一层，提供了更直观、基于继承性的对象模型。它是对 GDI 作了一个面向对象的封装，是 GDI 的一个包装器。随着.NET Compact Framework 的出现，微软将 GDI+非托管的 API 进行包装，形成类库放进.NET 精简版的框架中，这种类库称为 GDI+类库，它是一种托管对象，使得开发人员很方便地完成屏幕绘图任务，同时当托管的 GDI+类对象不再使用时，可由.NET Compact Framework 中的垃圾回收器进行释放，以回收 GDI+绘图所占用的资源。当定制 Windows CE 操作系统时，加入有关.NET Compact Framework 框架的组件，这时就可以使用 GDI+提供的功能来完成有关屏幕绘图任务。

在.NET Compact Framework 中，GDI+API 封装在一组托管代码中，这些类被称为 GDI+的托管类接口，GDI+的类被组织到如表 3-1 所示的命名空间中。

表 3-1 GDI+的命名空间

| 命名空间 | 功能 |
| --- | --- |
| System.Drawing | 提供基本的图形功能，定义了用以存储基元自身信息的类、结构和存储基元绘制方式信息的类，以及实际进行绘制的类 |
| System.Drawing.Drawing2D | 提供大多数高级 2D 和矢量绘图操作的类，例如消除锯齿、几何转换和图形路径等 |
| System.Drawing.Imaging | 提供处理图像（位图、GIF 文件等）的各种类 |
| System.Drawing.Text | 提供字体和字体系列操作的类 |

### 3.1.2 设备绘图表面

在嵌入式设备上使用 GDI+进行绘图时，得到的图形可以放在两种目标环境中，一种是屏幕上窗口，另一种是内存中的位图。每一个环境都有一个绘图表面，而绘图表面包括两种：矢量表面和光栅表面。

1. 矢量表面

在矢量表面上，图元是用一种实体表示的，该实体具有特定的坐标、方向、大小等属性。

例如线条可以用实体来表示，它从一个定义好的点开始根据指定的长度指向特定的方向，如图 3-1 所示，通过矢量表面可以很方便地对图形进行描述和绘制。

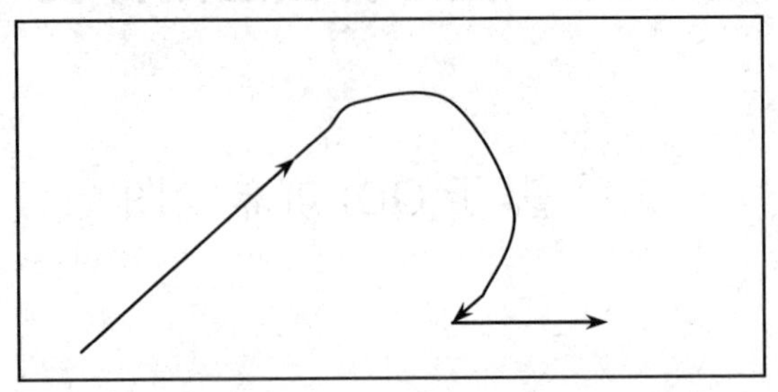

图 3-1　矢量表面线条绘制

2．光栅表面

在光栅表面上，图元是一组着色的像素集合，如图 3-2 所示，目前所有的嵌入式设备都是基于光栅表面对图形进行显示，在开发绘制图形的应用程序中，可以先假定图形是基于矢量表面绘制的，因为矢量图形更加容易描述图像，然后根据需要采用某种机制，将矢量形式转换为光栅的形式，这种机制就是利用 GDI+的绘图技术来提取矢量图形表达式，然后把它们显示在基于光栅的绘图表面上。

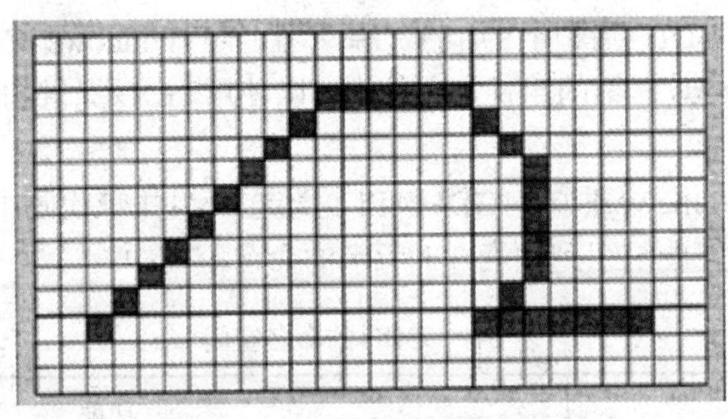

图 3-2　光栅表面的线条绘制

3．使用 Graphics 类创建绘图表面

在 GDI+中可以利用 Graphics 类创建一个与目标环境相关的绘图表面，即产生对应的 Graphics 对象，这样就可以在该表面上进行图形组件的绘制，在.NET Compact Framework 中，有四种方法可以创建 Graphics 对象，分别如下：

（1）Graphics.FromHdc 方法。该方法用于从一个设备环境句柄中创建一个绘图表面，在编程中用这种方法创建绘图表面可以将 GDI+中的托管对象和非托管对象联系在一起。

（2）Graphics.FromImage 方法。该方法用于从内存中的一个位图对象去创建绘图表面，这样在绘图表面上绘制的图形都将被保存在位图中。

例如下面的代码：

```
Bitmap m_bitmp=new Bitmap(@"\123.bmp");
Graphics g= Graphics.FormImage(m_bitmp);
```

创建上述 Graphics 对象之后，可以调用 Graphics 对象的相应方法来绘制线条、形状或文本。

（3）使用控件类的 CreateGraphics 方法。通过这种方法创建的 Graphics 对象以及进行的各种绘图操作，都将体现在所指定的窗体控件上，包括窗体本身。用这种方法绘制的图形一旦窗体被刷新，就需要一种重绘机制完成窗体内容的重绘。例如下面的代码：

```
Graphics g= this.CreateGraphics();//通过窗体本身创建 Graphics 对象
```

（4）在窗体或控件的 Paint 事件处理方法中创建 Graphics 对象。在.NET Compact Framework 中可以通过触发窗体的 Paint 事件，产生对应的事件处理方法去获取 Graphics 对象，PaintEventArgs 类的参数中包含图形对象的引用，开发人员只需编写相应代码即可完成图形的绘制及显示操作。

例如下面的代码：

```
private void Form1_Paint(object sender,System.Windows.Forms.PaintEventArgs e)
   {
     Graphics g=e.Graphics;
   }
```

### 3.1.3　绘图操作工具

1．Pen 类

Pen 类用于绘制直线或曲线对象，通过它本身的属性能够绘制具有指定宽度和样式的直线。另外可以使用 Pen 类的 DashStyle 属性绘制虚线，DashStyle 属性值是由 DashStyle 枚举定义的，具体说明如表 3-2 所示。

**表 3-2　DashStyle 枚举的取值**

| DashStyle 属性值 | 说明 |
| --- | --- |
| DashStyle.Solid | 画笔绘制出的线条是直线 |
| DashStyle.Dash | 画笔绘制出的线条是虚线 |

例如下面创建 Pen 对象的两种方法：

```
Pen redPen=new Pen(Color.Red)        //创建一个红色，宽度默认为 1 像素的画笔
Pen redPen=new Pen(Color.Red,3)      //创建一个红色，宽度为 3 像素的画笔
```

2．Brush 类

Brush 类定义用于填充图形形状内部的对象，Brush 类是一个抽象基类，不能进行实例化处理。如果需要创建一个画刷对象，则需要 Brush 类的派生类。SolidBrush 类和 TextureBrush 类都是 Brush 类的子类，位于 System.Drawing 命名空间中，SolidBrush 类定义了单色画刷，画刷可以填充图形形状。当实心画刷难以满足要求时，还可以使用 TextureBrush 把位图当作画刷进行位图的填充。例如，下面的代码创建了一个实心画刷和位图画刷。

```
SolidBrush myBrush = new SolidBrush(Color.Blue);// 创建一个实心画刷
TextureBrush tBrush=new TextureBrush(Properties.Resources.Bitmap);// 创建一个位图画刷
```

3．Color 结构

GDI+用 System.Drawing.Color 结构来描述颜色，在.NET CF 类库中 GDI+使用 RGB 颜色，Color 结构以属性的方式定义了大量的有名称的颜色，例如 Color.Red、Color.Blue 和 Color.Pink 等。通过 Color 结构内的 FormArgb 方法可以自定义生成的颜色，通过设置 3 个值来组成创建的颜色。每种值的取值为 0～255 之间。例如，使用下面的代码创建一种颜色。

```
Color mm = Color.FormArgb(0,255,0); //绿色
```

### 3.1.4 常用图形的绘制

通过 GDI+可以绘制直线、矩形、椭圆、弧线、多边形和基数样条等矢量图形，Graphics 对象除了可以创建绘图表面之外，还提供了一系列方法，用来完成实际的绘图工作，绘制工作可以分为两部分，一部分是绘制线条，另一部分是填充图形。如表 3-3 所示，绘制线条可以用产生的画笔对象绘制具体形状的外形线条，而填充图形可以用画刷对象填充具体形状的封闭区域。

表 3-3 Graphics 类提供的常用绘制方法

| 方法名称 | 说明 |
| --- | --- |
| DrawLine | 绘制线条 |
| DrawRectangle | 绘制矩形 |
| DrawPolygon | 绘制多边形 |
| DrawEllipse | 绘制椭圆形 |
| FillEllipse | 填充椭圆 |
| FillRectangle | 填充矩形 |

1．画直线

使用 Graphics 类的 DrawLine 方法。

格式 1 为：DrawLine(画笔,x1,y1,x2,y2)

功能：在起点坐标(x1,y1)和终点坐标(x2,y2)之间画一条直线。

格式 2 为：DrawLine(画笔,point1,point2)

功能：在点 point1 和点 point2 之间绘制一条直线。

例如下面绘制两条直线代码：

```
Graphics g=this.CreateGraphics();//生成图形对象
Pen Mypen=new Pen(Color.Blue ,5);//生成画笔，蓝色，5 个像素
g.DrawLine(Mypen,1,1,30,30);//画线
Point pt1=new Point(1,30);//生成起点
Point pt2=new Point(30,1);//生成终点
g.DrawLine(Mypen,pt1,pt2);//画线
```

2．画椭圆

使用 Graphics 类的 DrawEllipse 方法。

格式 1 为：DrawEllipse (画笔,矩形结构数据)

功能：绘制一个边界由矩形结构数据定义的椭圆。

格式 2 为：DrawEllipse (画笔,x,y,width,height)

功能：绘制一个由边框（坐标、宽度、高度）定义的椭圆。

例如下面绘制一个椭圆的代码：

```
Graphics g=this.CreateGraphics();//生成图形对象
Pen Mypen=new Pen(Color.Blue,5);//生成画笔，蓝色，5 个像素
g.DrawEllipse(Mypen,1,1,80,40);//画椭圆
Rectangle rect=new Rectangle(10,10,160,80);//生成矩形
g.DrawEllipse (Mypen,rect);//画椭圆
```

3. 画矩形

使用 Graphics 类的 DrawRectangle 方法。

格式 1 为：DrawRectangle (画笔,矩形结构数据)

功能：绘制一个边界由矩形结构数据定义的矩形。

格式 2 为：DrawRectangle (画笔,x,y,width,height)

功能：绘制一个由左上角坐标、宽度、高度定义的矩形。

例如下面绘制一个矩形的代码：

```
Graphics g=this.CreateGraphics();//生成图形对象
Pen Mypen=new Pen(Color.Blue,2);//生成画笔，蓝色，2 个像素
g.DrawRectangle (Mypen,5,5,80,40);//画矩形
Rectangle rect=new Rectangle(85,15,140,50);//生成矩形
g.DrawRectangle (Mypen,rect);//画矩形
```

4. 画多边形

使用 Graphics 类的 DrawPolygon 方法。

格式为：DrawPolygon (画笔,Point[] points)

功能：绘制由一组 Point 结构定义的多边形。

例如下面绘制一个多边形的代码：

```
Pen blackPen = new Pen(Color.Black,3);//生成画笔，黑色，3 个像素
Graphics g=this.CreateGraphics();//生成图形对象
Point point1 = new Point(50,50);
Point point2 = new Point(70,25);
Point point3 = new Point(100,30);
Point point4 = new Point(120,85);
Point point5 = new Point(80,100);
Point[] curvePoints ={point1,point2,point3,point4,point5};//定义 Point 结构的数组
g.DrawPolygon(blackPen, curvePoints);//绘制多边形
```

5. 填充椭圆

使用 Graphics 类的 FillEllipse 方法。

格式 1 为：FillEllipse(Brush F,矩形结构数据)

功能：填充边界由矩形结构数据定义的椭圆。

格式 2 为：FillEllipse(Brush F,int x,int y,int width,int height)

功能：填充一个由边框（坐标、宽度、高度）定义的椭圆。

例如下面填充一个椭圆的代码：

```
Graphics g=this.CreateGraphics();//生成图形对象
SolidBrush BlueBrush = new SolidBrush(Color.Blue);//生成填充用的画刷
//定义外接矩形的左上角坐标、高度及宽度
int x = 0;
int y = 0;
int width = 200;
int height = 100;
Rectangle rect = new Rectangle( x, y,width, height);//定义矩形
g.FillEllipse(BlueBrush,rect);//填充椭圆
```

6. 填充矩形

使用 Graphics 类的 FillRectangle 方法。

格式 1 为：FillRectangle(Brush F,矩形结构数据)

功能：用指定的画刷填充一个矩形。

格式 2 为：FillRectangle (Brush F,int x,int y,int width,int height)

功能：填充一个由边框（坐标、宽度、高度）定义的矩形。

例如下面填充一个矩形的代码：

```
Graphics g=this.CreateGraphics();//生成图形对象
SolidBrush BlueBrush = new SolidBrush(Color.Blue);//生成填充用的画刷
int x = 15;//定义外接矩形的左上角坐标和高度及宽度
int y = 15;
int width = 200;
int height = 100;
Rectangle rect = new Rectangle( x,y,width， height);//定义矩形
g.FillRectangle(BlueBrush,rect);//填充矩形
```

### 3.1.5 绘制文本

在.NET Compact Framework 中，利用 GDI+库中的 Graphics 类的 DrawString 方法可以实现文本的绘制工作。

1. Graphics 类的 DrawString 方法的四个重载方法

（1）public void DrawString(string str,Font ft,Brush bh,RectangleF rf);

参数说明：str 需要绘制的字符串；ft 绘制字符串使用的字体；bh 绘制字体使用的画刷；rf 绘制字符串的矩形区域。

（2）public void DrawString(string str,Font ft,Brush bh,RectangleF rf,StringFormat sf);

这里参数 sf 代表控制整个字符串的呈现格式，其他参数含义同上所示。

（3）public void DrawString(string str,Font ft,Brush bh,float x,float y);

这里参数 x、y 代表需要绘制字符串左上角的横坐标及纵坐标位置，其他参数含义同上所示。

（4）public void DrawString(string str,Font ft,Brush bh,float x,float y,StringFormat sf);

参数含义同上所示。

2. 控制文本的格式

在上述 Graphics 类的 DrawString 重载方法中，有两个方法用到 StringFormat 类型参数，它们用来控制整个字符串的呈现样式。通过如表 3-4 所示的 StringFormat 类型的主要属性值，开发者可以通过编写代码来控制字符串格式。

表 3-4 StringFormat 类型的主要属性说明

| 属性 | 类型 | 说明 |
| --- | --- | --- |
| Alignment | StringAlignment 枚举 | 控制字符串的水平对齐方式 |
| LineAlignment | StringAlignment 枚举 | 控制字符串的垂直对齐方式 |
| FormatFlags | StringAlignment 枚举 | 控制字符串的排列 |

字符串在水平和垂直方向上都是通过 StringAlignment 枚举值控制对齐方式的，具体的取

值可以参见表 3-5 所示。

表 3-5　StringAlignment 枚举值

| 枚举值 | 说明 |
| --- | --- |
| Center | 绘制区居中对齐 |
| Far | 对于水平对齐，这表示右对齐；对于垂直对齐，表示底端对齐 |
| Near | 对于水平对齐，这表示左对齐；对于垂直对齐，表示顶端对齐 |

例如以下实例代码：

```
private void Form1_Paint(object sender, PaintEventArgs e)
{
    Font ft = new Font("Arial", 12.0f, FontStyle.Bold);
    SolidBrush sbh = new SolidBrush(Color.Blue);
    StringFormat sf = new StringFormat();
    sf.Alignment = StringAlignment.Near;
    e.Graphics.DrawString("WinCE 编程_水平方向_Near",ft,sbh,
                    new RectangleF(0, 0, 320, 240), sf);
    sf.Alignment = StringAlignment.Far;
    e.Graphics.DrawString("WinCE 编程_水平方向_Far",ft, sbh,
                    new RectangleF(0,30,320,210), sf);
    sf.Alignment = StringAlignment.Center;
    e.Graphics.DrawString("WinCE 编程_水平方向_Center",ft, sbh,
                    new RectangleF(0,60,320,180),sf);
    sf.Alignment = StringAlignment.Far;
    sf.LineAlignment = StringAlignment.Center;
    e.Graphics.DrawString("WINCE 编程_垂直_Center_水平_Far",ft,sbh,
                    new RectangleF(0,0,320,240),sf);
}
```

运行效果如图 3-3 所示。

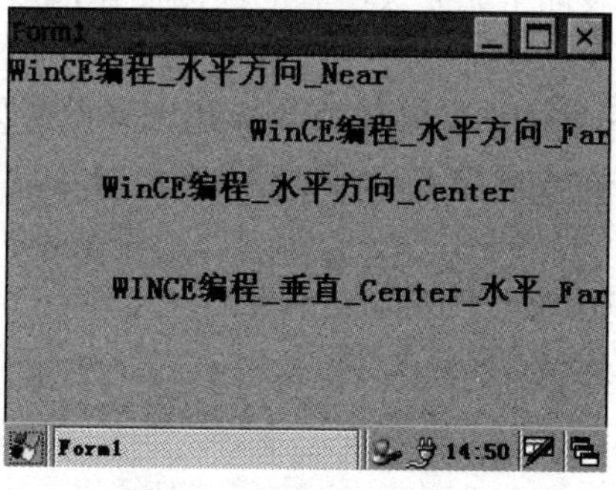

图 3-3　文字格式的控制

### 3.1.6　绘制图像

1．用屏幕作绘图表面进行绘图

GDI+使用 Bitmap 类表示一个位图，这个类是抽象类 Image 的子类，尽管 Bitmap 类表示的是一个位图，并且在内存中也是使用位图的格式来存储图片的，但 Bitmap 类可以支持 bmp、jpeg、gif 等常见的图像格式文件。

在绘制图像时，可以使用 Bitmap 类对象指定为 Image 类型的图像，并作为参数，然后调用 Graphics 类的对象的 DrawImage 方法进行绘制。DrawImage 方法为可重载方法，它主要用来在指定位置绘制指定的 Image 图像，其常用格式有以下两种。

（1）在指定的位置按原始大小绘制指定的 Image 图像。

方法为：public void DrawImage (Image image，int x，int y)

参数说明：image 表示要绘制的 Image 图像；x 和 y 表示所绘制图像的左上角的坐标。

例如下面的代码表示在屏幕上绘制一个位图。

```
private void MainForm_Paint(object sender,EventArgs e)
{
Bitmap bmp=new Bitmap("图片文件.gif");
e.Graphics.DrawImage(bmp,0,0);
}
```

（2）对 Image 图像进行缩放。

GDI+在绘制位图的过程中，还具有对位图进行缩放的功能。

方法：public void DrawImage (Image image,Rectangle destRect,Rectangle srcRect,GraphicsUnit srcUnit)

DrawImage 方法中各参数说明如下：Image 表示要绘制的位图；srcRect 表示 Rectangle 结构，指定 image 图像中规定的矩形区域显示到绘制表面上；destRect 表示指定绘图表面上哪一块矩形区域中显示 srcRect 矩形结构中的位图；srcUnit 表示 GraphicsUnit 枚举类型，用来指定 srcRect 和 destRect 矩形区域的单位，对于.NET CF 中只能取值为 Pixel。

2. 用内存中位图作绘图表面

在从一个位图创建出来的绘图表面上进行的绘图操作不会反映到屏幕上，如果希望看到绘图结果，只需使用前面绘制位图的方法将这个位图绘制出来即可。这样使用的优势就是当所需的图像包含大量复杂的图形，在内存中的 BitMap 上绘图比直接在屏幕上绘图要快很多，因此可以在一个 Bitmap 绘图表面上先完成所有的绘图操作，然后在必要的时候将这个位图直接显示到屏幕上。

例如下面 MyDrawBitMap 方法表示用指定大小的内存位图创建一个绘图表面：

```
private void    MyDrawBitMap()//
{
        Bitmap m_bmp=new Bitmap(width,height);
        Graphics g= Graphics .FromImage(m_bmp);
        g.FillRectangle(参数);
        g.DrawString(参数);
}
private void MainForm_Paint(object sender,EventArgs e)
{
        e.Graphics.DrawImage(m_bmp,0,0);//将内存中绘制完成的位图显示在屏幕上
}
```

3. 将 Image 图像保存为文件

在一个内存位图的绘图表面上完成绘图工作以后，希望将图像结果保存为文件，以备今后浏览或使用，Bitmap 类提供了 Save 方法用于完成这一工作。

方法为：public void Save(string filename,ImageFormat format);

参数 filename 代表包含文件路径的文件名；ImageFormat 属性有四个可选项：bmp、gif、jpeg、png。

例如下面的代码将上面在内存中的生成的位图进行保存。

```
private    void SaveBitmap()
{
    if(m_bmp==null)
    return;
        m_bmp.Save("文件名. Bmp", ImageFormat. Bmp);
}
```

## 3.2　触摸屏的手写笔程序实例

### 3.2.1　功能设计

1. 功能描述

程序实现的功能是在 WINCE 设备上用手写笔点下并划动触摸屏时，将记录所有经过的点，并将它们连接在一起，这样整个图形就可以看成是由一个个线条构成的，在编程实现过程中，可以通过响应一个 MouseDown、若干个 MouseMove 和一个 MouseUp 事件的方法去实现线条的绘制。此外，由于要在重绘的时候避免已经绘制完成的线条丢失，程序还必须能够实现所有绘制内容的存储。设计思路可以先在内存中创建一个位图，由位图创建一个绘图表面，所有的绘图操作都是在内存的位图中进行的，如果要显示在屏幕上，再用绘制位图的方法显示出来，这样使用的优势就是当所需的图像包含有大量的基本图形时，在内存中的 Bitmap 上进行绘图比直接在屏幕上绘图要快很多，如图 3-4 所示。

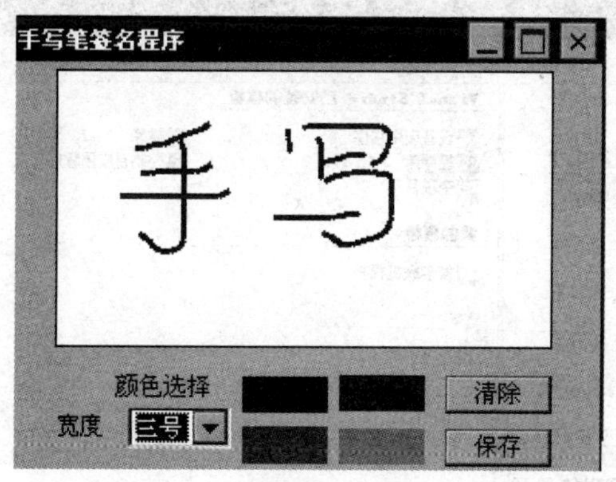


图 3-4　手写笔设计界面

2. 手写笔事件响应处理

由于嵌入式设备的显示屏较小，一般都是通过手写笔来点击触摸液晶屏完成响应的输入输出处理。在.NET CF 中使用事件驱动机制将手写笔的输入信息传送给应用程序处理，如表 3-6 所示是嵌入式设备手写笔程序能够接受的事件，对于开发者而言，所要做的工作就是为事件对应的处理方法添加处理代码，以实现所需的程序功能。

表 3-6 程序手写笔事件处理说明

| 手写笔事件 | 程序事件对应的操作 |
|---|---|
| Click 事件 | 当手写笔单击触摸屏时，响应事件 |
| MouseDown 事件 | 当手写笔接触到触摸屏时，开启一个新的线条 |
| MouseMove 事件 | 当手写笔接触到触摸屏并移动手写笔时，陆续连接手写笔经过的一个个连续的点，以便构成一个线条 |
| MouseUp 事件 | 当手写笔离开触摸屏时，结束连接当前的最后一个点 |

### 3.2.2 功能实现

1. 手写笔自定义控件功能实现

（1）在 VS.NET2005 平台上选择 C#语言创建基于 Windows CE 5.0 的手写笔程序工程项目，名称为 Signature，创建完成之后解决方案资源管理器界面如图 3-5 所示。

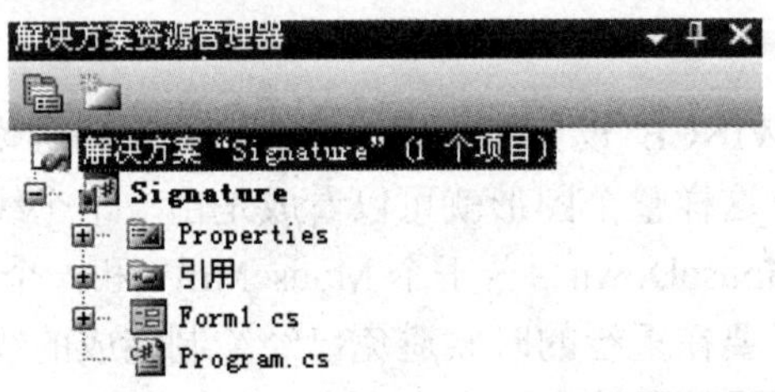


图 3-5 所示项目中解决方案资源管理器

（2）右击“解决方案选择”菜单项中的“添加→新建项目”项，进入“添加新项目”对话框，如图 3-6 所示，选择“控件库”模板，输入名称 SignatureControl，单击“确定”按钮。

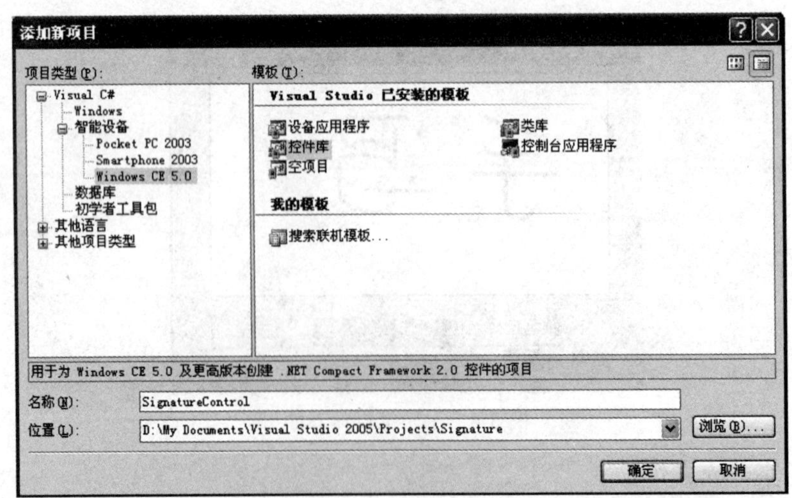


图 3-6 添加控件项目

（3）在项目解决方案资源管理器中出现控件项目 SignatureControl，单击控件项目中的 UserControl1.cs 项，在对应的属性栏中将文件名 UserControl1.cs 改为 SignatureControl.cs，如图 3-7 所示。

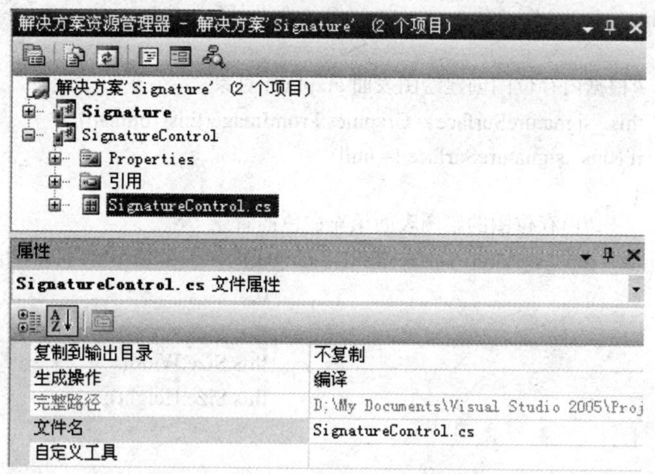


图 3-7　SignatureControl 控件项目

（4）控件功能代码的具体实现如下：

```
using System;
using System.Collections.Generic;
using System.ComponentModel;
using System.Drawing;
using System.Data;
using System.Text;
using System.Windows.Forms;

namespace SinosysSignatureControl
{
    public partial class Signature : UserControl
    {
        private Graphics _signatureSurface;
        private Bitmap _bitmap;
        private bool _stylusCaptured;
        private int _oldX, _oldY;
        public Color signColor=Color.Black;
        public int signWidth = 1;
        public Signature()
        {
            InitializeComponent();
            //初始化一个由内存位图创建的绘图表面
            InitializeGraphics();
        }

        private void InitializeGraphics()
```

```
{
    this._stylusCaptured = false;
    // 创建指定宽度和高度的内存位图
    this._bitmap = new Bitmap(this.Size.Width, this.Size.Height);
    if (this._bitmap != null)
    {
        //根据内存位图创建绘图表面 graphics 对象
        this._signatureSurface = Graphics.FromImage(this._bitmap);
        if (this._signatureSurface != null)
        {
            //内存位图的绘图表面填充白色的背景
            this._signatureSurface.FillRectangle(new SolidBrush(Color.White),
                                                0,
                                                0,
                                                this.Size.Width,
                                                this.Size.Height);
        }
    }
}

//当屏幕窗体大小改变时，重新初始化绘图表面操作
protected override void OnResize(EventArgs e)
{
    InitializeGraphics();
    base.OnResize(e);
}

//向输出屏幕执行重绘操作
protected override void OnPaint(PaintEventArgs e)
{
    if (this._bitmap != null)
    {
     //从指定绘制区的左上角开始向屏幕绘制内存位图
        e.Graphics.DrawImage(this._bitmap, 0, 0);
    }
    base.OnPaint(e);
}

//消除屏幕闪烁
protected override void OnPaintBackground(PaintEventArgs e)
{
    base.OnPaintBackground(e);
}

//当手写笔接触触摸屏时，记录所在位置的 X 和 Y 坐标
protected override void OnMouseDown(MouseEventArgs e)
```

```
        {
            //true 代表手写笔接触屏幕，绘制操作开始
            this._stylusCaptured = true;
            //获取手写笔按下的位置 x 和 y 坐标
            this._oldX = e.X;
            this._oldY = e.Y;
            base.OnMouseDown(e);
        }

    //当手写笔离开触摸屏时，停止绘制操作
        protected override void OnMouseUp(MouseEventArgs e)
        {
           // false 表示绘制操作结束
            this._stylusCaptured = false;
            base.OnMouseUp(e);
        }

        //表示手写笔在屏幕绘制区中划动时，一方面进行内存位图的绘制，另一方面使绘制区无效，
        //从而实时地在屏幕绘制区输出绘制的位图
        protected override void OnMouseMove(MouseEventArgs e)
        {
            int _x, _y;
            if (this._stylusCaptured)
            {
             //获得手写笔在移动过程中的轨迹坐标(X,Y)
                _x = e.X;
                _y = e.Y;
                if (this._signatureSurface != null)
                {
                    //创建指定颜色和宽度的画笔对象
                    Pen _pen = new Pen(signColor, signWidth);
                    // Draw line from the old coordinates to the new coordinates
                    this._signatureSurface.DrawLine(_pen, this._oldX, this._oldY, _x, _y);
                }
              //使绘制区无效，激发 Paint 事件
                this.Invalidate(new Rectangle(Math.Min(_x, this._oldX),
                                              Math.Min(_y, this._oldY),
                                              Math.Abs(this._oldX - _x) + 1,
                                              Math.Abs(this._oldY - _y) + 1));
                //获得手写笔接触屏幕的前一个点坐标位置
                this._oldX = _x;
                this._oldY = _y;
            }
            base.OnMouseMove(e);
        }

    //清除绘图表面
```

```
        public void Clear()
        {
            if (this._signatureSurface != null)
            {
                //用白色画刷填充绘制区
                this._signatureSurface.FillRectangle(new SolidBrush(System.Drawing.Color.White),
                                                     0,
                                                     0,
                                                     this.Size.Width,
                                                     this.Size.Height);
                this.Invalidate();//在绘制区产生无效区域
            }
        }

    //将绘制完成的位图按照指定的图片格式和路径位置进行保存
        public void Save(string path,System.Drawing.Imaging.ImageFormat pic )
        {
            if (this._bitmap != null && path != null && path != "")
            {
                //Save the bitmap as a Gif file
                this._bitmap.Save(path, pic);
            }
        }
    }
}
```

（5）右击 SinosysSignatureControl 控件项目，选择“设为启动项目”选项，选择“生成”选项，进行控件项目编译，如果编译成功，这时可以在工具箱上方看到如图 3-8 所示的 SignatureControl 组件。

2. 项目窗体功能设计

（1）单击 Signature 工程项目下默认生成的 Form1.cs 窗体，在属性栏上重新命名为 MainFrm.cs 文件名，如图 3-9 所示。

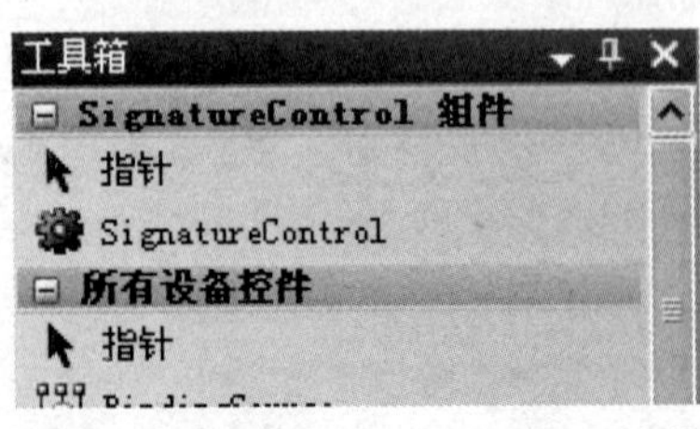


图 3-8 生成的 SignatureControl 控件

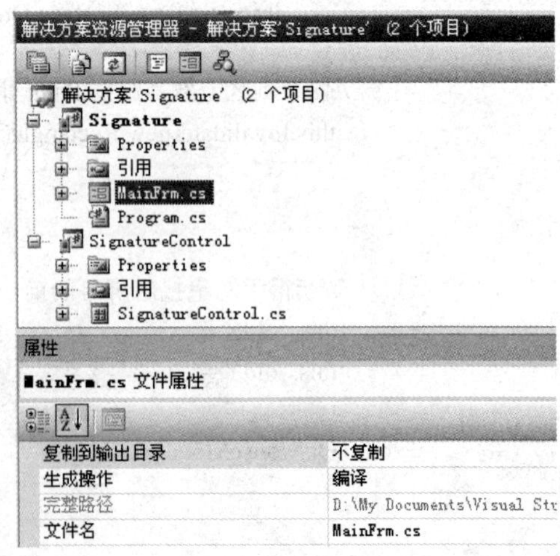


图 3-9 更改 Signature 工程项目 Form1 窗体名称

（2）在 MainFrm 窗体对应的属性栏中输入 Text 属性值为“手写笔程序”，Size 大小输入为 320,240，如图 3-10 所示。

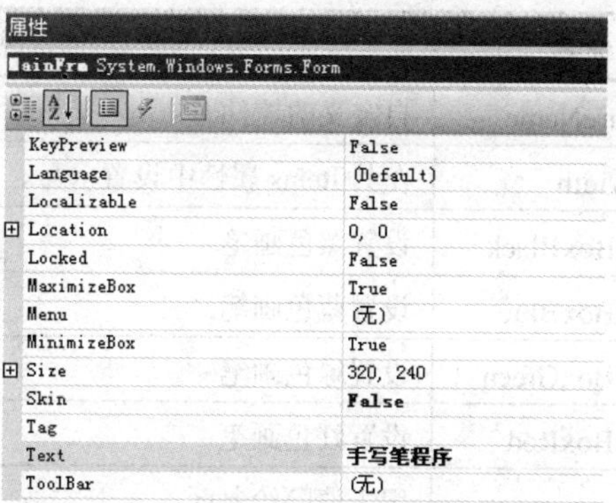


图 3-10 更改 MainFrm 窗体属性值

（3）右击 Signature 项目中的“引用”，选择“添加引用”选项，如图 3-11 所示，这时选择控件项目中刚刚编译生成的 SignatureControl.dll，单击“确定”按钮。

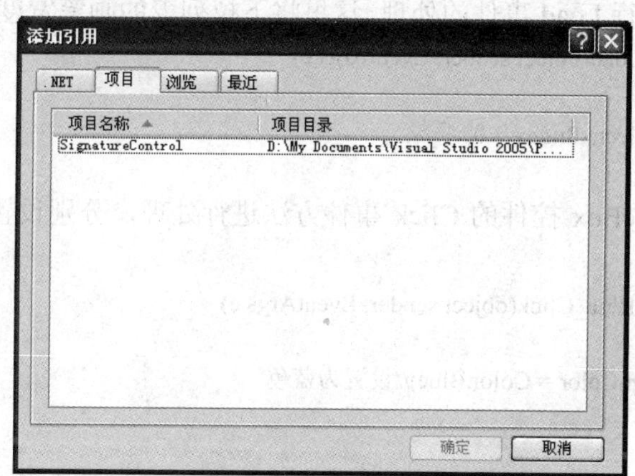


图 3-11 添加 SignatureControl.dll 动态链接库

（4）从工具栏中将 SignatureControl 控件拖放至 MainFrm 窗体设计界面上方中间，调整至合适的高度和宽度，另外添加一个下拉列表 comboBox 控件、四个 pictureBox 控件及两个 Button 按钮，如图 3-12 所示。

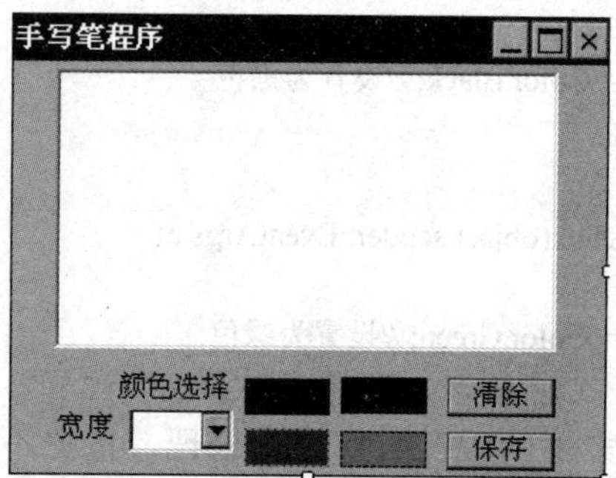


图 3-12 MainFrm 窗体设计界面

（5）将图 3-12 中所有控件进行规范命名和设置初始值，如表 3-7 所示进行说明。

表 3-7　项目各项控件说明

| 控件名称 | 命名 | 说明 |
|---|---|---|
| SignatureControl | SignatureName | 自定义的控件 |
| comboBox | CboxWidth | 在其 Items 属性中设置一号、二号和三号大小的线条宽度 |
| pictureBox | pictureBoxBlack | 设置黑色画笔 |
| pictureBox | pictureBoxBlue | 设置蓝色画笔 |
| pictureBox | pictureBoxGreen | 设置绿色画笔 |
| pictureBox | pictureBoxRed | 设置红色画笔 |
| Button | btnClear | 用于清除绘制区 |
| Button | btnSave | 用于保存位图文件 |

3. 项目事件方法处理

（1）窗体加载时执行 Load 事件的处理，这里将下拉列表的画笔宽度选择索引为 0 的值 1。

```
private void MainFrm_Load(object sender, EventArgs e)
{
    this.CboxWidth.SelectedIndex = 0;
}
```

（2）对四个 pictureBox 控件的 Click 事件方法进行处理，分别设置画笔的颜色为蓝色、红色、黑色和绿色。

```
private void pictureBoxBlue_Click(object sender, EventArgs e)
{
    SignatureName.signColor = Color.Blue;//设置为蓝色
}

private void pictureBoxRed_Click(object sender, EventArgs e)
{
    SignatureName.signColor = Color.Red; //设置为红色
}

private void pictureBoxBlack_Click(object sender, EventArgs e)
{
    SignatureName.signColor = Color.Black; //设置为黑色
}

private void pictureBoxGreen_Click(object sender, EventArgs e)
{
    SignatureName.signColor = Color.Green; //设置为绿色
}
```

（3）对下拉列表框选项索引的改变事件进行处理，根据不同的索引值获得对应画笔的宽度。

```
private void CboxWidth_SelectedIndexChanged(object sender, EventArgs e)
{
    switch (CboxWidth.SelectedIndex)
    {
        case 0:
            SignatureName.signWidth = 1;//画笔宽度为 1
            break;
        case 1:
            SignatureName.signWidth = 2; //画笔宽度为 2
            break;
        case 2:
            SignatureName.signWidth = 3; //画笔宽度为 3
            break;
    }
}
```

（4）对屏幕的绘制区执行清屏操作。

```
private void btnClear_Click(object sender, EventArgs e)
{
    SignatureName.Clear();
}
```

（5）对绘制区中完成的图像进行保存，打开“保存”对话框之后，输入文件名称，图片按照指定图片格式和文件路径进行保存。

```
private void btnSave_Click(object sender, EventArgs e)
{
    SaveFileDialog SaveDlg = new SaveFileDialog();
    SaveDlg.Filter = "Jpg 文件|*.Jpg|Bmp 文件|*.Bmp|Png 文件|*.Png|Gif 文件|*.Gif";
    if (SaveDlg.ShowDialog() == DialogResult.OK)
    {
        switch (SaveDlg.FilterIndex)
        {
            case 1:
                 SignatureName.Save(SaveDlg.FileName + ".jpg",
                 System.Drawing.Imaging.ImageFormat.Jpeg);
                break;
            case 2:
                SignatureName.Save(SaveDlg.FileName + ".bmp",
                System.Drawing.Imaging.ImageFormat.Bmp);
                break;
            case 3:
                SignatureName.Save(SaveDlg.FileName + ".png",
                System.Drawing.Imaging.ImageFormat.Png);
                break;
            case 4:
                SignatureName.Save(SaveDlg.FileName + ".gif",
```

```
                System.Drawing.Imaging.ImageFormat.Gif);
                break;
            }
        }
    }
```

# 3.3 电子相册应用开发

## 3.3.1 项目分析

### 1. 项目开发背景

随着数字化技术的不断发展，一系列数码设备（如数码相机及数码摄像机）走入家庭，电子相册遂即诞生。它以欣赏方便、交互性强、易于保存等特点迅速得到现代人的青睐。利用原有的终端 PC 机来管理数字照片已不能满足当前需求，有时可能需要带有照相功能或者摄像头功能的便携式设备在任何地方捕捉一些场景，然后在任何时间利用电子相册来管理这些数字照片。同时电子相册具有传统相册无法比拟的优越性：图、文、声、像并茂的表现手法，随意修改编辑的功能，快速的检索方式，永不褪色的恒久保存特性，以及廉价复制分发的优越手段。

### 2. 功能结构分析

项目的最大特点就是，可以用手写笔或手指拨动相应的图片索引，拨动的速度越快，则图片翻转得越快，有点像快速翻书的感觉。图片信息采用 XML 文件保存，图片文件单独放置在设定好的文件夹中进行管理。用户如果想添加新的图片，可以通过可视化程序界面添加必要的图片及修改 XML 文件数据，这样就完成了数字相片添加。项目共包括十个类别的数字照片。

程序一旦运行直接进入图片分类界面，如图 3-13 所示，该界面显示当前的三个类别的图片信息（包括类别图片显示、类别标题），通过手写笔或手指拨动相应的图片索引可以进入下一个相邻的三个类别的图片信息，通过手写笔或手指单击中间图片可以进入该类别的所有图片显示界面，如图 3-14 所示，增添图片可以通过单击工具栏图标进入添加图片窗口，如图 3-15 所示。

图 3-13 图片分类运行界面

图 3-14 具体类别的图片运行界面

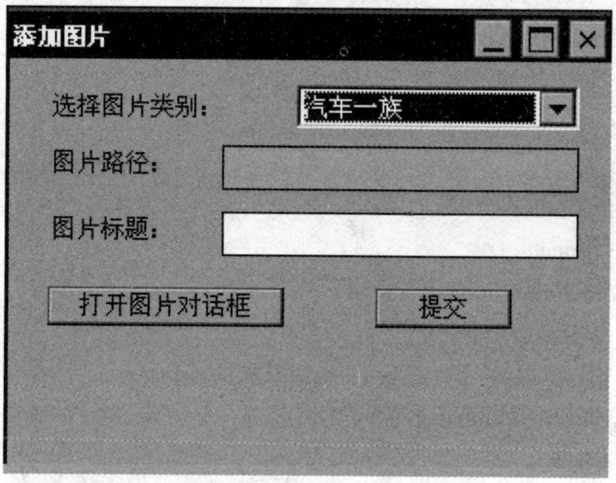

图 3-15　添加图片运行界面

### 3.3.2　XML 基础

1．XML 简介

当前 Web 上流行的 HTML 是一种标记语言，而不是一种编程语言，主要标记是针对显示，而不是针对文档内容本身结构描述的。对于机器本身而言是不能够解析它的内容的，同时为了存储、传送和交换数据，而不是用来显示数据的，继而就出现了 XML 语言。它是可扩展的标记语言，不像 HTML 那样提供一组事先已经定义好的标记，而是提供一个标准，利用这个标准，可以根据实际的需要，自定义新的标记。XML 具有跨平台、结构清晰、数据内容和表现形式相分离、高度灵活和可扩展等特性，使得它可以被广泛应用于除 Web 应用之外的多种需要数据交换的场合。

在嵌入式环境下，由于硬件存储资源有限以及软硬件平台的多样性，利用 XML 来存储数据量不是很大的数据，是一个很好的选择途径，因为 XML 是与平台无关的一种标记语言，它使用基于文本的、高度结构化的方式对数据进行描述，因此可以在多种平台之间交换 XML 格式的数据。

XML 能够为异构多变环境下的数据交互提供支持，因此在嵌入式环境下应用 XML 具有重要的意义，主要体现在以下几个方面：

（1）提高了设备访问的透明性。XML 文本具有很强的可读性，也很容易被机器处理，对 XML 文本的编辑结果，能直接体现在嵌入式访问中。

（2）统一了设备访问的接口。使用 XML 可以完成大多数对嵌入式系统的访问，这些操作包括对硬件的配置、测试及控制等。访问方式的统一大大简化了对嵌入式设备的访问接口的管理，提高了嵌入式设备与其他平台的交互能力。

（3）平台独立性。XML 是与平台无关的，它使用基于文本的、高度结构化的方式对数据进行描述，因此可以在多种平台间交换 XML 格式的数据。

2．XML 数据存储

XML 文档本身就是以文本文件的形式存在的，利用文本文件来存储 XML 文档数据是最简单的存储方式，它便于管理、适用存储数据量较小的数据，同时能够清楚地反映对象之间的嵌套和所属关系。

例如以下显示一个标准的 XML 文档内容：

```
<?xml version="1.0"?>
  <books>
    <book>
        <author>Jason</author>
        <price>20.65</price>
        <pubdate>06/06/2006</pubdate>
    </book>
    <pubinfo>
        <publisher>MSPress</publisher>
        <state>WA</state>
    </pubinfo>
  </books>
```

3. XML 数据访问

在程序开发过程中，如果要对 XML 文档进行访问和操作，必须通过一种工具按一定的语法来分析和理解存储在文档中的信息，这个工具就是 XML 解析器，它是一个对 XML 文档进行语法分析的 DLL 动态链接库，应用程序正是通过这个 DLL 的接口，实现对 XML 文档的识别和访问。XML 解析器的 DLL 接口分以下两种：基于树或者基于事件的处理器。这两种方式通常都是利用 DOM（Document Object Model）和 SAX（Simple API for XML）提供的编程接口实现应用程序对 XML 数据的访问和存取。如图 3-16 所示是 DOM 和 SAX 在应用程序开发过程中所处的位置。

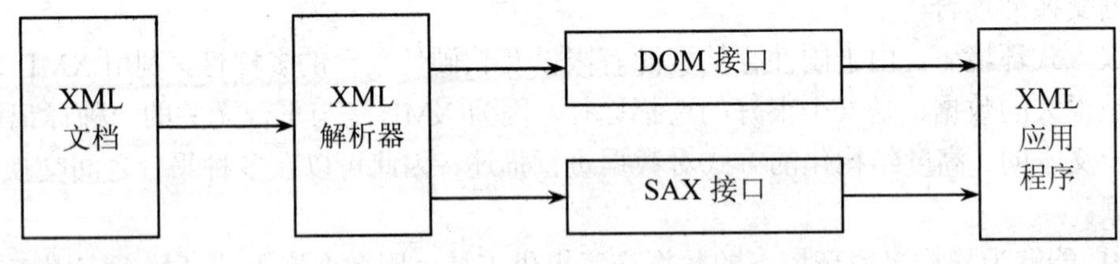


图 3-16　DOM 与 SAX 接口位置

本书电子相册程序涉及到的是 DOM 文档对象模型，故只讨论 DOM。XML 解析器根据 XML 文档生成一个指定平台的 DOM 树结构对象，DOM 用一些类来表示，它以一组非常直观的方式访问和处理 XML 文档。它能够把文档看成是一个有结构的信息树，而不是简单的文本流。这样即使不知道 XML 的语义细节，应用程序也能够方便地操作该结构。DOM 包含两个关键的抽象：一个是树状的层次，另一个是用来表示文档内容和结构的节点集合。树状层次包括所有这些节点，节点本身也可以包含其他的节点，这样的好处使得开发人员可以通过这个层次结构来找到并修改相应的某一个节点信息。另外 DOM 把节点看成是一个通常的对象，这样能够以编程方式先装载一个 XML 文档，然后遍历所有节点，显示和修改节点的信息。这里节点可以有很多种具体的类型，比如元素、属性和文本都可以认为是一个节点。图 3-17 显示了 XML 数据读入 DOM 结构中如何构造文档内存结构。

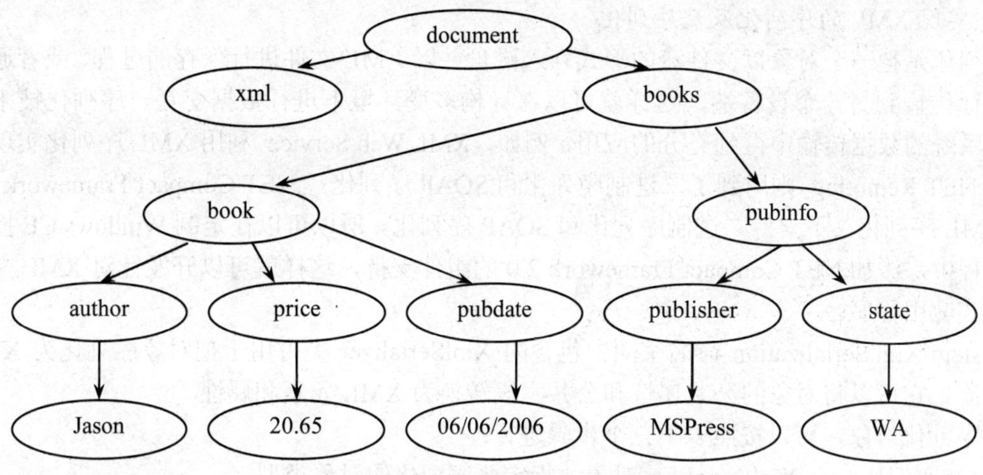


图 3-17　DOM 文档内存结构

4. VS.NET 平台中使用 DOM

对开发人员来说，最重要的是利用已设计好的类去调用它的方法完成相应的功能，在VS.NET中构成DOM的类在命名空间System.XML中，该命名空间包含一些操作XML文档的类，使用System.Xml命名空间中的类有很多优点。

第一，System.Xml 命名空间中类代码是托管代码，它可以确保所有的代码都获得安全保护。

第二，使用托管代码具有一定的类型安全性，同时 System.Xml 命名空间很容易使用，灵活性也非常大。

（1）XmlDocument 对象。通常处理 XML 文件要先从磁盘中加载它，这是 XmlDocument 对象的工作。可以将 XmlDocument 看作磁盘上文件的内存表示。用 XmlDocument 对象把文件加载到内存后，就可以从中获得文档的根节点，开始读取和处理 XML 了。

下面代码为创建一个 XmlDocument 对象并使用 Load 方法加载 XML 数据，然后可以依次遍历每个级次的节点直至找到要找的节点。

```
XmLDocument doc = new XmLDocument();
doc.Load(“Test.xml”);
XMLNode root=doc.FirstChild;
    for (int i=0; i<root.ChildNodes.Count; i++)
{
    YourMethod(root.ChildNodes[i]);
}
```

（2）XmlElement 对象。当文档加载到内存后，就要对它执行一些操作。创建 XmlDocument 对象后，其 DocumentElement 属性会返回一个 XmlElement 对象，它表示 XmlDocument 的根节点。有了它，就可以访问文档中的所有信息。

例如：

```
XmlDocument document = new XmlDocument();//创建 XmlDocument 的新实例
document.Load("demo.xml");//加载 demo.xml 文件
XmlElement element = document.DocumentElement;
```

5．实现XML的序列化及反序列化

序列化是把一个对象以文件流的形式存入磁盘并以XML文件进行保存的过程，或者通过网络进行传输到另一个设备端，这样就可以在异构多变环境下进行数据交互。序列化技术在分布式系统的数据传输中得到充分的应用，例如，XML Web Service 利用XML序列化实现跨平台，.NET Remoting 则用到了二进制序列化和SOAP序列化。.NET Compact Framework 2.0支持XML序列化，不支持二进制序列化和SOAP序列化。所以可以在定制Windows CE操作系统过程中，添加.NET Compact Framework 2.0的组件支持，这样就可以开发针对XML文件的嵌入式应用程序。

System.Xml.Serialization 命名空间中包含的 XmlSerializer 类可用于把对象序列化为XML文档或流。它可以将对象的公共属性和公共字段转换为XML元素和属性。

要序列化对象，可以按照以下三个步骤进行：

（1）实例化一个XmlSerializer对象，指定要序列化的对象类型。

（2）实例化一个流/写入器对象，把文件写入流/文档。

（3）在XmlSerializer上调用Serializer()方法，给它传送流/写入器对象和要序列化的对象。

对于从XML文档中反序列化对象，则应执行上述过程的逆过程，步骤如下：

（1）实例化一个XmlSerializer对象，指定要序列化的对象类型。

（2）实例化一个流/写入器对象，把文件写入流/文档。

（3）在XmlSerializer上调用DeSerializer()方法传送该流/读取器对象。该方法返回反序列化的对象，但需要转换为正确的类型。

例如下面的代码演示序列化及反序列化过程：

（1）要序列化的对象的类。

```
public class Person
{
    private string name;
    public string Name
    {
        get
        {return name;}
        set
            {name=value;}
        }
    public string Sex="男";
    public int Age=31;
}
```

（2）进行序列化测试的类。

```
public class Test
{
public void Serialaze()//序列化
{
Person p=new Person()
p.Name="张三";
XmlSerializer xs=new XmlSerializer(typeof(Person));
```

```
Stream stream = new FileStream("MyXmlFile.xml", FileMode.Create, FileAccess.Write, FileShare.ReadWrite);
xs.Serialize(stream, p);
stream.Close();
}
```

（3）格式化后 Xml 的文档内容为：

```
<?xmlversion="1.0" encoding="utf-8"?>
<Person xmlns:xsi=http://www.w3.org/2001/XMLSchema-instance xmlns:xsd=
                "http://www.w3.org/2001/XMLSchema">
 <Sex>男</Sex>
  <Age>31</Age>
  <Name>张三</Name>
</Person>
```

（4）进行反序列化测试。

```
public void Deserialize()//反序列化
{
XmlSerializer xs=new XmlSerializer(typeof(Person));
Stream stream = new FileStream("MyXmlFile.xml", FileMode.Open, FileAccess.Read, FileShare.ReadWrite);
Person p=(Person)xs.Deserialize(stream);
}
```

### 3.3.3　业务逻辑类的设计

1．XML 文档结构设计

项目采用 XML 文件保存必要的文字数据，图片文件单独放置在设定好的文件夹中进行管理。利用 XML 文档来保存数据，可以在跨平台的嵌入式异构环境中获取数据，而不需要专门配置一个数据库存放数据。

DataInfos 根节点包含多个子节点 DataInfo，每个 DataInfo 节点又分别包含图片类别标题、图片数量、类别图片文件路径、小类图片路径、小类图片标题。

下面代码为电子相册中 XML 文档的数据组织结构。

```
<?xmlversion="1.0" encoding="utf-8"?>
<DataInfos xmlns:xsi=http://www.w3.org/2001/XMLSchema-instance
          xmlns:xsd="http://www.w3.org/2001/XMLSchema">
  <DataInfo>
      <Text>大类图片标题值</Text>
      <Count>图片数量值</Count>
      <bmpPath>大类图片文件路径值</bmpPath>
      <mlstImagePath>
            <string>小类图片文件路径值</string>
      </mlstImagePath>
      <mlstTitle>
            <string>小类图片标题值</string>
      </mlstTitle>
  </DataInfo>
  <DataInfo>
      <Text>大类图片标题值</Text>
```

```
        <Count>图片数量值</Count>
        <bmpPath>大类图片文件路径值</bmpPath>
        <mlstImagePath>
                <string>小类图片文件路径值</string>
        </mlstImagePath>
        <mlstTitle>
                <string>小类图片标题值</string>
        </mlstTitle>
    </DataInfo>
</DataInfos>
```

2. DataInfo 类的设计

为了能够按照面向对象的方式获取和处理 XML 文档数据，可以将 XML 文档进行反序列化，生成一个 DataInfo 类型的对象，这样就可以通过调用 DataInfo 类型对象的成员获得 XML 文档中某一 DataInfo 节点中的各项数据。

这里先要建立 DataInfo 类，代码如下：

```
public    class DataInfo
{
    //图片名称
    public string Text = "";
    //信息个数
    public int Count = 0;
    //图片说明
    public string[] mlstTitle = null;
    //图片路径
    public string[] mlstImagePath = null;
    //索引图片路径
    public string bmpPath = "";
    //信息索引
    [XmlIgnore]
    public int Index = 0;
    //索引图片
    [XmlIgnore]
    public Image bmp = null;
    //图片
    [XmlIgnore]
    public List<Image> lstBmp = new List<Image>();
    [XmlIgnore]
    public List<string> lstImagePath
    {
        get
        {
            List<string> mmlstImagePath = new List<string>();
            if (mlstImagePath != null)
            {
                foreach (string str in mlstImagePath)
                {
```

```
                mmlstImagePath.Add(str);
            }
        }
        return mmlstImagePath;
    }
}
[XmlIgnore]
public List<string> lstTitle
{
    get
    {
        List<string> mmlstTitle = new List<string>();
        if (mlstTitle != null)
        {
            foreach (string str in mlstTitle)
            {
                mmlstTitle.Add(str);
            }
        }
        return mmlstTitle;
    }
}
}
```

3．实现反序列化的 XMLDB 类的设计

要实现一个 XML 的反序列化，首先根据给定的 XML 文档创建一个文件流（Stream）对象，然后创建一个指定类型（typeof(DataInfo[])）的 XmlSerializer 对象，最后根据文件流（Stream）对象参数调用 DeSerializer()方法，这个方法返回反序列化 DataInfo[]类型对象。

反序列化 XMLDB 类的代码如下：

```
public  class XMLDB
{
    //反序列化
    public DataInfo[] XMLDeserialize(string XmlFile)
    {
        try
        {
        Stream sf = new FileStream(XmlFile, FileMode.Open, FileAccess.Read, FileShare.None);
        XmlSerializer xmls = new XmlSerializer(typeof(DataInfo[]));
        DataInfo[] XmlData = (DataInfo[])xmls.Deserialize(sf);
         if (XmlData == null)
            {
          MessageBox.Show("文件反序列化失败", "", MessageBoxButtons.OK,
          MessageBoxIcon.Hand, MessageBoxDefaultButton.Button1);
          Application.Exit();
            }
            sf.Close();
            return XmlData;
```

```
            }
            catch (Exception e)
            {
                MessageBox.Show("反序列化失败:" + XmlFile + "<" + e.Message + ">");
                return null;
            }
        }
    }
```

4. PhotoDB 类的设计

PhotoDB 类中建立两个方法，一个是 GetImage 方法，其功能是根据给定的图片文件路径，返回一个 Image 类型的图片对象；另一个是 GetDataInfosByImageData 方法，其功能是根据给定的宽度和高度创建一个位图对象和 Graphics 对象。

PhotoDB 类的代码如下：

```
public    class PhotoDB
{
    public Bitmap bitmap;
    public Graphics graphics;
    public enum IndexType { Before, Front, Current, Next, Back };
    public enum MoveType { MoveFrist, MoveUp, MoveDown, MoveLast };
    //获取当前图片
    public Image GetImage(string strFile)
    {
        if (strFile.Length == 0) return null;
        string strPath = @"\Program Files\FilePath" + strFile;
        if (File.Exists(strPath))
        {
            return new Bitmap(strPath);
        }
        else
        {
            return null;
        }
    }
    //根据指定高度和宽度获取图片对象和 Graphics 对象
    public void    GetDataInfosByImageData(int width,int height)
    {
        bitmap = new Bitmap(width, height);
        graphics = Graphics.FromImage((System.Drawing.Image)bitmap);
    }
}
```

### 3.3.4 用户界面设计

1. 创建电子相册工程项目

（1）打开 VS.NET2005 开发平台，创建基于 Windows CE 5.0 的 C#设备应用程序，工程名为 SinoSysPhoto。

（2）右击“项目”，选择“添加→新建”项，打开“添加新项”对话框，选择“类”模板，如图 3-18 所示，分别添加 DataInfo 类、XMLDB 类及 PhotoDB 类文件。

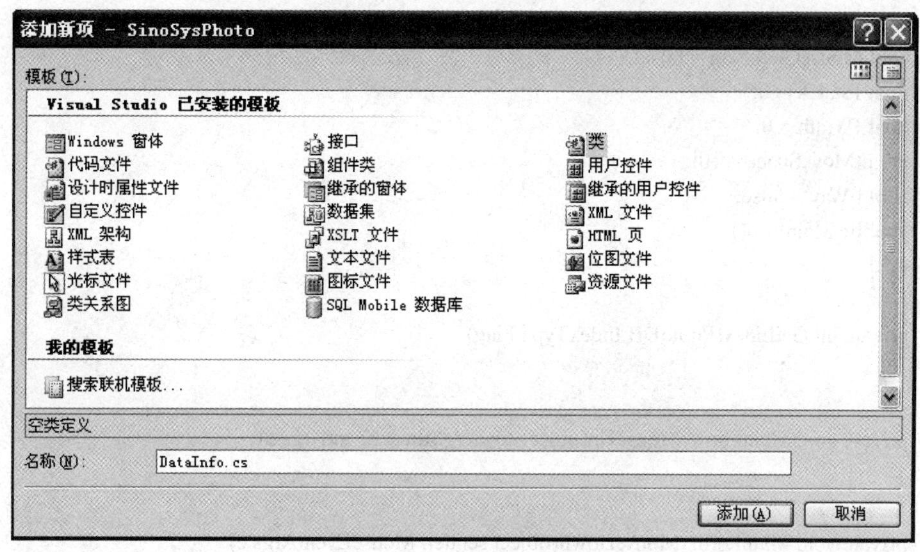


图 3-18 添加新项对话框

（3）右击“添加→新建”项，打开“添加新项”对话框，选择“窗体”模板，分别添加 MainFrm 窗体、InfoFrm 窗体及 AddPhotoFrm 窗体文件，如图 3-19 所示。

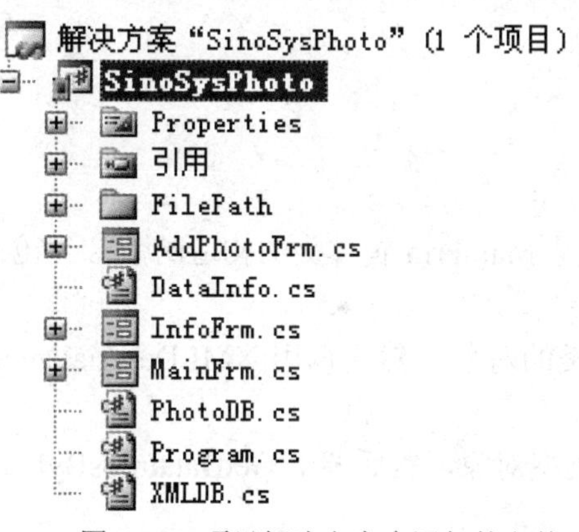


图 3-19 项目解决方案中添加的文件

2. 图片分类窗体（MainFrm）功能的实现

（1）MainFrm 窗体代码文件（MainFrm.cs）结构。

```
public partial class MainFrm : Form
{
    string strInfo = "";
    int intCurrentIndex = 0;
    bool bSelectDown = false;
    public   DataInfo[] DI = null;
    Bitmap bitmap;
    Graphics graphics;
```

```
        PhotoDB pdb = null;
        XMLDB xdb = null;
        //定义手写笔划动的相关变量
        bool MouseFlag = false;
        bool MouseClickFlag = false;
        float fStartX = 0;
        float fWidth = 0;
        int intMoveSpace = 10;
        bool bWay = false;
         public MainFrm()
        {
        }
        private int GetIndex(PhotoDB.IndexType Flag)
         {
         }
        private void MainForm_MouseUp(object sender, MouseEventArgs e)
        {
        }
        private void MainForm_MouseDown(object sender, MouseEventArgs e)
        {
        }
        private void MainFrm_Paint(object sender, PaintEventArgs e)
        {
         }
        private void ShowInfoBar()
        {
        }
    }
```

（2）MainFrm 方法。它是 MainFrm 窗体类的构造函数 。当创建 MainFrm 窗体时被自动调用，它完成三个操作：

第一，实例化 XMLDB 类的对象，然后调用 XMLDeserialize 方法完成 Xml 文档的反序列化。

第二，实例化 PhotoDB 类型对象，然后调用 GetDataInfosByImageData 方法完成位图对象以及 Graphics 对象创建。

第三，在遍历 DataInfo[]数组的过程中，以 DataInfo 对象中的图片文件路径作为参数，调用 GetImage 方法，获取相应的图片对象。

```
    public MainFrm()
    {
        InitializeComponent();
        xdb=new XMLDB();
        DI=xdb.XMLDeserialize(@"\Program Files\FilePath\PicFile.xml");
        pdb = new PhotoDB();
        pdb.GetDataInfosByImageData(this.Width, this.Height);
        bitmap = pdb.bitmap;
        graphics = pdb.graphics;
```

```
        //设置索引图片
        foreach (DataInfo di in DI)
        {
            di.bmp = pdb.GetImage(di.bmpPath);
        }
    }
```

（3）GetIndex(PhotoDB.IndexType Flag)方法。该方法根据给定的 IndexType 类型（包括 Before、Front、Current、Next、Back 五种类型）获得将要显示的图片所在位置索引。

```
    //获得指定的索引值
    private int GetIndex(PhotoDB.IndexType Flag)
    {
        int intIndex = 0;
        switch (Flag)
        {
            case PhotoDB.IndexType.Before:
                intIndex = intCurrentIndex - 2;
                if (intIndex < 0) intIndex = DI.Length - Math.Abs(intIndex);
                break;
            case PhotoDB.IndexType.Front:
                intIndex = intCurrentIndex - 1;
                if (intIndex < 0) intIndex = DI.Length - 1;
                break;
            case PhotoDB.IndexType.Current:
                intIndex = intCurrentIndex;
                break;
            case PhotoDB.IndexType.Next:
                intIndex = intCurrentIndex + 1;
                if (intIndex > DI.Length - 1) intIndex = 0;
                break;
            case PhotoDB.IndexType.Back:
                intIndex = intCurrentIndex + 2;
                if (intIndex > DI.Length - 1) intIndex = intIndex - DI.Length;
                break;
            default:
                break;
        }
        return intIndex;
    }
```

（4）MainForm_MouseDown 事件处理方法。当手写笔在触摸屏上按下时，该方法被调用，以确定触摸笔按下的区域，在后面 MouseUp 方法调用时，用来确定手写笔是划动触摸屏还是点击触摸屏。

```
    //手写笔按下触摸屏
    private void MainForm_MouseDown(object sender, MouseEventArgs e)
    {
        Rectangle rect = new Rectangle(0, 50, 320, 128);
```

```
        if (rect.Contains(e.X, e.Y))
        {
            MouseFlag = true;
            fStartX = e.X;
        }
        rect = new Rectangle(90, 50, 128, 128);
        if (rect.Contains(e.X, e.Y))
        {
            MouseClickFlag = true;
            bSelectDown = true;
            this.Invalidate();
        }
    }
```

（5）MainForm_MouseUp 事件处理方法。如果手写笔在触摸屏上向左或向右划动时，表示要将图片向前或向后切换进行显示，如果手写笔在触摸屏的中间图片区域内单击，表示要进入该类别的图片信息显示窗体。

```
    //手写笔抬起离开触摸屏时
    private void MainForm_MouseUp(object sender, MouseEventArgs e)
    {
        if (MouseFlag)
        {
            MouseFlag = false;
            fWidth = e.X - fStartX;
            bWay = (fWidth > 0);
            fWidth = Math.Abs(fWidth);
            if (fWidth > intMoveSpace)
            {
              //判断手写笔向左还是向右划动
                if (bWay)
                {
                    MoveRight();
                }
                else
                {
                    MoveLeft();
                }
            }
            else
            {
                //手写笔单击事件发生
                if (MouseClickFlag)
                {
                    MouseClickFlag = false;
                    bSelectDown = false;
                    ShowInfoBar();
                }
```

```
    }
  }
}
```

（6）MoveLeft 方法。当确定手写笔在触摸屏上向左划动时，调用该方法设置新的图片显示位置索引值。

```
//手写笔向左移动
private void MoveLeft()
{
    Thread.Sleep(10);
    intCurrentIndex = GetIndex(PhotoDB.IndexType.Next);
    this.Invalidate();
}
```

（7）MoveRight 方法。当确定手写笔在触摸屏上向右划动时，调用该方法设置新的图片显示位置索引值。

```
//手写笔向右移动
private void MoveRight()
{
    Thread.Sleep(10);
    intCurrentIndex = GetIndex(PhotoDB.IndexType.Front);
    this.Invalidate();
}
```

（8）MainFrm_Paint 事件处理方法。当最终要在触摸屏上显示图片时，调用该方法将经过处理的内存位图显示在屏幕上。同时当窗体绘制区无效时，也调用该方法进行窗体重绘。

```
private void MainFrm_Paint(object sender, PaintEventArgs e)
{
    Rectangle rect = new Rectangle(0, 0, 128, 128);
    Font font = new Font("宋体", 16, FontStyle.Bold);
    StringFormat fFormat = new StringFormat();
    fFormat.Alignment = StringAlignment.Center;
    fFormat.LineAlignment = StringAlignment.Center;
    //绘制背景
    graphics.FillRectangle(new SolidBrush(Color.White),0,0, this.Width, this.Height);
    //写标题文本
    strInfo = DI[GetIndex(PhotoDB.IndexType.Current)].Text;
    graphics.DrawString(strInfo, font, new SolidBrush(Color.DarkGreen), new RectangleF(0, 10, 320, 20),
                fFormat);
    //绘制中心图片
    if (!bSelectDown) graphics.FillRectangle(new SolidBrush(Color.Black), new Rectangle(93, 53, 128,
      128));
    graphics.DrawImage(DI[GetIndex(PhotoDB.IndexType.Current)].bmp, 90, 50);
    //绘制左边图片
    graphics.FillRectangle(new SolidBrush(Color.Black), new Rectangle(-7, 77, 90, 80));
    graphics.DrawImage(DI[GetIndex(PhotoDB.IndexType.Front)].bmp, new Rectangle(-10, 74, 90, 80), rect,
            GraphicsUnit.Pixel);
    //绘制右边图片
```

```
        graphics.FillRectangle(new SolidBrush(Color.Black), new Rectangle(232, 77, 95, 80));
        graphics.DrawImage(DI[GetIndex(PhotoDB.IndexType.Next)].bmp, new Rectangle(228, 74, 95, 80), rect,
                        GraphicsUnit.Pixel);
        //在触摸液晶屏上绘制位图
        e.Graphics.DrawImage(bitmap, 0, 0);
}
```

（9）ShowInfoBar 方法。调用该方法打开某一类别的详细信息对话框窗体。

```
private void ShowInfoBar()
{
    int index=GetIndex(PhotoDB.IndexType.Current);
    InfoFrm frm = new InfoFrm(pdb, DI, index);
    frm.ShowDialog();
}
```

（10）图片分类窗体的运行效果如图 3-20 所示。

图 3-20　图片分类窗体运行界面

3．图片详细信息 InfoFrm 窗体功能的实现

（1）InfoFrm 窗体代码文件（InfoFrm.cs）结构。

```
public partial class InfoFrm : Form
{
public DataInfo diCurrentlyData = null;
public DataInfo[] DIS = null;
public PhotoDB mypdb = null;
public int Index;
public InfoFrm(PhotoDB pdb,DataInfo[] di,int index)
 {
 }
 private void toolBar_ButtonClick(object sender, ToolBarButtonClickEventArgs e)
 {
 }
private void Move(PhotoDB.MoveType type)
 {
```

```
        }
    }
    private void InfoFrm_Paint(object sender, PaintEventArgs e)
    {
    }
```

（2）InfoFrm(PhotoDB pdb,DataInfo[] di,int index)方法。当进入图片详细信息窗体时，执行 InfoFrm 构造函数，同时传递 PhotoDB 类型的对象和 DataInfo 类型的数组对象以及将要显示的图片索引。

```
public InfoFrm(PhotoDB pdb,DataInfo[] di,int index)
{
    InitializeComponent();
    mypdb = pdb;
    DIS = di;
    diCurrentlyData =di[index];
    for (int i = 0; i < diCurrentlyData.lstImagePath.Count; i++)
    {
        diCurrentlyData.lstBmp.Add(pdb.GetImage(diCurrentlyData.lstImagePath[i]));
    }
    diCurrentlyData.Index = 0;
}
```

（3）toolBar_ButtonClick 事件处理方法。当单击导航栏上的各个按钮时，根据各个按钮的参数不同，触发不同的事件，以执行对应的操作，如返回图片分类界面、进入该类别的第一张图片、上一张图片、下一张图片、最后一张图片、进入添加图片窗体界面。

```
private void toolBar_ButtonClick(object sender, ToolBarButtonClickEventArgs e)
{
    switch (e.Button.ToolTipText)
    {
        case "返回":
            this.Close();
            break;
        case "最前":
            Move(PhotoDB.MoveType.MoveFrist);
            break;
        case "前一个":
            Move(PhotoDB.MoveType.MoveUp);
            break;
        case "下一个":
            Move(PhotoDB.MoveType.MoveDown);
            break;
        case "最后":
            Move(PhotoDB.MoveType.MoveLast);
            break;
        case "关于":
            MessageBox.Show("电子相册系统\n" );
            break;
        case "添加图片":
            this.Close();
```

```
                AddPhotoFrm af = new AddPhotoFrm(mypdb,DIS);
                af.ShowDialog();
                break;
        }
    }
```

（4）Move(PhotoDB.MoveType type)方法。根据移动的类型不同，获得需要显示的图片索引，同时确定四个导航按钮的可用情况。

```
    private void Move(PhotoDB.MoveType type)
    {
        switch (type)
        {
            case PhotoDB.MoveType.MoveFrist:
                diCurrentlyData.Index = 0;
                tBar1.Enabled = false;
                tBar2.Enabled = false;
                tBar3.Enabled = true;
                tBar4.Enabled = true;
                break;
            case PhotoDB.MoveType.MoveUp:
                diCurrentlyData.Index--;
                tBar3.Enabled = true;
                tBar4.Enabled = true;
                if (diCurrentlyData.Index < 0)
                {
                    diCurrentlyData.Index = 0;
                }
                if (diCurrentlyData.Index < 1)
                {
                    tBar1.Enabled = false;
                    tBar2.Enabled = false;
                }
                else
                {
                    tBar1.Enabled = true;
                    tBar2.Enabled = true;
                }
                break;
            case PhotoDB.MoveType.MoveDown:
                diCurrentlyData.Index++;
                tBar1.Enabled = true;
                tBar2.Enabled = true;
                if (diCurrentlyData.Index > diCurrentlyData.Count - 1)
                {
                    diCurrentlyData.Index = diCurrentlyData.Count - 1;
                }
                if (diCurrentlyData.Index > diCurrentlyData.Count - 2)
                {
                    tBar3.Enabled = false;
```

```
                tBar4.Enabled = false;
            }
            else
            {
                tBar3.Enabled = true;
                tBar4.Enabled = true;
            }
            break;
        case PhotoDB.MoveType.MoveLast:
            diCurrentlyData.Index = diCurrentlyData.Count - 1;
            tBar3.Enabled = false;
            tBar4.Enabled = false;
            tBar1.Enabled = true;
            tBar2.Enabled = true;
            break;
        default:
            break;
    }
    this.Invalidate();
}
```

（5）InfoFrm_Paint(object sender, PaintEventArgs e) 事件处理方法。当最终要在触摸屏上显示图片时，调用该方法将经过处理的内存位图显示在屏幕上。同时当窗体绘制区无效时，也调用该方法进行窗体重绘。

```
private void InfoFrm_Paint(object sender, PaintEventArgs e)
{
    if (diCurrentlyData.Count > 0)
    {
        Font font = new Font("宋体", 12, FontStyle.Bold);
        StringFormat fFormat = new StringFormat();
        fFormat.Alignment = StringAlignment.Near;
        //绘背景
        e.Graphics.FillRectangle(new SolidBrush(Color.White), 0, 0, this.Width, this.Height);
        if (diCurrentlyData.lstTitle[diCurrentlyData.Index].Length > 0)
        {
            e.Graphics.DrawString(diCurrentlyData.lstTitle[diCurrentlyData.Index], font,
                    new SolidBrush(Color.Black), new RectangleF(10, 30, 30, 200), fFormat);
        }
        if (diCurrentlyData.lstBmp[diCurrentlyData.Index] != null)
        {
        e.Graphics.FillRectangle(new SolidBrush(Color.Black),
                            new Rectangle(49, 32, 230, 180));
        e.Graphics.DrawImage(diCurrentlyData.lstBmp[diCurrentlyData.Index], 45, 28);
        }
    }
}
```

（6）图片详细信息窗体的运行效果如图 3-21 所示。

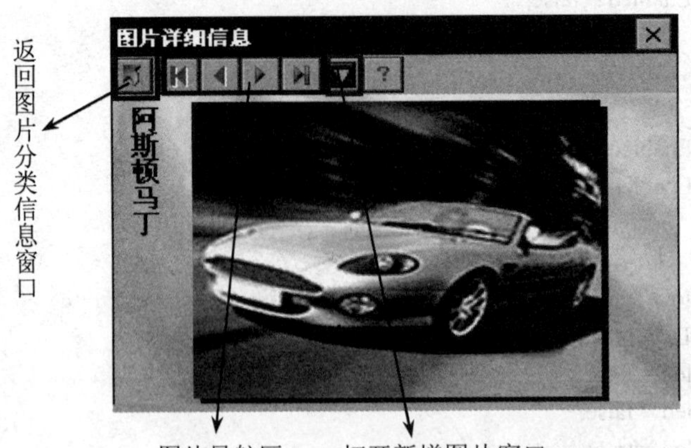


图 3-21　图片详细信息窗体运行界面

4. 添加图片 AddPhotoFrm 窗体功能的实现

（1）AddPhotoFrm 窗体代码文件（AddPhotoFrm.cs）结构。

```
public partial class AddPhotoFrm : Form
{
    public DataInfo[] DIS = null;
    public PhotoDB mydb = null;
    private string filename = @"\Program Files\FilePath\PicFile.xml";
    private string newthumbfile;
    public AddPhotoFrm(PhotoDB pdb, DataInfo[] dis)
    {
    }
    private void AddPhotoFrm_Load(object sender, EventArgs e)
    {
    }
    private string   GetSmallImageData()
    {
    }
    private void btnAdd_Click(object sender, EventArgs e)
    {
    }
    private void btnOpenDlg_Click(object sender, EventArgs e)
    {
    }
}
```

（2）AddPhotoFrm(PhotoDB pdb, DataInfo[] dis)方法。当进入添加图片窗体时，执行 AddPhotoFrm 构造函数，将传递进 PhotoDB 类型的对象和 DataInfo 类型的数组对象。

```
public AddPhotoFrm(PhotoDB pdb, DataInfo[] dis)
{
    InitializeComponent();
    DIS = dis;
    mydb = pdb;
}
```

（3）AddPhotoFrm_Load 事件处理方法。该方法在执行过程中，循环遍历 DataInfo 对象，以获得显示的图片类别标题信息。

```
private void AddPhotoFrm_Load(object sender, EventArgs e)
{
    foreach (DataInfo dinfo in DIS)
    {
        this.cBoxText.Items.Add(dinfo.Text);
    }
    this.cBoxText.SelectedIndex = 0;
}
```

（4）GetSmallImageData 方法。该方法根据给定的图片生成符合规格要求的缩略图，并将保存在所指定类别的图片文件夹中。

```
private string    GetSmallImageData()
{
    string[] newfilename = this.txtphotoPath.Text.Split('\\');
    //生成缩略图
    Image originalImage = new Bitmap(this.txtphotoPath.Text);
    Image newimage = new Bitmap(230, 180);
    Graphics g = Graphics.FromImage(newimage);
    g.DrawImage(originalImage, new Rectangle(0, 0, 230, 180),
                new Rectangle(0, 0, originalImage.Width, originalImage.Height), GraphicsUnit.Pixel);
    int indexdirectoy = this.txtphotoPath.Text.IndexOf(newfilename[newfilename.Length - 1]);
    string addfilepath = this.txtphotoPath.Text.Substring(0, indexdirectoy);
    string thumbfilename = addfilepath + "small" + newfilename[newfilename.Length - 1];
    newimage.Save(thumbfilename, System.Drawing.Imaging.ImageFormat.Jpeg);
    //在原图片所在路径下保存一个原图的缩略图，文件名为原图片名加 small 字符串。
    newthumbfile = "\\" + newfilename[newfilename.Length - 2] + "\\small" + newfilename[newfilename.Length - 1];
    return newthumbfile;
}
```

（5）btnOpenDlg_Click 事件处理方法。执行该方法，打开对话框，选择所需图片格式，查找到新增的图片，然后单击“确定”按钮，这时新增的图片文件路径显示在文本框中。

```
private void btnOpenDlg_Click(object sender, EventArgs e)
{
    OpenFileDialog picdlg = new OpenFileDialog();
    picdlg.InitialDirectory = @"\Program Files\FilePath\";
    picdlg.Filter = "jpg 文件|*.jpg|png 文件|*.png|所有文件|*.*";
    picdlg.FilterIndex = 0;
    if (picdlg.ShowDialog() == DialogResult.OK)
    {
        this.txtphotoPath.Text = picdlg.FileName;
    }
}
```

（6）btnAdd_Click 事件处理方法。该方法将生成的缩略图的有关信息插入到 XML 文档

DataInfo 节点中。首先读取 XML 文档，创建一个文档对象，然后在所对应的 DataInfo 节点中创建新的节点及修改原节点的值。

```
private void btnAdd_Click(object sender, EventArgs e)
{
    bool flagBig = false;
    newthumbfile = this.GetSmallImageData();
    //向 XML 文件创建新的节点及修改原节点的数值
    XmlDocument Xmldoc = new XmlDocument();
    Xmldoc.Load(filename);
    //得到 DataInfo 节点
    XmlElement topelement = Xmldoc.DocumentElement;
    //   XmlNodeList topM = Xmldoc.DocumentElement.ChildNodes;
    //得到 Data 节点
    foreach (XmlElement element in topelement.ChildNodes)
    {
        bool flagSmall = false;
        if (flagBig)
        {
            break;
        }
        //得到 DataInfo 节点的各个子节点
        XmlNodeList nodelist = element.ChildNodes;
        //读 DataInfo 子节点中的各个元素值
        foreach (XmlElement e1 in nodelist)
        {
            if (flagSmall)
                break;
                switch (e1.Name)
                {
                 case "Text":
                 if (e1.InnerText != this.cBoxText.SelectedItem.ToString())
                 {
                     flagSmall = true;
                  }
                     break;
                     //修改对应 DataInfo 节点中子节点 Count 的值
                      case "Count":
                     e1.InnerText = (Int32.Parse(e1.InnerText) + 1).ToString();
                     break;
                     //在对应 mlstImagePath 节点中创建子节点 string
                        case "mlstImagePath":
                        XmlElement elem1 = Xmldoc.CreateElement("string");
                        elem1.InnerText= newthumbfile;
                        e1.AppendChild(elem1);
```

```
                break;
            case "mlstTitle":
                XmlElement elem2 = Xmldoc.CreateElement("string");
                elem2.InnerText = this.txtTitle.Text;
                e1.AppendChild(elem2);
                flagBig = true;
                break;
            }
        }
    }
    Xmldoc.Save(filename);
    MessageBox.Show("新增成功！");
    this.Close();
    MainFrm mfrm = new MainFrm();
    mfrm.ShowDialog();
}
```

（7）添加图片 AddPhotoFrm 窗体的运行效果如图 3-22 所示。

单击“打开图片对话框”按钮，显示如图 3-23 所示的对话框，选择添加的图片文件。

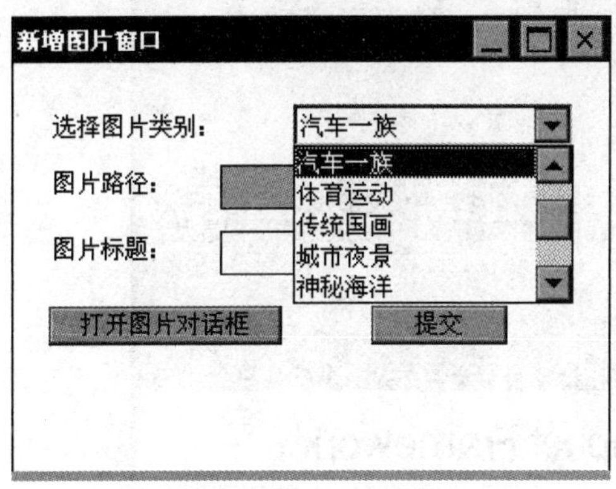


图 3-22　添加图片窗体运行界面

图 3-23　选择添加的图片

当图片选择完成之后，单击“提交”按钮，这时会提示图片添加成功信息，如图 3-24 所示。

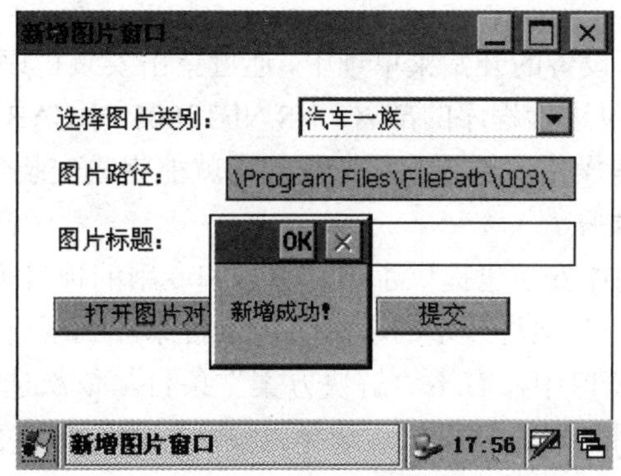


图 3-24　图片添加成功信息

### 3.3.5 部署安装应用程序

当在桌面计算机上完成 Windows CE 应用程序开发和测试工作之后，就需要将其部署到嵌入式设备中去运行。

1. 部署.NET Compact Framework 2.0

.NET Compact Framwork 是所有基于.NET 技术的嵌入式设备应用程序的运行基础，因此，每一个需要运行.NET 程序的嵌入式设备端，都必须安装.NET Compact Framework。Netcfsetup2.msi 是一个运行于桌面计算机的 Windows Install 数据文件，它可以将.NET Compact Framework 通过 ActiveSync 部署到嵌入式设备上。当使用 VS.NET2005 运行电子相册程序时，.NET Compact Framework 会被自动地部署到嵌入式设备上，另一个方法就是在定制 Windows CE 操作系统时，把.NET Compact Framework 组件选上即可，如图 3-25 所示。

图 3-25 .NET Compact Framework 安装

2. 制作 CAB 安装包

当用户需要在 WINCE 设备的开始菜单项中，通过单击安装程序名的快捷方式就能运行程序，就需要使用 CAB 安装包进行程序的部署。VS.NET2005 对 CAB 安装包制作提供了良好的支持，开发者只需进行一些操作，无须编写一行代码就能完成安装包的制作。

3. 创建 CAB 安装包项目

VS.NET2005 专门为制作安装包提供了项目类型和专用的项目模板，因此，一个 CAB 安装包的制作工作是从创建一个项目开始的，将安装项目添加到现有解决方案之中，开发者可以在解决方案资源管理器窗口中，右击“解决方案”条目，依次选择“添加→新建项目”选项，这样弹出“添加新项目”对话框，依次选择“安装部署”→“智能设备 CAB 项目”，输入项目名称 E_Photo，如图 3-26 所示。

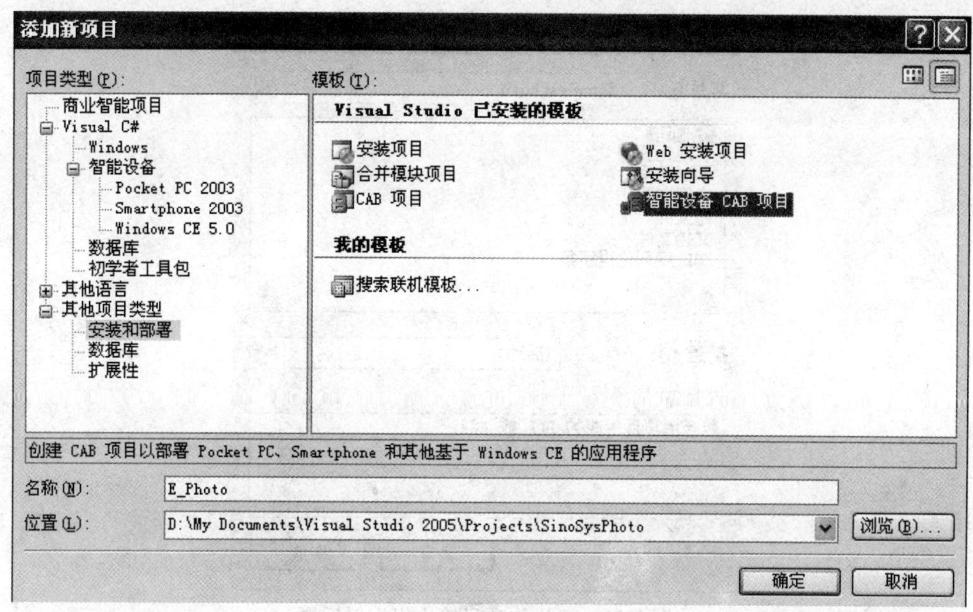


图 3-26　新建 CAB 安装包项目

4. 编辑器

当 CAB 安装包项目创建好之后，VS.NET2005 就会自动打开文件系统编辑器。在 Program Files 文件夹下建立子目录 FilePath 文件夹，再在 FilePath 文件夹下建立子目录 001 至 010 文件夹，分别在各自文件夹下选择相应的打包文件，如图 3-27 所示。

图 3-27　文件系统编辑器

5. 添加可执行文件

可执行文件通常放在“应用程序文件夹”中，通过右击“应用程序文件夹”，依次选择“添加”→“项目输出”菜单项，将弹出“添加项目输出组”对话框，如图 3-28 所示，选中“主输出”单击“确定”按钮，将对应项目输出的可执行文件添加到安装包中。

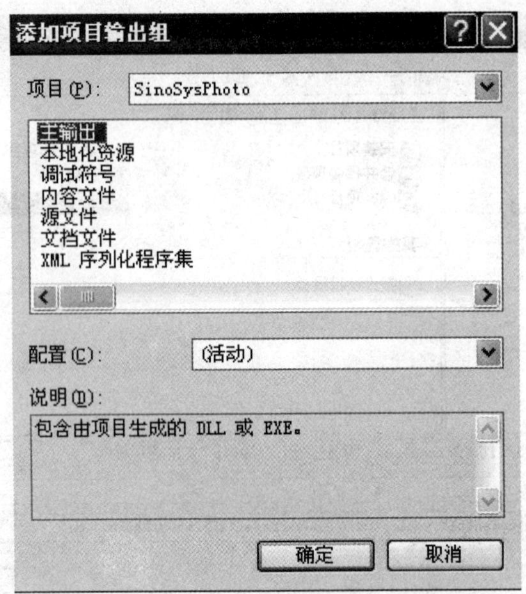


图 3-28 “添加项目输出组”对话框

6. 创建快捷方式

快捷方式通常是应用程序向用户展现的窗口，通过使用 VS.NET2005 为应用程序制作安装包，可以很方便地创建快捷方式。右击“目标计算机上的文件系统”，添加 Start Menu 文件夹，在编辑器右侧的列表视图中，右击鼠标，选择“创建新的快捷方式”菜单项，如图 3-29 所示。

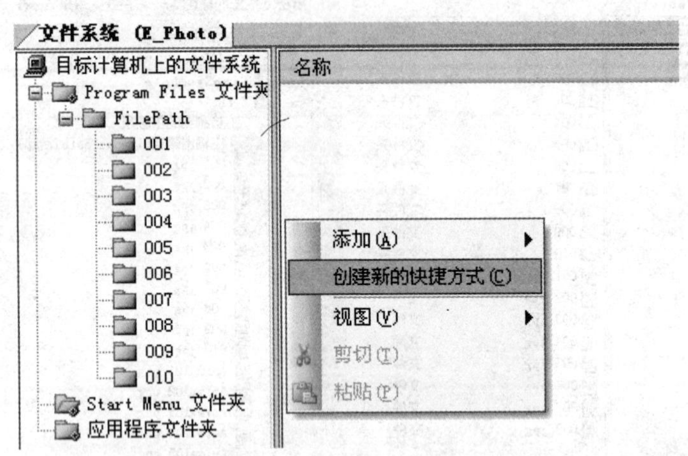


图 3-29 添加新的快捷方式

这时会出现如图 3-30 所示“选择项目中的项”对话框，这里选择应用程序文件夹中的主输出，单击“确定”按钮，新的快捷方式就添加完毕了。

7. 生成项目安装包

在解决方案资源管理器窗口中右击安装包 E_Photo 项目，选择“生成”项，如图 3-31 所示，等待片刻之后，生成扩展名为.CAB 的安装文件。用户可以使用 ActiveSync 分发 CAB 安装包，这时必须确保嵌入式设备与桌面计算机已经通过 ActiveSync 建立了良好的通信连接。

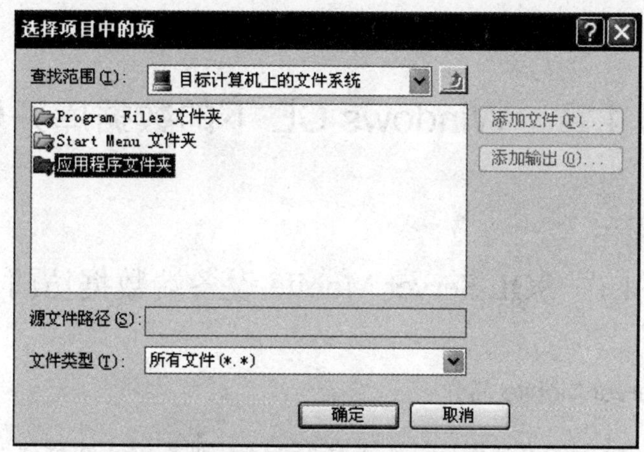


图 3-30　选择快捷方式的目标文件

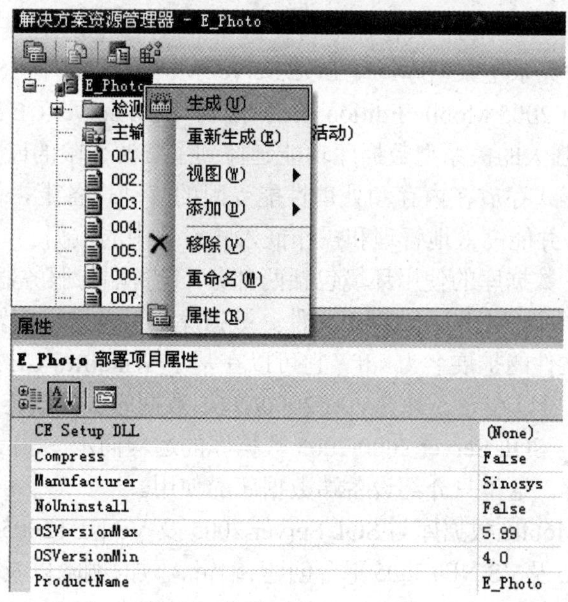


图 3-31　生成项目 CAB 包

# 第 4 章　Windows CE 下的数据库开发

## 4.1　SQL Server Mobile 设备端数据访问

### 4.1.1　SQL Server Mobile 简介

随着嵌入式应用技术的高速发展，很多情况下都需要在嵌入式移动设备中存储一定量的数据，但在移动数据库没有产生之前，基本上要存储的数据都以文件形式存储。如果处理的数据量较大时，对数据的检索或者其他操作将变得非常低效。因此在基于 WINCE 的嵌入式平台上，微软开发了一种关系型数据库，即 SQL Server Mobile 数据库，SQL Server Mobile 2005 是 Microsoft SQL Server 2005 Mobile Edition 的简称，即 SQL Server CE 3.0 版本，它将 PC 端的 SQL Server 2000/2005 强大的关系型数据库功能延伸到了资源受限的嵌入式设备中，虽然这种数据库也是以文件的形式存放在内存和处理性能受限的移动设备上，但它可以包含的数据量能够达到上百条记录，并能高效地管理和操作嵌入式设备中的数据。

SQL Server Mobile 数据库的使用环境包括两部分：设备端与服务器端，SQL Server Mobile 设备端上包含 SQL Server Mobile 数据库文件、数据库引擎及数据库客户端代理。其中 SQL Server Mobile 数据库文件的扩展名为 sdf。它可以在基于 Windows CE 的嵌入式设备端上作为设备端数据库运行，也可以在与 SQL Server 2000/2005 数据库服务器连接的情况下，实现 SQL Server Mobile 数据库与 SQL Server 2000/2005 数据库的远程同步。关于和服务器端远程数据同步将在下一章重点讲解，这里只介绍设备端数据库的使用。

由于 SQL Server Mobile 数据库与 SQL Server 2005 及 VS.NET2005 的紧密集成，开发者可以利用 SQL Server 2005 及 VS.NET2005 平台创建、编辑、添加、删除以及查询 SQL Server Mobile 数据库。另外在.NET Compact Framework 中还提供了完整的 SQL Mobile 应用程序编程接口 ADO.NET，ADO.NET 是一种数据访问技术。这就为开发者快速开发数据库应用程序提供了一致的编程模型，大大加快了嵌入式数据库应用程序的开发效率。

### 4.1.2　SQL Server Mobile 安装与配置

当开发者开发基于 Windows CE 嵌入式数据库的应用程序时，如果只是想在设备端上运行 SQL Server Mobile 数据库，实现简单的数据存储管理，而不需要同远程数据库服务器实现数据同步，只需要在设备端安装支持 SQL Server Mobile 本地数据库管理的组件即可。PC 上有关数据同步支持的组件 SQL Mobile Tools 的安装将在下一章介绍，本章所有对 SQL Server Mobile 数据库的操作都是针对设备端进行的。

SQL Server Mobile 设备端组件的功能分为两部分：SQL Server Mobile 数据库引擎和 SQL Server Mobile 客户端代理。SQL Server Mobile 数据库引擎负责管理本地数据库文件、对数据库进行查询，并提供托管的（Managed）和本地的数据库访问接口。SQL Server Mobile 客户端代理主要为远程数据访问和合并复制方面提供支持。

（1）添加支持 SQL Mobile 数据库组件。本书后面要开发移动数据库应用程序，使用的是 SQL Server Mobile 2005，这相当于 SQL Server CE 3.0 版本，所以在前面定制 Windows CE 操作系统的基础上，根据设备端数据库的应用需要，添加支持 SQL Server Mobile 数据库的组件。这里需要先将 Platform Builder 5.0 打上补丁，补丁安装包为 WinCEPB50-071231-Product-Update-Rollup-Armv4I.msi，安装完毕之后，打开 Plateform Builder，选择定制的 WINCE 操作系统项目，然后单击 Catalog→Core OS→Windows CE devices→Applications and Services Development 节点，选择 SQL Mobile 节点中的所有特性及 SQL Server CE 2.0 特性，如图 4-1 所示。

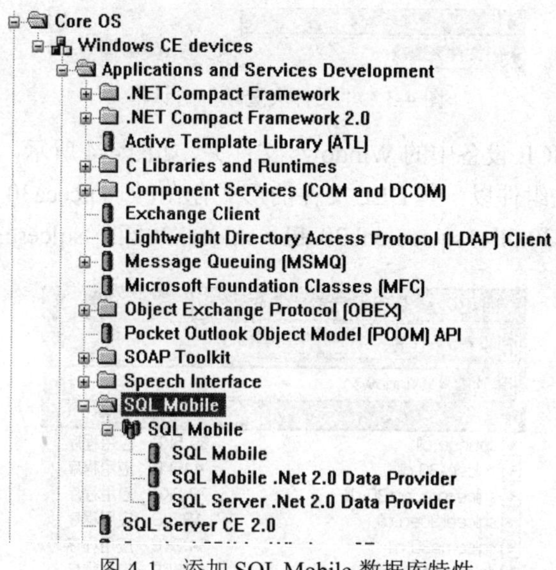

图 4-1　添加 SQL Mobile 数据库特性

（2）当针对数据库应用的 Windows CE 的操作系统定制完成之后，经过编译和下载到设备端上。双击 WinCE 中的“我的电脑”图标，打开文件管理器，选择“查看→选项”，如图 4-2 所示。

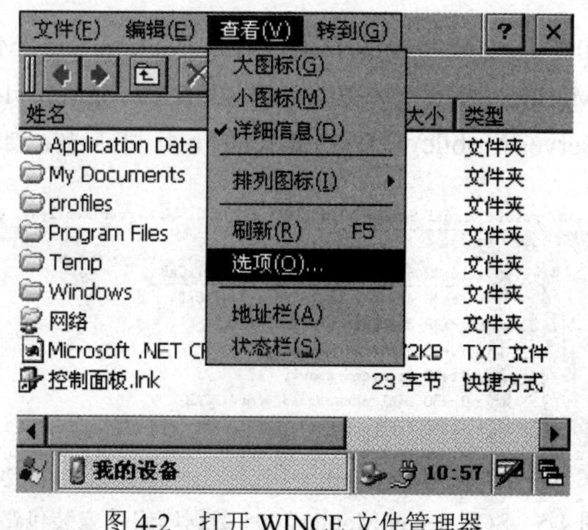

图 4-2　打开 WINCE 文件管理器

（3）当出现“文件夹选项”对话框时，将所有打钩的选项去除，如图 4-3 所示。

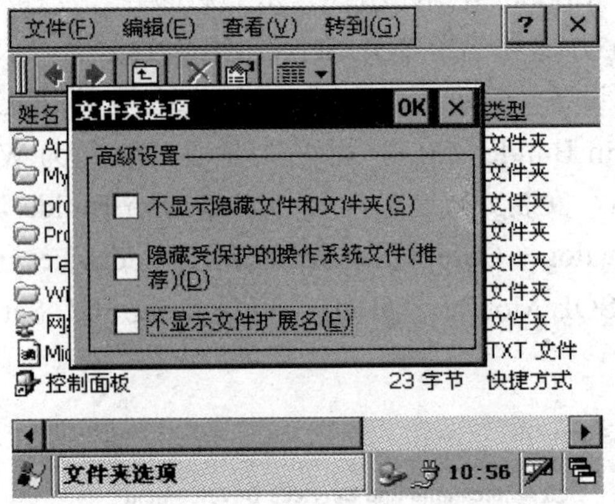


图 4-3 “文件夹选项”对话框

（4）这时打开 WINCE 设备中的 Windows 文件夹，如图 4-4 所示，可以查看到 SQL Server Mobile 数据库组件，这些组件以一些 DLL 文件的形式存在，如 sqlceca30.dll、sqlcecompact30.dll、sqlceer30en.dll、sqlceme30.dll、sqlceoledb30.dll、sqlceqp30.dll、sqlcese30.dll。

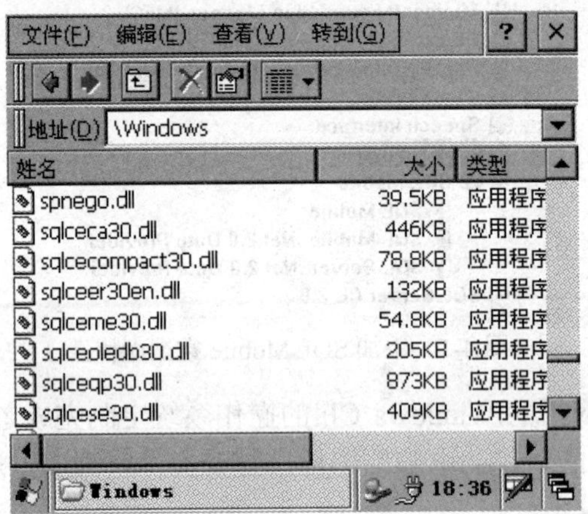


图 4-4 支持 SQL Server Mobile 数据库的 DLL 文件

（5）如果 VS.NET2005 的安装路径在 D 盘的 D:\Program Files\Microsoft Visual Studio 8 目录下，则 SQL Server Mobile 2005 组件的安装包在D:\ProgramFiles\MicrosoftVisualStudio8\SmartDevices\SDK\SQL Server\Mobile\v3.0\wce500\armv4i 目录下，如图 4-5 所示。

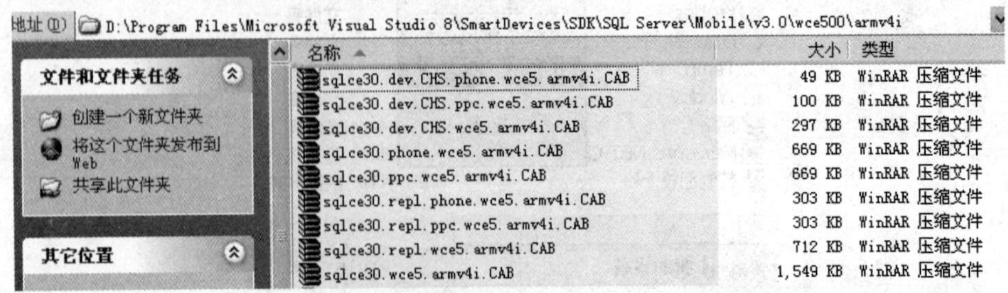


图 4-5 SQL Server Mobile 2005 数据库组件安装包路径

（6）支持 SQL Server Mobile 数据库的 DLL 文件和安装包的对应关系如表 4-1 所示。

表 4-1　SQL Server Mobile 安装包文件的功能说明

| CAB 安装包 | 内容文件 | 说明 |
|---|---|---|
| sqlce30.dev.CHS.wce5.armv4i.CAB | sqlceer30en.dll<br>isqlw30.exe | 提供 SQL Mobile 错误信息显示和查询分析器工具 |
| sqlce30.wce5.armv4i.CAB | sqlcese30.dll<br>sqlceqp30.dll<br>sqlceme30.dll<br>System.Data.SQLServerCe.dll | 提供数据存储引擎和 ADO.NET 数据库访问接口 |
| sqlce30.repl.wce5.armv4i.CAB | 提供客户端代理，用于远程数据访问和合并复制 | sqlceca30.dll<br>sqlcecompact30.dll<br>sqlceoledb30.dll |

（7）前面在定制 WINCE 操作系统时，已将支持 SQL Server Mobile 数据库组件添加进去，它们最后都是以一个个 DLL 文件的形式存在于 Windws 文件夹中，为了能够在设备端管理和查看 SDF 数据库文件中各个表的数据信息，需要安装一个数据库的查询分析器工具。这里将 sqlce30.dev.CHS.wce5.armv4i.CAB 安装包通过 ActiveSync 程序传输到目标设备上，然后安装该程序，完成安装之后，单击目标设备上的任何一个.sdf 数据库文件，即可打开数据库，如图 4-6 所示。

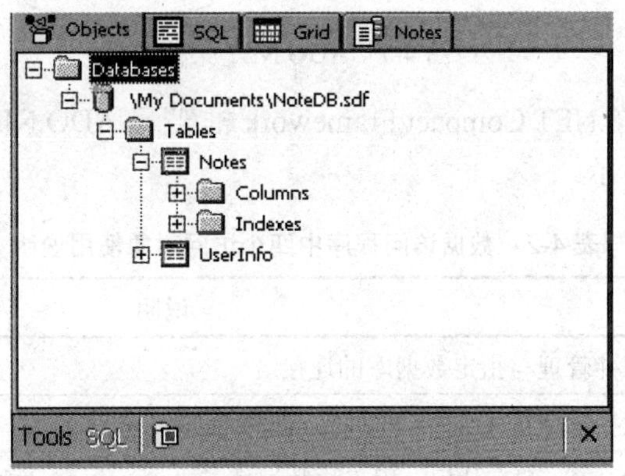


图 4-6　目标设备中的查询分析器

# 4.2 ADO.NET 数据访问

## 4.2.1 ADO.NET 概述

ADO.NET 是微软.NET 平台中新的数据访问技术，它实现了对关系数据库以及 XML 数据源的一致访问，基于 Windows CE 嵌入式应用程序通过 ADO.NET 可以与 SQL Server Mobile 数据库轻松地进行通信和管理。在.NET Compact Framework 框架中，ADO.NET 包含一组类库，这些类库具有连接到数据源、执行命令以及存储、操作和获取数据等功能。ADO.NET 与以前数据访问技术相比的不同之处，就是它可以让应用程序与数据库以完全非连接的数据缓存的方式来交互，以实现离线操作数据。

ADO.NET 由两个核心组件构成：数据集（DataSet）与.NET Compact Framework 数据提供程序。如图 4-7 所示，.NET Compact Framework 数据提供程序包括 Connection、Command、DataReader 和 DataAdapter 对象。

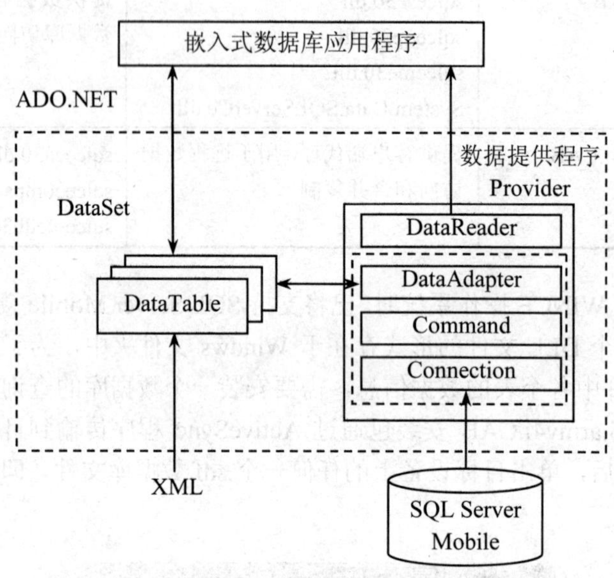


图 4-7　ADO.NET 架构

WinCE 嵌入式设备在.NET Compact Framework 框架下，ADO.NET 数据访问程序中类的对象的具体使用如表 4-2 所示。

表 4-2　数据访问程序中四个访问对象使用说明

| 对象 | 说明 |
|---|---|
| SqlCeConnection | 建立并管理与指定数据库的连接 |
| SqlCeCommand | 对数据库执行（如 Insert、Delete、Update）操作命令 |
| SqlCeDataAdapter | 与 DataSet 配套使用，用于将数据填充进 DataSet，并将 DataSet 的任何更改更新到数据库中 |
| SqlCeDataReader | 从数据源中读取一个高效、只向前的、只读的数据流 |

### 4.2.2　使用 ADO.NET 进行数据访问

1．SqlCeConnection 对象

嵌入式数据库应用程序与 SQL Server Mobile 数据库进行交互，首先必须建立与数据库的连接，在 ADO.NET 中，可以使用 SqlCeConnection 对象进行数据库的连接。SqlCeConnection 对象具有 ConnectionString 属性，它用于获取或设置打开 SQL Server Mobile 数据库的字符串。SqlCeConnection 对象的 Open 方法可以使用 ConnectionString 指定的属性值打开数据库连接。

连接数据库并完成相关的数据库操作之后，必须关闭连接，这可以使用 SqlCeConnection 对象的 Close 方法来实现。

方法一：

```
public void GetData1()
{
string constr = "Data Source=" + @"\My Documents\NoteDB.sdf";
    SqlCeConnection Con = new SqlCeConnection(constr);
     Con.Open();
    …..对数据库相关操作…..
     Con.Close();
}
```

方法二：

```
public void GetData2()
{
    SqlCeConnection Con = new SqlCeConnection();
     Con.ConnectionString = "Data Source=" + @"\My Documents\NoteDB.sdf";
     Con.Open();
    …..对数据库相关操作…..
     Con.Close();
}
```

2. SqlCeCommand 对象

在完成连接 SQL Server Mobile 数据库之后，就可以对数据库执行一些命令操作。命令操作包括对数据存储区进行插入、更新、删除及检索操作。在 ADO.NET 中，对嵌入式数据库的命令操作是通过 SqlCeCommand 对象实现的。常用的 SQL 命令语句如 Update、Delete 及 Insert 都可以在 SqlCeCommand 对象中执行。

（1）ExecuteNonQuery 方法。该方法可以执行除 Select 查询以外（如 Update、Insert 和 Delete）的 SQL 命令语句，该方法执行的命令不返回任何数据行，而只返回执行该命令时所影响到的行数。

例如：

```
public int ExcuteSql()
{
string constr = "Data Source=" + @"\My Documents\NoteDB.sdf";
    SqlCeConnection Con = new SqlCeConnection(constr);//
    Con.Open();
    string Sql="Delete Userinfo where UserId=1";//删除的 SQL 语句
    SqlCeCommand Cmd = new SqlCeCommand(Sql, Con);//创建命令对象
    int   flag = Cmd.ExecuteNonQuery();//执行删除操作
    Con.Close();
    return flag;//返回影响的行数
}
```

（2）ExecuteScalar 方法。该方法可以执行 Select 查询，但返回的是一个单值，多用于查询聚合值的情况，如使用 count()函数的 SQL 命令语句。

例如：

```
public int ExcuteScale(string Sql,  SqlCeParameter[] paras)
```

```
{
string constr = "Data Source=" + @"\My Documents\NoteDB.sdf";
    SqlCeConnection Con = new SqlCeConnection(constr);//
    Con.Open();
    string Sql="Select count(*) from UserInfo where UserName='张三' and Pwd='123456'";
    //查询符合条件的 Select 语句
    SqlCeCommand Cmd = new SqlCeCommand(Sql, Con);//创建命令对象
    int   flag = Cmd. ExecuteScalar();//执行查询操作;
    Con.Close();
    return flag;//返回符合条件的行数
}
```

3. SqlCeDataReader 对象

SqlCeDataReader 对象用于从数据库中读取由 Select 命令返回的只读、向前的数据流。每次采用这种方式处理时，在内存中只有一行记录，所以它提高了应用程序的性能。在创建 SqlCeCommand 对象之后，可以通过调用 SqlCeCommand 对象的 ExecuteReader 方法来创建 SqlCeDataReader 对象，并通过这个对象检索数据。

例如：

```
public DataSet GetDataReader()
{
string constr = "Data Source=" + @"\My Documents\NoteDB.sdf";
    SqlCeConnection Con = new SqlCeConnection(constr);
    string Sql="Select from UserInfo";
    SqlCeCommand Cmd = new SqlCeCommand(Sql, Con);//创建命令对象
    Con.Open();
    SqlCeDataReader   reader = Cmd.ExecuteReader();
    while (reader.Read())
    {
        MessageBox.Show(reader.GetString(0));
    }
    Con.Close();
}
```

4. DataSet 对象

ADO.NET 数据访问技术的一个非常突出的优点就是支持离线访问，而 DataSet 对象正是实现离线访问技术的核心。DataSet 对象是数据的一种内存驻留表示形式，无论它包含的数据来自任何数据源，都会提供一致的关系编程模型。DataSet 对象由一组 DataTable 对象构成，它具备存储多个表及其关系的能力。

DataSet 对象的一般使用步骤如下：

（1）创建 Connection 连接对象。

（2）创建一个 DataAdapter 对象。

（3）定义一个 DataSet。

（4）执行 DataAdapter 对象的 Fill()方法将数据填充到 DataSet 的表中。

（5）关闭 Connection 对象。

5. SqlCeDataAdapter 对象

SqlCeDataAdapter 对象表示用于填充 DataSet 和更新 SQL Server Mobile 数据库的一组数

据命令。SqlCeDataAdapter 是 DataSet 和 SQL Mobile 数据库之间的桥接器，它用于检索和保存数据。SqlCeDataAdapter 对象通过 Fill 方法把从 SQL Server Mobile 数据库中得到的数据填充进 DataSet，并可以对 DataSet 中的数据进行增加、删除及修改操作。

例如：

```
public DataSet GetDataSet(string SQL,string tablename)
{
    string constr = "Data Source=" + @"\My Documents\NoteDB.sdf";
    SqlCeConnection Con = new SqlCeConnection(constr);
    string Sql=”Select from UserInfo”;
    SqlCeCommand Cmd = new SqlCeCommand(Sql, Con);
    SqlCeDataAdapter Sda = new SqlCeDataAdapter(Cmd);
    DataSet Ds = new DataSet();
    Sda.Fill(Ds,” UserInfo”);
    return Ds;
}
```

6. SqlCeParameter 对象

在对数据库的实际应用中，查询的结果往往需要根据界面上输入的不同值而发生变化，同时增加、更新操作也是如此，这时可以利用 SqlCeParameter 对象执行参数化操作。另外使用 SqlCeParameter 对象的一个优点就是能够加强数据操作的安全性。

例如：

```
public int InsertNoteData(string author,int age,string phone)
{
string constr = "Data Source=" + @"\My Documents\NoteDB.sdf";
    SqlCeConnection Con = new SqlCeConnection(constr);
    string Sql = "Insert into Notes (Author,Age,Phone)values(@author,@age,@phone)";
    SqlCeCommand Cmd = new SqlCeCommand(Sql, Con);
    SqlCeParameter[] paras = new SqlCeParameter[3];
    paras[0] = new SqlCeParameter("@author", author );
    paras[1] = new SqlCeParameter("@age", age);
    paras[2] = new SqlCeParameter("@phone ", phone;
   foreach (SqlCeParameter p in paras)
    {
        Cmd.Parameters.Add(p);
    }
        Con.Open();
     int   flag = Cmd.ExecuteNonQuery();
        Con.Close();
     return flag
}
```

7. BindingSource

BindingSource 是.NET Compact Framework 2.0 提供的新控件之一。BindingSource 控件与数据源建立连接，然后将窗体中的数据显示控件与 BindingSource 控件建立绑定关系来实现数据绑定，简化数据绑定的过程。BindingSource 控件提供一个连接后台数据库的通道，同时又是一个数据源，因为 BindingSource 控件既支持向后台数据库发送命令来检索数据，又支持直接通过 BindingSource 控件对数据进行访问、排序、筛选和更新操作，BindingSource 控件没有运行时界面，无法在用户界面上看到该控件。在使用 BindingSource 控件之前，首先要创建 BindingSource 对象，然后可以将它的 DataSource 属性赋予 DataSet 数据集中表的默认视图。BindingSource 对象可以通过它的 Current 属性访问当前记录，也可以通过 Filter 属性对数据记录按照指定的条件进行筛选，如图 4-8 所示。

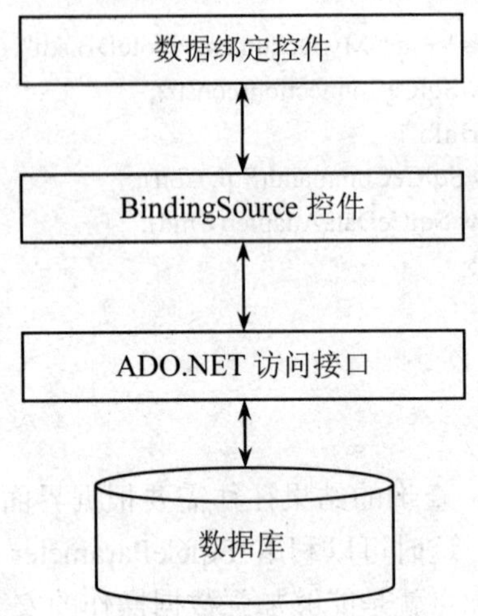


图 4-8　BindingSource 控件所处的位置

代码如下：

```
BindingSource Bs=new BindingSource();
Bs.DataSource = myDataSet.Tables[0].DefaultView;
Bs.Filter = "artist = 'Daives'";
myGrid.DataSource = Bs;
DataRowView dv = (DataRowView)Bs.Current;//获取列表中的当前项
```

## 4.3　通信录数据库应用实例

### 4.3.1　项目功能设计

1. 项目开发描述

随着数字化技术的不断发展，人们日常工作方式也随之发生了变化，原有的终端 PC 机用来管理个人事务已不能满足当前需求，有时需要在任何地方、任何时间利用嵌入式移动手持设备来管理个人事务，嵌入式 Sinosys 硬件平台上开发的通讯录程序就可以进行简单个人信息管理，同时通讯录程序也是一个设备端 SQL Server Mobile 数据库的典型应用。它可以实现个人信息的显示、添加、编辑、删除以及查询功能。

2. 功能模块设计

通讯录程序功能包括：

（1）用户登录的身份验证。

（2）客户信息显示。

（3）客户信息增加。

（4）客户信息编辑。

（5）客户信息删除。

（6）客户信息查询。

通讯录程序业务流程如图 4-9 所示。

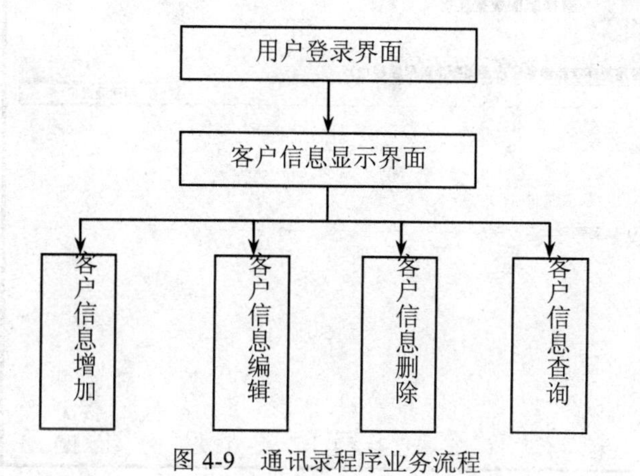


图 4-9　通讯录程序业务流程

### 4.3.2　数据库设计

1. 创建通信录工程项目

打开 VS.NET2005 开发平台，创建基于 Windows CE 5.0 的 C#设备应用程序，工程名为 NoteBook。

2. 根据数据库向导设计 SQL Server Mobile 数据库

（1）在 VS.NET2005 的“数据”菜单栏选择“添加新数据源”选项，出现如图 4-10 所示的“数据源配置向导”对话框。在这里选择应用程序从数据库获取数据选项，单击“下一步”按钮。

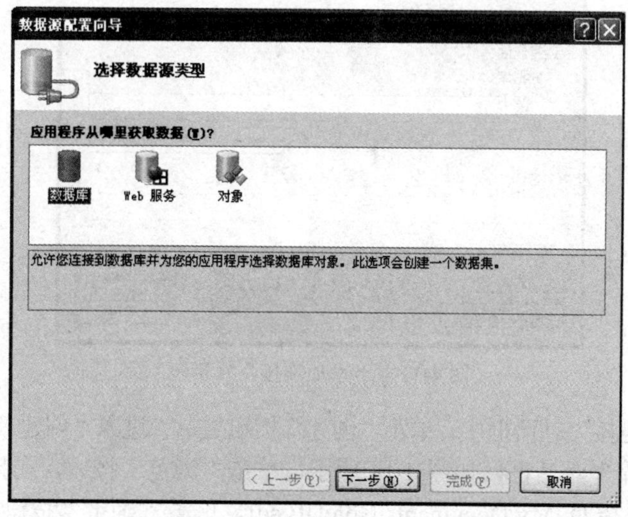


图 4-10　“数据源配置向导”对话框

（2）在如图 4-11 所示的选择数据连接对话框中，如果当前应用程序没有存在可用的数据源，则应用程序连接数据库的数据连接下拉列表为空，开发者可以通过单击“新建连接”按钮进行数据库创建。

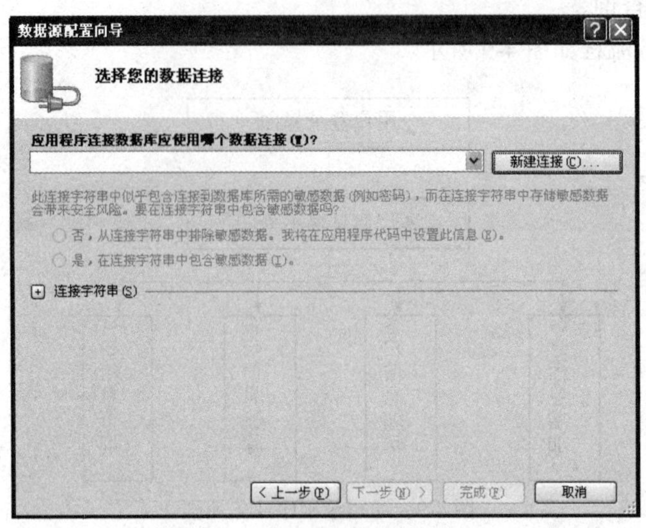


图 4-11　选择数据连接对话框

（3）在“添加连接”对话框中，如图 4-12 所示，如果数据源种类不是 SQL Server Mobile 数据库，即 SQL Server CE 类型，通过单击“更改”按钮，进入“更改数据源”对话框，如图 4-13 所示，选择 Microsoft SQL Server Mobile Edition 选项，单击“确定”按钮。

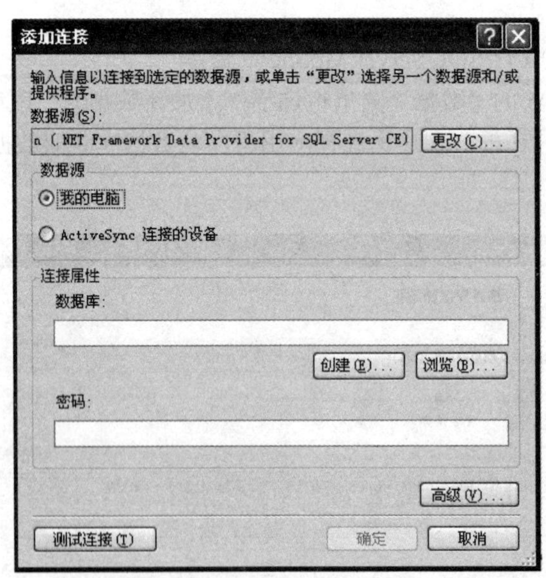


图 4-12　“添加连接”对话框

（4）在“添加连接”对话框中，单击“创建”按钮之后，进入“创建新的 SQL Server 2005 Mobile Edition 数据库”对话框，如图 4-14 所示，单击“浏览”按钮，在指定盘符路径下创建数据库文件，这里选择 D:\My Documents\NoteDB.sdf，单击“确定”按钮。

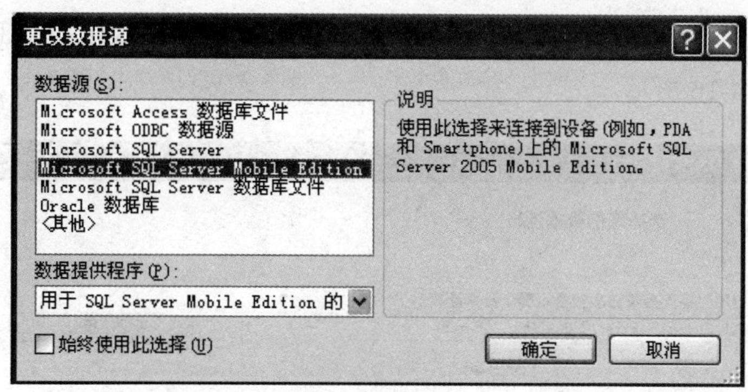


图 4-13　“更改数据源”对话框

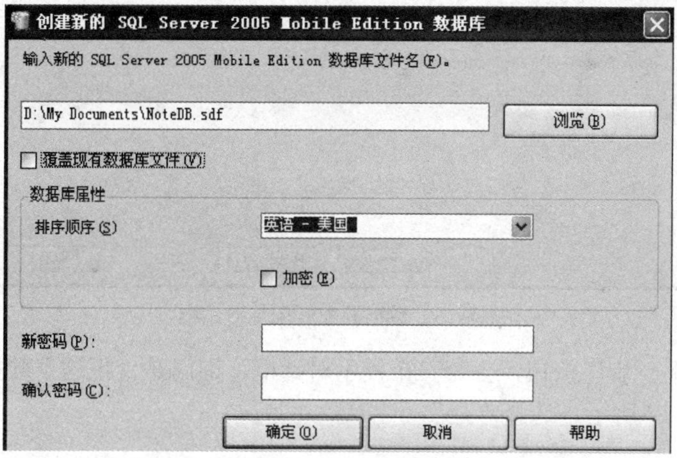

图 4-14　“创建新的 SQL Server 2005 Mobile Edition 数据库”对话框

（5）在“添加连接”对话框中，单击“测试连接”按钮，会显示一个测试连接成功的对话框，如图 4-15 所示，单击“确定”按钮。

图 4-15　测试数据库连接

（6）进入“数据源配置向导”对话框之后，应用程序可以选择刚创建成功的数据库文件NoteDB.sdf，如图4-16所示。

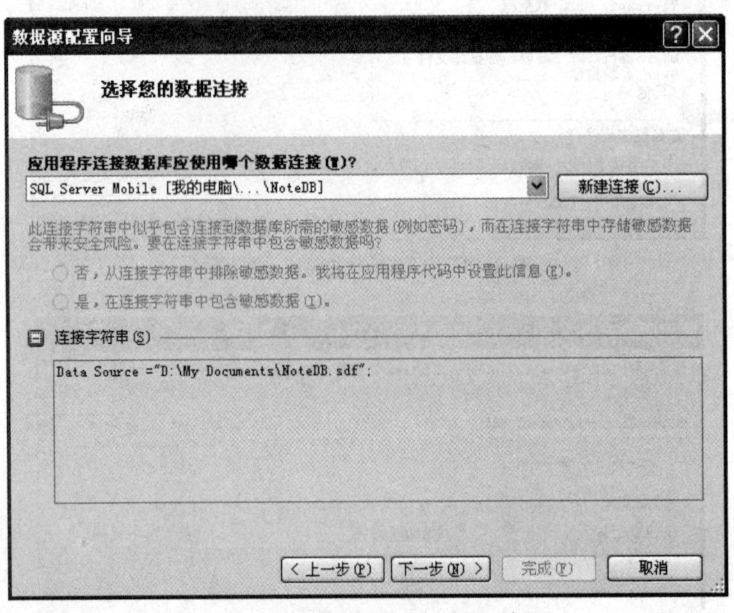


图4-16　数据源配置向导对话框

（7）单击“下一步”按钮，会有一个提示对话框，询问是否把这个数据库文件添加进当前项目中，如图4-17所示，选择“是”。

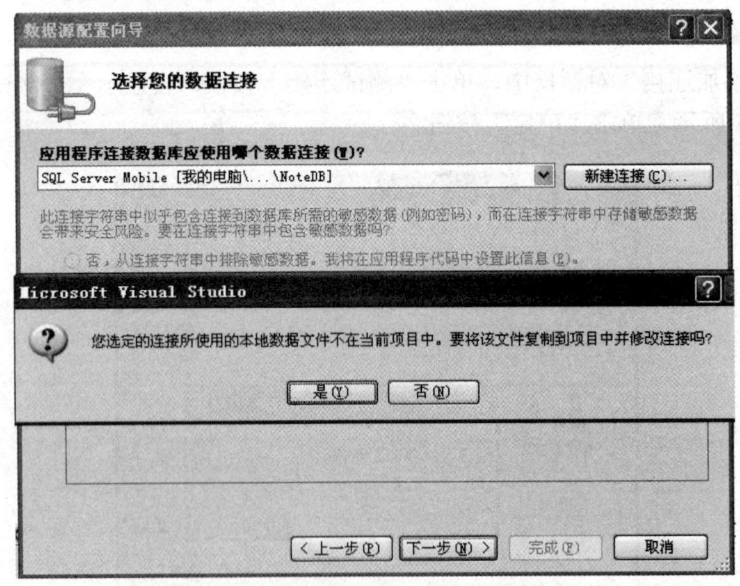


图4-17　添加数据库文件到当前工程项目

（8）单击“下一步”按钮之后，出现如图4-18所示的创建类型化数据集DataSet对话框，由于开发的通讯录程序是按照三层架构设计的，对数据库的操作是采用非类型数据集实现数据加载的，这里单击“取消”按钮即可。

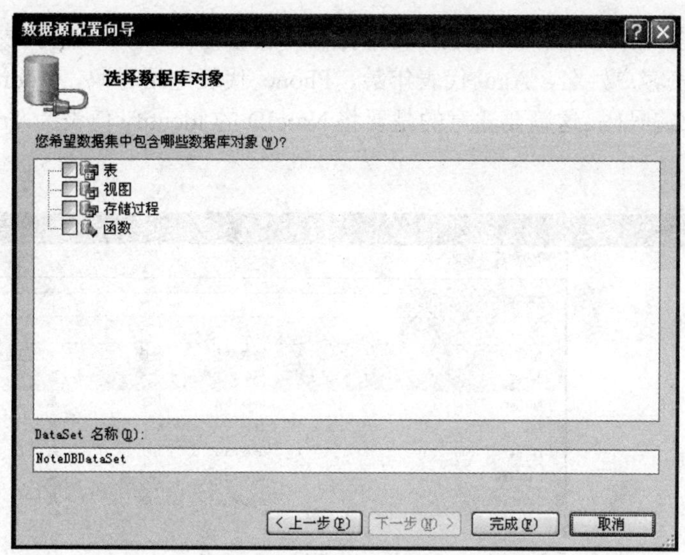


图 4-18　创建类型化数据集 DataSet 对话框

（9）SQL Server Mobile 2005 数据库创建完成之后，可以在 NoteBook 工程项目的解决方案资源管理器中看到 NoteDB.sdf 数据库文件，这时的 NoteDB.sdf 数据库文件是一个空数据库文件，通过双击 NoteDB.sdf 文件，在服务器资源管理器中可以看到展开的 NoteDB.sdf 数据库结构，如图 4-19 所示。

图 4-19　新建完成 SQL Server Mobile 的空数据库文件

3. 添加数据库中 Notes 表和 UserInfo 表

（1）添加 Notes 表。在服务器资源管理器中，右击 NoteDB.sdf 数据库中的 Tables 项，选择“创建表”选项，新建 Notes 表，如图 4-20 所示。

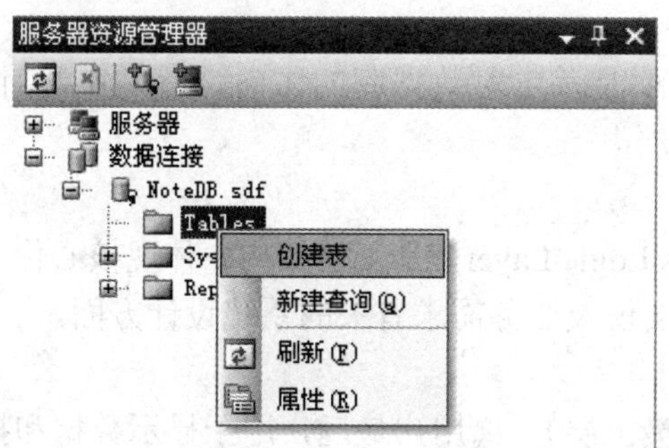


图 4-20　在服务器资源管理器中开始创建新表

（2）在如图 4-21 所示“新建表”对话框中，表名称输入 Notes，列表分别输入 NoteID 主键，Author 代表客户姓名，Age 代表年龄，Phone 代表电话号码，Address 代表联系地址，PostCard 代表邮编号码。这里要注意的是要将 NoteID 的 Identity 值设为 True，以便主键 NoteID 自动产生编号。

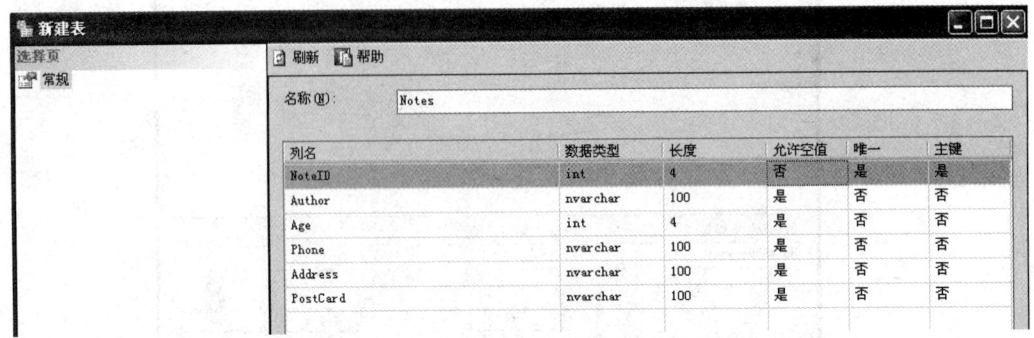


| 列名 | 数据类型 | 长度 | 允许空值 | 唯一 | 主键 |
|---|---|---|---|---|---|
| NoteID | int | 4 | 否 | 是 | 是 |
| Author | nvarchar | 100 | 是 | 否 | 否 |
| Age | int | 4 | 是 | 否 | 否 |
| Phone | nvarchar | 100 | 是 | 否 | 否 |
| Address | nvarchar | 100 | 是 | 否 | 否 |
| PostCard | nvarchar | 100 | 是 | 否 | 否 |

图 4-21　新建 Notes 表

（3）添加 UserInfo 表。按照图 4-20 的操作，再新建一个 UserInfo 表，同样列名 UserID 为主键，Identity 值设为 True，自动产生编号，UserName 代表登录的用户名，Password 代表登录密码，如图 4-22 所示。

名称(N): UserInfo

| 列名 | 数据类型 | 长度 | 允许空值 | 唯一 | 主键 |
|---|---|---|---|---|---|
| UserID | int | 4 | 否 | 是 | 是 |
| UserName | nvarchar | 100 | 是 | 否 | 否 |
| Password | nvarchar | 100 | 是 | 否 | 否 |

图 4-22　新建 UserInfo 表

### 4.3.3　项目三层架构设计

所谓三层体系架构（3-tier application）就是将整个业务应用划分为表现层（UI）、业务逻辑层（BLL）、数据访问层（DAL）。它不是指物理上的三层，也不是简单地放置三台机器就是三层体系结构，这里的三层是指逻辑上的三层，即将这三个层放置到一台机器上。

1．数据访问层

数据访问层的功能主要是负责对数据库的访问，就是实现对数据表的 Select、Insert、Update、Delete 操作。

2．业务逻辑层

业务逻辑层（Business Logic Layer）是三层架构中体现核心价值的部分。它主要负责业务规则的制定、业务流程的实现及业务需求有关的系统设计方面。

3．表示层

表示层位于最外层（最上层），离用户最近，用于显示数据和接收用户输入的数据，为用户提供一种交互式操作的界面。

在多层分布式应用中，用户界面和数据库之间加入了一层业务功能模块，它把应用的业务逻辑与用户界面分开。这使得在保证业务逻辑功能的前提下，为用户提供一个简洁的界面。如果需要修改应用程序代码，只需要对中间的业务逻辑进行修改，而不用修改用户界面的表示层代码，从而使开发人员可以专注于应用系统核心业务逻辑的分析、设计和开发。

程序按照三层架构设计的优点：

（1）开发人员可以只关注整个结构中的其中某一层。

（2）可以很容易地用新的实现来替换原有层次的实现。

（3）可以降低层与层之间的依赖。

（4）有利于标准化。

（5）有利于各层逻辑功能的复用。

根据以上架构分析，本项目采用三层架构进行设计，如图 4-23 所示。

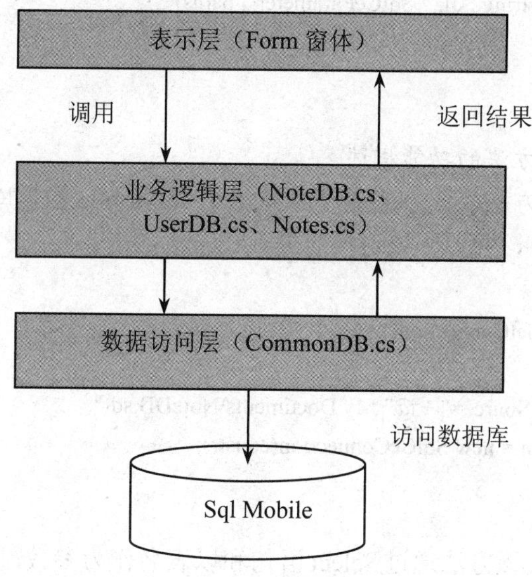


图 4-23　项目三层架构设计

### 4.3.4　数据访问层功能实现

1．数据访问层 CommonDB 类的设计

在项目解决方案资源管理器中右击 NoteBook 项目，选择“添加→新建文件夹”，文件夹命名为 DataAccess，然后右击 DataAccess，选择“添加→新建项”，选择“类”模板，类的文件名为 CommonDB.cs，这样用于数据访问层的类添加进 DataAccess 文件夹中，如图 4-24 所示。

图 4-24　创建数据访问层的类

2．CommonDB 类中数据库访问方法的设计

数据访问层的 CommonDB 类主要封装对 SQL Server Mobile 数据库的访问，根据连接数据库的字符串获得连接对象、执行 Select 语句获得数据集 DataSet 以及执行除

Select 语句之外的其他操作，如添加记录、更新记录、删除记录等操作。

下面代码为 CommonDB 类的整体结构：

```
class CommonDB
{
    public SqlCeConnection GetConnection()//获得连接对象
    {
    }
    //根据执行 Select 语句和表名，获得对应的 DataSet 数据集
    public DataSet GetDataSet(string Sql,string tablename)
    {
    }
    //执行除 Select 语句之外其他数据库（如 Delete、Insert 、Update）操作
    public int ExcuteSql(string Sql,  SqlCeParameter[] paras)
    {
    }
}
```

3. CommonDB 类中方法的功能描述

（1）GetConnection 方法。该方法通过 SQL Server Mobile 数据库连接字符串，创建一个 SqlCeConnection 连接对象，并返回该连接对象。

实现代码如下：

```
public SqlCeConnection GetConnection()
{
    string constr = "Data Source=" + @"\My Documents\NoteDB.sdf";
    SqlCeConnection Con = new SqlCeConnection(constr);
    return Con;
}
```

（2）GetDataSet 方法。该方法通过 Select 语句和以表名作为参数，执行对 SQL Server Mobile 数据库的查询操作，执行成功之后，将数据记录填充进 DataSet 数据集，并返回数据集。

实现代码如下：

```
public DataSet GetDataSet(string Sql,string tablename)
{
    SqlCeConnection Con = this.GetConnection();
    SqlCeCommand Cmd = new SqlCeCommand(Sql, Con);
    SqlCeDataAdapter Sda = new SqlCeDataAdapter(Cmd);
    DataSet Ds = new DataSet();
    try
    {
        Sda.Fill(Ds,tablename);
        return Ds;
    }
    catch (SqlCeException ex)
    {
```

```
            if (Con.State != ConnectionState.Closed)
            {
                Con.Close();
            }
            MessageBox.Show(ex.Message);
        }
        return null;
    }
```

（3）ExcuteSql 方法。该方法通过任意一个 Insert、Update、Delete 语句和以参数化对象集合作为参数，执行对 SQL Server Mobile 数据库的增、删、改操作，执行成功之后，返回影响的行数。

方法实现代码如下：

```
public int ExcuteSql(string Sql,   SqlCeParameter[] paras)
{
    int flag = 0;
    SqlCeConnection Con = this.GetConnection();
    SqlCeCommand Cmd = new SqlCeCommand(Sql, Con);
    foreach (SqlCeParameter p in paras)
    {
        Cmd.Parameters.Add(p);
    }
    try
    {
        Con.Open();
        flag = Cmd.ExecuteNonQuery();
    }
    catch (SqlCeException ex)
    {
        MessageBox.Show(ex.Message);
    }
    finally
    {
        Con.Close();
    }
    return flag;
}
```

（4）ExcuteScale 方法。该方法通过 Select 语句和以可变参数的参数化对象集合作为参数，执行对 SQL Server Mobile 数据库的查询操作，执行成功之后，返回符合条件的第一行第一列值。

方法实现代码如下：

```
public int ExcuteScale(string Sql,   param SqlCeParameter[] paras)
{
    int flag = 0;
```

```
    SqlCeConnection Con = this.GetConnection();
    SqlCeCommand Cmd = new SqlCeCommand(Sql, Con);
    if(paras!=null)
    {
        foreach (SqlCeParameter p in paras)
        {
         Cmd.Parameters.Add(p);
        }
    }
    try
    {
        Con.Open();
        flag = (int)Cmd.ExecuteScalar();
    }
    catch (SqlCeException ex)
    {
        MessageBox.Show(ex.Message);
    }
    finally
    {
        Con.Close();
    }
    return flag;
}
```

### 4.3.5 业务逻辑层功能实现

1．业务逻辑层类的设计

在项目解决方案资源管理器中右击 NoteBook 项目，选择“添加→新建文件夹”，文件夹命名为 Business，然后右击 Business，选择“添加→新建项”，选择“类”模板，分别添加 UserDB.cs 类文件、Notes.cs 类文件以及 NoteDB.cs 类文件。这样将用于业务逻辑层的三个类文件添加进 Business 文件夹中，如图 4-25 所示。

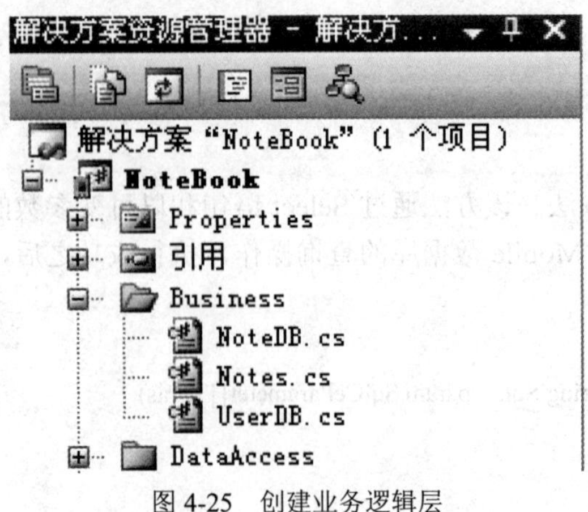


图 4-25　创建业务逻辑层

2. UserDB 类中的方法设计

UserDB 类封装了对用户登录进行验证的操作，如验证用户名是否正确，如果用户名正确，再验证密码是否正确。

下面代码为 UserDB 类的整体结构：

```
class UserDB
{
    public int   CheckUserName(string Username)// 验证用户名
    {
    }
    public int CheckUserNameAndPwd(string Username,string Pwd)// 验证用户名和密码
    {
    }
}
```

3. UserDB 类中方法的功能描述

（1）CheckUserName 方法。该方法将用户名作为参数，执行对 SQL Server Mobile 数据库的查询操作，如果用户名正确，则返回值为 1，否则值为 0。

实现代码如下：

```
public int CheckUserName(string Username)
{
    CommonDB Cdb = new CommonDB();
    string Sql = "select count(*) from UserInfo where UserName=@username";
    SqlCeParameter paras=new SqlCeParameter("@username",Username);
    int count = Cdb.ExcuteScale(Sql, paras);
    return count;
}
```

（2）CheckUserNameAndPwd 方法。该方法以用户名和密码作为参数，执行对 SQL Server Mobile 数据库的查询操作，如果用户名和密码都正确，则返回值为 1，否则值为 0。

实现代码如下：

```
public int CheckUserNameAndPwd(string Username,string Pwd)
{
    CommonDB Cdb = new CommonDB();
    string Sql = "select count(*) from UserInfo where UserName=@username and Password=@password";
    SqlCeParameter[] Paras = new SqlCeParameter[2];
    Paras[0] = new SqlCeParameter("@username", Username);
    Paras[1] = new SqlCeParameter("@password", Pwd);
    int count = Cdb.ExcuteScale(Sql, Paras);
    return count;
}
```

4. Notes 类的设计与实现

创建 Notes 类就是将 Notes 表中各列字段作为 Notes 类中的属性进行封装，分别是主键 NoteID、客户姓名 Author、年龄 Age、电话号码 Phone、联系地址 Address、邮编 PostCard。建立 Notes 类还有一个优势就是在对 Notes 表进行添加和更新操作时，不需要传递表中各个字段的值，只需传递 Notes 的对象即可。

Notes 类的实现代码如下：

```
class Notes
{
    private int noteid;
    private string author;
    private int age;
    private string phone;
    private string address;
    private string postcard;
    public int NoteID
    {
        get { return noteid; }
        set {    noteid=value; }
    }
    public string Author
    {
        get { return author; }
        set { author = value; }
    }
    public int Age
    {
        get { return age; }
        set { age = value; }
    }
    public string Phone
    {
        get { return phone; }
        set { phone = value; }
    }
    public string Address
    {
        get { return address; }
        set { address = value; }
    }
    public string PostCard
    {
        get { return postcard; }
        set { postcard = value; }
    }
}
```

5. NoteDB 类中的方法设计

NoteDB 类封装了针对 Notes 表所有业务功能的操作，如获取 Notes 表的所有数据记录，然后填充到数据集 DataSet 中，还有新增 Notes 表的数据记录、更新 Notes 表的记录、删除 Notes 表的记录等操作。

下面代码为 NoteDB 类的整体结构：

```
class NoteDB
{
    private DataGrid Notedgrid;
    private BindingSource Bding;
    public NoteDB()
    {
    }
    public NoteDB(BindingSource bds,DataGrid dgrid)
    {
    }
    public DataSet GetNoteData()
    {
    }
    public int InsertNoteData(Notes ns)
    {
    }
    public int UpdateNoteDataByNotID(Notes ns)
    {
    }
    public int DeleteNoteDataByNotID(string Noteid)
    {
    }
    public void UpdateGird()
    {
    }
}
```

6. NoteDB 类中方法的功能描述

（1）NoteDB 类的构造方法。该方法在创建 NoteDB 对象时被自动调用，NoteDB 类建立两个构造方法，其中带参数的构造方法被调用时，用于传递给 NoteDB 对象两个值，一个是 BindingSource 对象，另一个是 DataGrid 控件对象，这样便于实时更新用户表示层（Form 窗体）的显示信息。

实现代码如下：

```
public NoteDB()
{
}
public NoteDB(BindingSource bds,DataGrid dgrid)
{
    Notedgrid = dgrid;
    Bding = bds;
}
```

（2）GetNoteData 方法。该方法通过调用数据访问层中的 GetDataSet 方法，获取 Notes 表中的所有数据记录，并返回给中间的业务逻辑层 DataSet 数据集。

实现代码如下：

```
public DataSet GetNoteData()
{
    CommonDB cdb = new CommonDB();
    string Sql="select * from Notes";
    DataSet Ds = cdb.GetDataSet(Sql,"Notes");
    return Ds;
}
```

（3）InsertNoteData 方法。该方法通过传递进来的 Notes 对象作为参数，其中 Notes 对象包含 Notes 表中所有列的字段值，然后调用数据访问层 CommonDB 对象的 ExcuteSql 方法执行对 Notes 表的插入操作，添加记录成功之后，返回受影响的行数。

实现代码如下：

```
public int InsertNoteData(Notes ns)
{
    CommonDB cdb = new CommonDB();
    string Sql = "insert into Notes (Author,Age,Phone,Address,PostCard)
                values(@author,@age,@phone,@address,@postcard)";
    SqlCeParameter[] paras = new SqlCeParameter[5];
    paras[0] = new SqlCeParameter("@author", ns.Author);
    paras[1] = new SqlCeParameter("@age", ns.Age);
    paras[2] = new SqlCeParameter("@address", ns.Address);
    paras[3] = new SqlCeParameter("@phone", ns.Phone);
    paras[4] = new SqlCeParameter("@postcard", ns.PostCard);
    return cdb.ExcuteSql(Sql, paras);
}
```

（4）UpdateNoteDataByNotID 方法。该方法通过传递进来的 Notes 对象作为参数，其中 Notes 对象包含 Notes 表中所有列的字段值，然后调用数据访问层 CommonDB 对象的 ExcuteSql 方法执行对 Notes 表的更新操作，更新记录成功之后，返回受影响的行数。

实现代码如下：

```
public int UpdateNoteDataByNotID(Notes ns)
{
    CommonDB cdb = new CommonDB();
    string Sql = "update Notes set Author=@author,Age=@age,Phone=@phone,
    Address=@address,PostCard=@postcard where NoteID=@noteid";
    SqlCeParameter[] paras = new SqlCeParameter[6];
    paras[0] = new SqlCeParameter("@author", ns.Author);
    paras[1] = new SqlCeParameter("@age", ns.Age);
    paras[2] = new SqlCeParameter("@address", ns.Address);
    paras[3] = new SqlCeParameter("@phone", ns.Phone);
    paras[4] = new SqlCeParameter("@postcard", ns.PostCard);
    paras[5] = new SqlCeParameter("@noteid", ns.NoteID);
    return cdb.ExcuteSql(Sql, paras);
}
```

（5）DeleteNoteDataByNotID 方法。该方法通过传递进来的 Note 表中 Noteid 主键值作为参数，然后调用数据访问层 Common DB 对象的 ExcuteSql 方法执行对 Notes 表的删除操作，删除记录成功之后，返回受影响的行数。

实现代码如下：

```
public int DeleteNoteDataByNotID(string Noteid)
{
    CommonDB cdb = new CommonDB();
    string Sql = "delete Notes where NoteID=@noteid";
    SqlCeParameter[] paras = new SqlCeParameter[1];
    paras[0] = new SqlCeParameter("@noteid",Noteid);
    return cdb.ExcuteSql(Sql, paras);
}
```

（6）UpdateGird 方法。该方法通过调用 NoteDB 对象的 GetNoteData 方法，将获得的数据集中 Notes 表的默认视图作为 BindingSource 对象的数据源，然后再将 BindingSource 对象的数据源作为 DataGrid 控件的数据源，以便实时显示 DataGrid 控件的信息。

实现代码如下：

```
public void UpdateGird()
{
    DataSet Ds = GetNoteData();
    Bding.DataSource=Ds.Tables[0].DefaultView;
    Notedgrid.DataSource = Bding;
}
```

### 4.3.6 窗体功能实现

1．表示层（窗体）的添加

在项目解决方案资源管理器中右击 NoteBook 项目，选择“添加→新建项”，进入新建项对话框之后，选择“Windows 窗体”模板，分别添加用户登录窗体（FrmLogin.cs）、客户信息显示主窗体（MainFrm.cs）、客户信息新增窗体（FrmAdd.cs）、客户信息更新窗体（FrmModify.cs）、客户查询条件输入窗体（FrmCondition.cs）以及客户查询结果显示窗体（FrmSearch.cs），如图 4-26 所示。

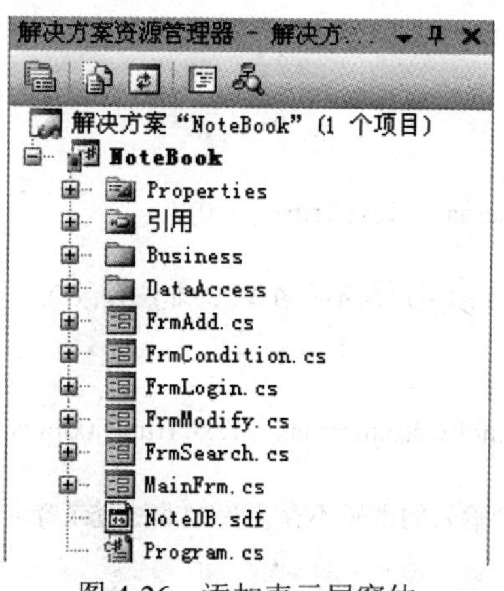


图 4-26 添加表示层窗体

2．用户登录窗体（FrmLogin.cs）的功能实现

（1）FrmLogin 窗体界面设计，如图 4-27 所示。

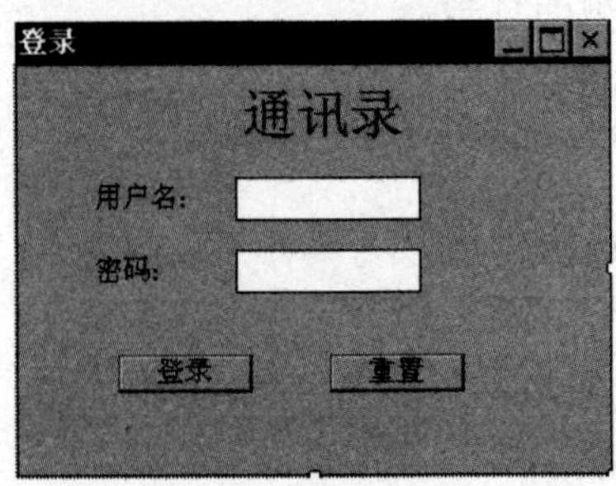


图 4-27　用户登录窗体界面设计

（2）FrmLogin 窗体代码文件（FrmLogin.cs）结构。

```
public partial class FrmLogin : Form
{
    public FrmLogin()//窗体自动建立的无参数构造函数
    {
        InitializeComponent();
    }
    private bool Login()
    {
    }
    private void btnlogin_Click(object sender, EventArgs e)
    {
    }
    private void btnreset_Click(object sender, EventArgs e)
    {
    }
}
```

（3）Login 方法。该方法调用业务逻辑层 UserDB 对象的 CheckUserName 方法，以判断用户登录时输入的用户名是否正确，如果用户名正确，再调用 CheckUserNameAndPwd 方法，判断输入的密码是否正确，如果输入的用户名和密码都正确则返回 true，否则返回 false。

实现代码如下：

```
private bool Login()
{
    UserDB udb=new UserDB();
    if(udb.CheckUserName(txtusername.Text.Trim())==0)
    {
        MessageBox.Show("输入的用户名不存在！", "非法登录");
        return false;
    }
    if(udb.CheckUserNameAndPwd(txtusername.Text.Trim(),txtpwd.Text.Trim())==0)
    {
        MessageBox.Show("输入的密码不存在！","非法登录");
        return false;
    }
```

```
        return true;
    }
```

（4）btnlogin_Click 事件处理方法。该方法调用 Login 方法来判断结果是否为真，如果为真，则创建 MainFrm 窗体对象，并显示 MainFrm 窗体，这样就进入客户信息显示主窗体中。

实现代码如下：

```
private void btnlogin_Click(object sender, EventArgs e)
{
    if(Login())
    {
        this.Hide();
        MainFrm mf = new MainFrm();
        mf.ShowDialog();
        this.Show();
    }
}
```

3. 客户信息显示主窗体（MainFrm.cs）的功能实现

（1）客户信息显示主窗体界面设计，如图 4-28 所示。

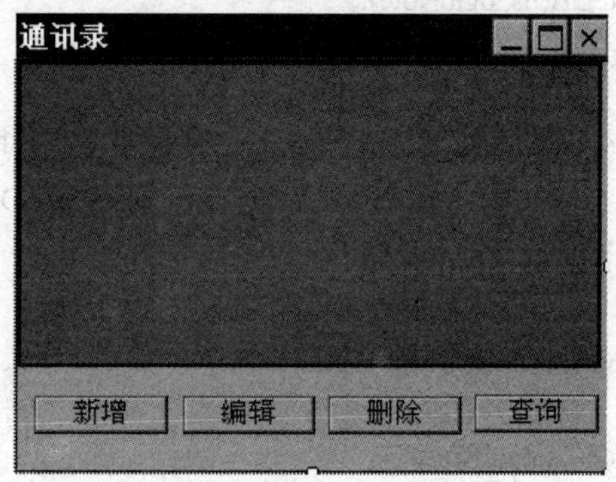


图 4-28　客户信息显示主窗体界面设计

（2）MainFrm 窗体代码文件（MainFrm.cs）结构。

```
public partial class MainFrm : Form
{
    private BindingSource bs = null;
    private string Noteid = null;
     public MainFrm()//窗体自动建立的无参数构造函数
    {
        InitializeComponent();
    }
    private void MainFrm_Load(object sender, EventArgs e)
    {
    }
    private void btnAdd_Click(object sender, EventArgs e)
    {
    }
    private void btnEdit_Click(object sender, EventArgs e)
```

```
        {
        }
        private void btnDelete_Click(object sender, EventArgs e)
        {
        }
        private void btnSearch_Click(object sender, EventArgs e)
        {
        }
}
```

（3）MainFrm_Load 事件处理方法。在 MainFrm 窗体加载事件处理过程中，实现 BindingSource 对象的创建，然后将 BindingSource 对象和 Datagrid 控件对象作为参数，创建业务逻辑层 NoteDB 类的对象，最后调用 NoteDB 对象的 UpdateGird 方法，获得 Notes 表的数据记录，并显示在 DataGrid 数据列表控件中。

代码实现如下：

```
private void MainFrm_Load(object sender, EventArgs e)
{
    bs = new BindingSource();
    NoteDB ndb = new NoteDB(bs, dgidNote);
    ndb.UpdateGird();
}
```

（4）btnAdd_Click 事件处理方法。单击 MainFrm 窗体中的“新增”按钮之后，调用 FrmAdd 窗体中带参数的构造方法，参数分别为 BindingSource 对象和 Datagrid 控件对象，创建完 FrmAdd 窗体对象之后，打开新增客户信息窗体。

代码实现如下：

```
private void btnAdd_Click(object sender, EventArgs e)
{
    FrmAdd fa = new FrmAdd(bs,dgidNote);
    fa.ShowDialog();
}
```

（5）btnEdit_Click 事件处理方法。在 MainFrm 窗体中，用手写笔单击触摸液晶屏，选择欲编辑的某条数据记录，然后单击“编辑”按钮，这时在事件方法处理过程中，将调用 FrmModify 窗体中带参数的构造方法，参数分别为 Datagrid 控件对象和 BindingSource 对象，创建完 FrmModify 窗体对象之后，打开更新客户信息窗体。

代码实现如下：

```
private void btnEdit_Click(object sender, EventArgs e)
{
    FrmModify fm = new FrmModify(dgidNote,bs);
    fm.ShowDialog();
}
```

（6）btnDelete_Click 事件处理方法。在 MainFrm 窗体中，用手写笔单击触摸液晶屏，选择欲删除的某条数据记录，然后单击“删除”按钮，这时在事件方法处理过程中，由 BindingSource 对象的 Current 属性获得选中的数据行视图 DataRowView，通过这一数据行视图记录获得 Notes 表中 Noteid 主键值，然后调用业务逻辑层 NoteDB 类中带参数的构造方法创建

NoteDB 类的对象，参数分别为 BindingSource 对象和 Datagrid 控件对象，创建完 NoteDB 对象之后，调用 NoteDB 对象的 DeleteNoteDataByNotID 方法，并传递进 Noteid 主键值参数，如果删除记录成功，再调用 NoteDB 对象的 UpdateGrid 方法，这时 MainFrm 窗体中 DataGrid 数据列表控件将会实时显示删除之后的客户信息。

代码实现如下：

```
private void btnDelete_Click(object sender, EventArgs e)
{
    DataRowView dv = (DataRowView)bs.Current;
    Noteid = dv["NoteID"].ToString();
    NoteDB ndb=new NoteDB(bs,dgidNote);
    if(ndb.DeleteNoteDataByNotID(Noteid)>0)
    {
        MessageBox.Show("删除成功！","删除");
        ndb.UpdateGird();
    }
}
```

（7）btnSearch_Click 事件处理方法。单击 MainFrm 窗体中的“查询”按钮之后，调用 FrmCondition 窗体中不带参数的构造方法，创建完 FrmCondition 窗体对象之后，打开客户查询条件输入窗体。

代码实现如下：

```
private void btnSearch_Click(object sender, EventArgs e)
{
    FrmCondition fc = new FrmCondition();
    fc.ShowDialog();
}
```

MainFrm 窗体的运行效果如图 4-29 所示。

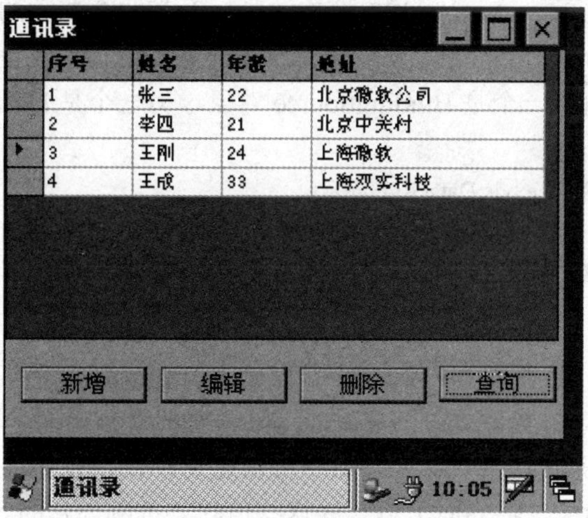

| 序号 | 姓名 | 年龄 | 地址 |
|---|---|---|---|
| 1 | 张三 | 22 | 北京微软公司 |
| 2 | 李四 | 21 | 北京中关村 |
| 3 | 王刚 | 24 | 上海微软 |
| 4 | 王成 | 33 | 上海双实科技 |

通讯录　新增　编辑　删除　查询　10:05

图 4-29　主界面数据信息显示

4. 客户信息新增窗体（FrmAdd.cs）的功能实现

（1）客户信息新增窗体界面设计，如图 4-30 所示。

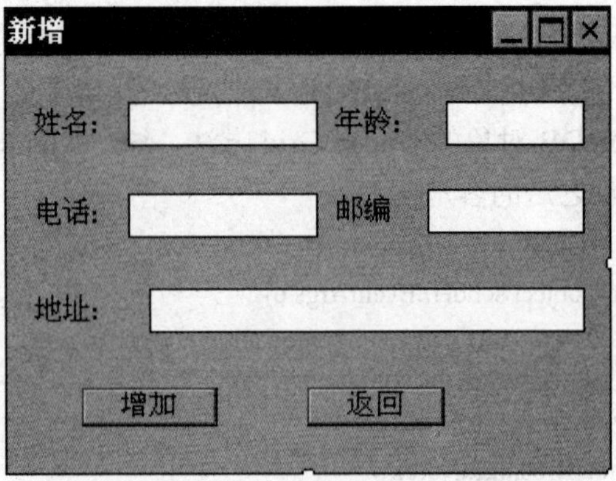

新增

姓名： 年龄：

电话： 邮编

地址：

增加 返回

图 4-30 客户信息新增窗体界面设计

（2）FrmAdd 窗体代码文件（FrmAdd.cs）结构。

```
public partial class FrmAdd : Form
{
    private DataGrid Notedgrid;
    private BindingSource Bding;
    public FrmAdd(BindingSource bds,DataGrid dgrid)
    {
      InitializeComponent();
    }
    private void btnback_Click(object sender, EventArgs e)
    {
    }
    private void btnAdd_Click(object sender, EventArgs e)
    {
    }
}
```

（3）FrmAdd 构造方法。FrmAdd 构造方法是一个带两个参数的构造方法，参数分别为 BindingSource 对象和 DataGrid 控件对象，它是在 FrmAdd 窗体对象创建时被自动调用，并传递给 FrmAdd 对象两个值，一个是 BindingSource 对象，另一个是 DataGrid 控件对象。

代码实现如下：

```
public FrmAdd(BindingSource bds,DataGrid dgrid)
{
    InitializeComponent();
    Notedgrid = dgrid;
    Bding = bds;
}
```

（4）btnAdd_Click 事件处理方法。在 FrmAdd 窗体的运行界面上，分别输入姓名、年龄、电话号码、联系地址以及邮编。单击“增加”按钮之后，在事件方法处理过程中，首先创建业务逻辑层 Notes 类的对象，将界面上输入的这些值封装进刚创建的 Notes 对象中，然后调用业务逻辑层 NoteDB 类中带参数的构造方法创建 NoteDB 类的对象，参数分别为 BindingSource 对象和 DataGrid 控件对象，创建完 NoteDB 对象之后，调用 NoteDB 对象的 InsertNoteData 方法，并传递进 Notes 对象参数，如果新增记录成功，再调用 NoteDB 对象的 UpdateGrid 方法，这时 MainFrm 窗体中 DataGrid 数据列表控件将会实时显示新增之后的客户信息。

代码实现如下：

```
private void btnAdd_Click(object sender, EventArgs e)
{
    Notes ns = new Notes();
    ns.Author =this.txtname.Text;
    ns.Age = Int32.Parse(txtage.Text);
    ns.Phone = txtphone.Text;
    ns.Address = txtaddress.Text;
    ns.PostCard = txtpost.Text;
    NoteDB ndb = new NoteDB(Bding,Notedgrid);
    if(ndb.InsertNoteData(ns)>0)
    {
        MessageBox.Show("新增成功！","增加");
        ndb.UpdateGird();
        txtname.Text = "";
        txtage.Text = "";
        txtphone.Text = "";
        txtaddress.Text = "";
        txtpost.Text = "";
    }
}
```

（5）btnback_Click 方法。要关闭 FrmAdd 窗体，并返回到 MainFrm 窗体时，执行该方法。

代码实现如下：

```
private void btnback_Click(object sender, EventArgs e)
{
    this.Close();
}
```

### 5. 客户信息更新窗体（FrmModify）的功能实现

（1）客户信息更新窗体界面设计，如图4-31所示。

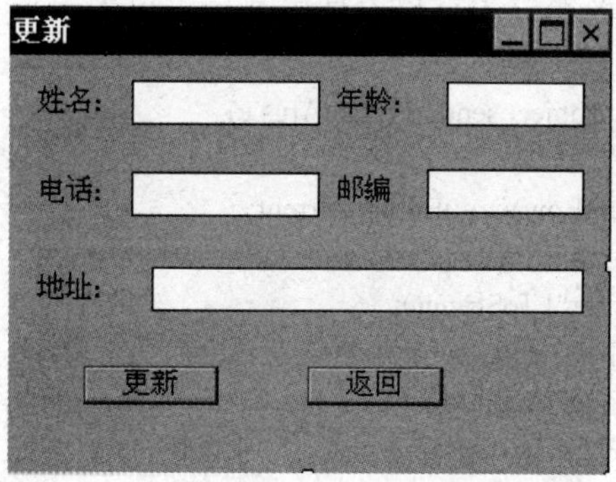


图 4-31 客户信息更新窗体界面设计

（2）FrmModify 窗体代码文件（FrmModify.cs）结构。

```
public partial class FrmModify : Form
{
```

```
    private string NoteID;
    private DataGrid Notedgrid;
    private BindingSource Bding;
    public FrmModify(DataGrid dgrid,BindingSource bds)
    {
        InitializeComponent();
    }
    private void FrmModify_Load(object sender, EventArgs e)
    {
    }
    private void btnEdit_Click(object sender, EventArgs e)
    {
    }
    private void btnback_Click(object sender, EventArgs e)
    {
    }
}
```

（3）FrmModify 构造方法。FrmModify 构造方法是一个带两个参数的构造方法，参数分别为 BindingSource 对象和 DataGrid 控件对象，它是在 FrmModify 窗体对象创建时被自动调用，并传递给 FrmModify 对象两个值，一个是 BindingSource 对象，另一个是 DataGrid 控件对象。

代码实现如下：

```
public FrmModify(DataGrid dgrid,BindingSource bds)
{
    InitializeComponent();
    Notedgrid = dgrid;
    Bding = bds;
}
```

（4）FrmModify_Load 事件处理方法。在 FrmModify 窗体加载事件方法的处理过程中，由 BindingSource 对象的 Current 属性获得选中的数据行视图 DataRowView，通过这一数据行视图记录可以分别获得 Notes 表中 NoteID 主键值、姓名、年龄、电话号码、联系地址以及邮编值，然后分别显示在窗体文本框上，以方便更新这条记录。

代码实现如下：

```
private void FrmModify_Load(object sender, EventArgs e)
{
    DataRowView Dv = (DataRowView)Bding.Current;
    NoteID = Dv["NoteID"].ToString();
    txtname.Text = Dv["Author"].ToString();
    txtage.Text = Dv["Age"].ToString();
    txtphone.Text = Dv["Phone"].ToString();
    txtpost.Text = Dv["PostCard"].ToString();
    txtaddress.Text = Dv["Address"].ToString();
}
```

（5）btnEdit_Click 事件处理方法。在 FrmModify 窗体的运行界面上，分别输入想要更新的姓名、年龄、电话号码、联系地址以及邮编值。单击“更新”按钮之后，在事件方法处理过程中，首先创建业务逻辑层 Notes 类的对象，将界面上输入的这些新值封装进刚创建的 Notes 对象中，然后调用业务逻辑层 NoteDB 类中带参数的构造方法创建 NoteDB 类的对象，参数分别为 BindingSource 对象和 DataGrid 控件对象，创建完 NoteDB 对象之后，调用 NoteDB 对象的 UpdateNoteDataByNotID 方法，并传递进 Notes 对象参数，如果更新记录成功，再调用 NoteDB 对象的 UpdateGrid 方法，这时 MainFrm 窗体中 DataGrid 数据列表控件将会实时显示更新之后的客户信息。

代码实现如下：

```
private void btnEdit_Click(object sender, EventArgs e)
{
    Notes ns = new Notes();
    ns.NoteID = Int32.Parse(NoteID);
    ns.Author = txtname.Text;
    ns.Age = Int32.Parse(txtage.Text);
    ns.Phone = txtphone.Text;
    ns.PostCard =txtpost.Text;
    ns.Address = txtaddress.Text;
    NoteDB ndb = new NoteDB(Bding, Notedgrid);
    if(ndb.UpdateNoteDataByNotID(ns)>0)
    {
        MessageBox.Show("更新成功！","更新");
        ndb.UpdateGird();
    }
}
```

（6）btnback_Click 方法。要关闭 FrmModify 窗体，并返回到 MainFrm 窗体时，值执行该方法。

代码实现如下：

```
private void btnback_Click(object sender, EventArgs e)
{
    this.Close();
}
```

6. 客户查询条件输入窗体（FrmCondition）的功能实现

（1）客户查询条件输入窗体界面设计，如图 4-32 所示。

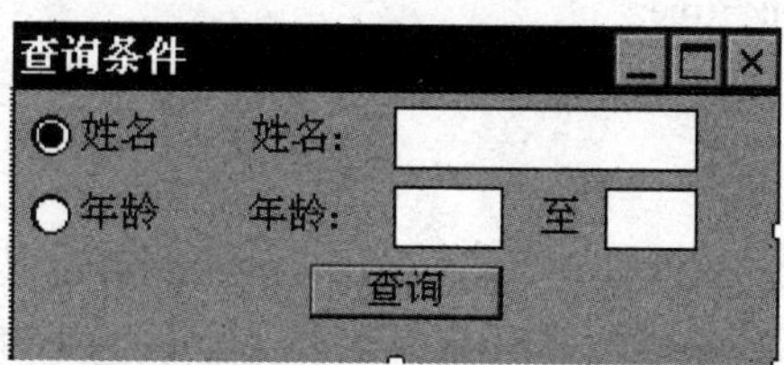


图 4-32　客户查询条件输入窗体界面设计

（2）FrmCondition 窗体代码文件（FrmCondition.cs）结构。

```
public partial class FrmCondition : Form
{
    public FrmCondition()
    {
```

```
        InitializeComponent();
    }
    private void GetStatus()
    {
    }
    private void FrmCondition_Load(object sender, EventArgs e)
    {
    }
    private void rbtnname_CheckedChanged(object sender, EventArgs e)
    {
    }
    private void rbtnage_CheckedChanged(object sender, EventArgs e)
    {
    }
    private void btnResult_Click(object sender, EventArgs e)
    {
    }
}
```

（3）GetStatus 方法。该方法用于判断是以姓名还是以年龄作为查询条件，如果以姓名作为查询条件，则“年龄”输入框不可用，反之“姓名”输入框不可用。

代码实现如下：

```
private void GetStatus()
{
    if (rbtnname.Checked)
    {
        this.txtname.Enabled = true;
        this.txtbegin.Enabled = false;
        this.txtend.Enabled = false;
    }
    else
    {
        this.txtname.Enabled = false;
        this.txtbegin.Enabled = true;
        this.txtend.Enabled = true;
    }
}
```

（4）FrmCondition_Load 事件处理方法。在 FrmCondition 窗体加载事件方法的处理过程中，调用 GetStatus 方法，判断是以年龄还是姓名作为默认的查询条件。

代码实现如下：

```
private void FrmCondition_Load(object sender, EventArgs e)
{
    GetStatus();
}
```

（5）rbtnname_CheckedChanged 事件处理方法。当选择姓名项作为查询条件时，执行该方法，事件方法处理过程中调用 GetStatus 方法，以显示姓名项被选中作为查询条件。

代码实现如下：

```
private void rbtnname_CheckedChanged(object sender, EventArgs e)
{
    GetStatus();
}
```

（6）rbtnage_CheckedChanged 事件处理方法。当选择年龄项作为查询条件时，执行该方法，事件方法处理过程中调用 GetStatus 方法，以显示年龄项被选中作为查询条件。

代码实现如下：

```
private void rbtnage_CheckedChanged(object sender, EventArgs e)
{
    GetStatus();
}
```

（7）btnResult_Click 事件处理方法。事件方法处理过程中，如果是以姓名作为查询条件，将输入的姓名值作为参数调用 FrmSearch 类构造方法，以创建 FrmSearch 窗体对象，然后调用 FrmSearch 窗体对象的 ShowDialog 方法打开客户查询结果显示窗体（FrmSearch）。反之以年龄作为查询条件。

代码实现如下：

```
private void btnResult_Click(object sender, EventArgs e)
{
    if(rbtnname.Checked)
    {
        FrmSearch fs = new FrmSearch(true, txtname.Text);
        fs.ShowDialog();
    }
    else
    {
        int begin=Int32.Parse(txtbegin.Text);
        int end=Int32.Parse(txtend.Text);
        if (end >= begin)
        {
            FrmSearch fs = new FrmSearch(false, txtbegin.Text, txtend.Text);
            fs.ShowDialog();
        }
        else
        {
            MessageBox.Show("年龄范围有误!");
        }
    }
}
```

7. 客户查询结果显示窗体（FrmSearch）的功能实现

（1）客户查询结果显示窗体界面设计，如图 4-33 所示。

图 4-33　客户查询结果显示窗体

（2）FrmSearch 窗体代码文件（FrmSearch.cs）结构。

```
public partial class FrmSearch : Form
{
    private string Username=null;
    private string Beginage = null;
    private string Endage = null;
    private bool Flag = false;
    public FrmSearch(bool flag ,string name)
    {
        InitializeComponent();
    }
    public FrmSearch(bool flag ,string beginage, string endage)
    {
        InitializeComponent();
    }
    private void FrmSearch_Load(object sender, EventArgs e)
    {
    }
    private void btnBack_Click(object sender, EventArgs e)
    {
    }
}
```

（3）FrmSearch 构造方法。这里有两个 FrmSearch 构造方法：当以姓名作为查询条件时，调用 FrmSearch(bool flag, string name)构造方法创建 FrmSearch 窗体对象，反之以年龄作为查询条件时，调用 FrmSearch(bool flag,string beginage, string endage)构造方法创建 FrmSearch 窗体对象。

代码实现如下：

```
public FrmSearch(bool flag, string name)
{
    InitializeComponent();
    Username = name;
    Flag = flag;
}
```

```
public FrmSearch(bool flag, string beginage, string endage)
{
    InitializeComponent();
    Beginage = beginage;
    Endage = endage;
    Flag = flag;
}
```

（4）FrmSearch_Load 事件处理方法。在 FrmSearch 窗体加载事件方法的处理过程中，首先创建 NoteDB 类的对象，创建完成之后，调用 NoteDB 对象的 GetNoteData 方法获取 Notes 表的所有记录的数据集 DataSet，然后创建 BindingSource 对象，并将获取的数据集中 Notes 表的默认视图作为 BindingSource 对象的数据源，最后根据 Flag 标识符是 true 还是 false 筛选出姓名或年龄符合条件的记录。

代码实现如下：

```
private void FrmSearch_Load(object sender, EventArgs e)
{
    NoteDB ndb = new NoteDB();
    DataSet Ds = ndb.GetNoteData();
    BindingSource bs = new BindingSource();
    bs.DataSource = Ds.Tables[0].DefaultView;
    if(Flag)
    {
      bs.Filter = "Author like '%"+Username+"%'";
      this.DgridResult.DataSource = bs;
     }
     else
        {
            bs.Filter = "Age>=" + Beginage + " and Age<=" + Endage;
            this.DgridResult.DataSource = bs;
        }
}
```

（5）btnBack_Click 事件处理方法。要关闭 FrmSearch 窗体，并返回到 FrmCondition 窗体时，执行该方法。

代码实现如下：

```
private void btnBack_Click(object sender, EventArgs e)
{
    this.Close();
}
```

8. 查询窗体执行效果

（1）在主界面窗体中单击“查询”按钮，弹出“查询条件”对话框，如图 4-34 所示，选择年龄作为查询条件，这里输入年龄在 20～25 岁之间，单击“查询”按钮。

（2）经过 BindingSource 控件对象的 Filter 属性筛选之后，在客户查询结果窗体的 DataGrid 控件中显示符合条件的数据记录，如图 4-35 所示。

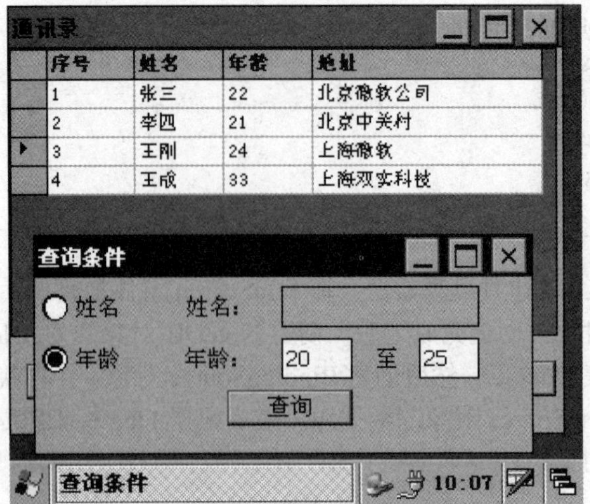


图 4-34 “查询条件”对话框

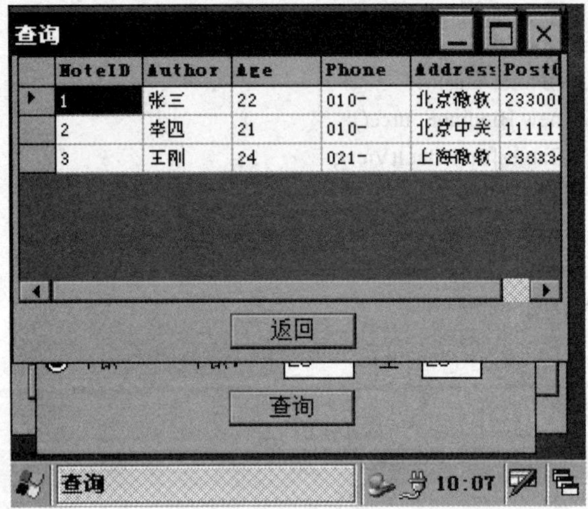


图 4-35 客户查询结果窗体数据记录显示

# 第 5 章　SQL Server Mobile 数据库同步应用

## 5.1　远程数据同步简介

目前嵌入式移动设备的存储介质(如 Nand Flash 和 SD 卡)的存储能力虽然有了很大提高，但随着内存的增加，设备本身所需的耗电量就要上升，这样嵌入式移动设备电池的待电量在没有根本性变革之前，使得在设计移动设备内存空间时，不能大幅扩充内存。为了在资源受限设备上获取所需要的各种实时数据，可以首先将数据存储在网络连接的远程中央服务器中，一旦嵌入式移动设备需要将数据下载到本地时，可以通过网络 HTTP 协议将请求发往远程数据服务器中，这样就可以把响应后的所需数据发送回本地设备中。如果本地设备的移动数据库存在新的数据时，通过远程数据同步技术可以确保移动设备和远程数据服务器之间保持数据同步。

对于 WINCE 平台上的 SQL Server Mobile 数据库，它支持两种数据同步，一种是 RDA，另一种是 Merge Replication，即合并复制。本章将重点介绍合并复制技术下的嵌入式移动设备的数据同步机制。

## 5.2　SQL Server Mobile 设备端与服务器端

嵌入式 SQL Server Mobile 数据库既可以单独在设备端上用于存储和管理数据，也可以在与远程数据库 SQL Server 2000/2005 连接的情况下，实现数据同步。SQL Server Mobile 设备端环境主要包括数据库引擎、数据库文件以及 SQL Mobile Client Agent（设备端代理）。它是 Windows CE 数据库应用程序的运行环境，通过以太网或者 ActiveSync 加 USB 接口就可以连接到服务器端环境，关于设备端内容上一章已详细介绍，这里重点介绍服务器端的使用。服务器端环境是运行 SQL Server 2000/2005 和 IIS 的环境，驻留在 IIS 服务器上的 SQL Server Mobile Edition 的服务器代理（Server Agent）处理来自设备端中 Client Agent 发出的 HTTP 请求，并通过合并复制技术与 SQL Server 2000/2005 进行通信实现设备端和服务器端同步，如图 5-1 所示 SQL Server Mobile 的设备端与服务器环境。

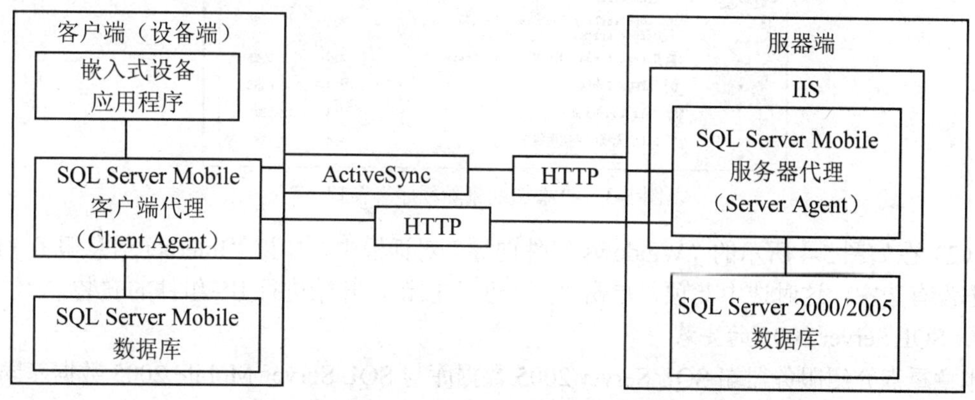


图 5-1　SQL Server Mobile 的设备端与服务器环境

在 Windows CE 嵌入式设备平台上要实现 SQL Server Mobile 数据库与远程 SQL Server 2000/2005 的远程数据同步，需要搭建数据库开发环境、客户端和服务器端环境。对于 WINCE 平台上的数据库开发可以通过.NET Compact Framework 框架下的 ADO.NET 数据访问技术在 VS.NET2005 集成开发环境中实现，如图 5-2 所示。

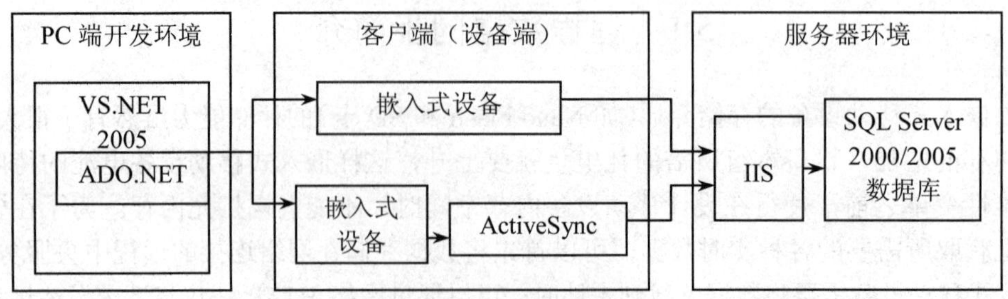


图 5-2　SQL Server Mobile 数据同步开发环境

# 5.3　SQL Server Mobile 数据同步开发环境搭建

1. IIS 组件的安装

在 PC 端安装 Windows XP 操作系统时，默认是不安装 IIS 组件的，要安装 IIS 可以按照以下步骤进行。

（1）打开“控制面板”窗口，双击“添加或删除程序”图标，进入“添加或删除程序”窗口，如图 5-3 所示，单击左边“添加/删除 Windows 组件”图标，进入“Windows 组件向导”对话框。

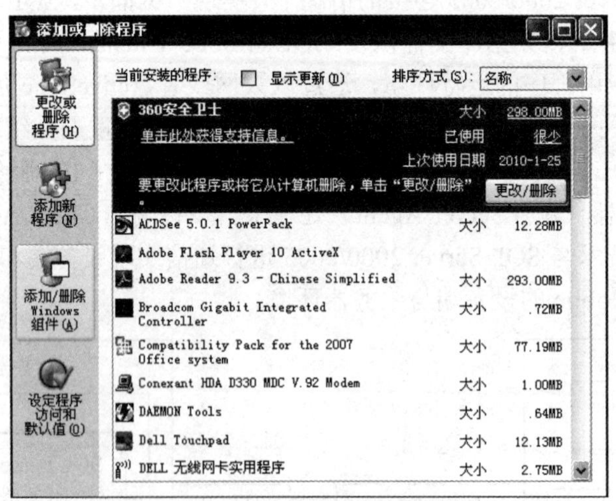

图 5-3　“添加或删除程序”窗口

（2）在如图 5-4 所示的“Windows 组件向导”对话框中，如果“Internet 信息服务（IIS）”复选框没有选中，这时选中此项，单击“下一步”按钮，开始进行 IIS 组件的安装。

2. SQL Server 2005 的安装

本章重点介绍服务器端 SQL Server 2005 数据库与 SQL Server Mobile 2005 数据库同步。首先要进行 SQL Server 2005 数据库的安装。

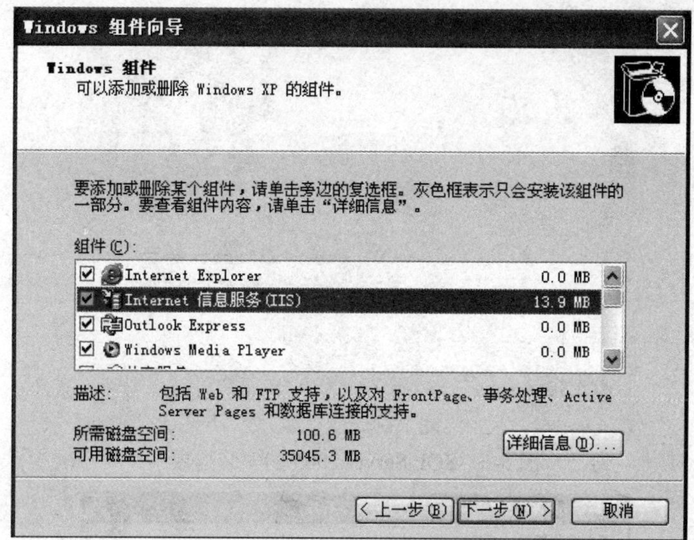


图 5-4 “Windows 组件向导”对话框

（1）当安装文件 SQL.2005.all.chs.iso 是通过虚拟光驱安装时，双击数据库安装盘的虚拟光驱，开始安装，出现如图 5-5 所示的安装开始画面，这里安装的是 SQL Server 2005 Developer Edition 版本，单击“基于 x86 的操作系统”选项。

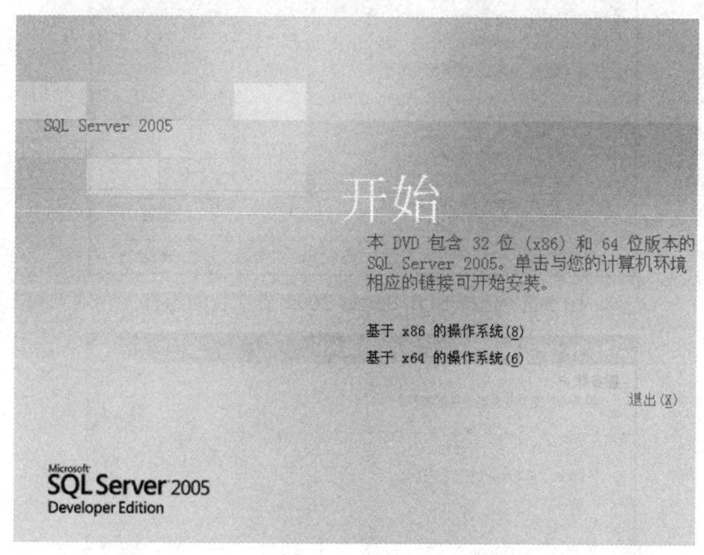


图 5-5 SQL Server 2005 安装开始向导界面

（2）当安装向导出现如图 5-6 所示的安装界面时，单击“服务器组件、工具、联机丛书和示例”选项。

（3）当安装向导出现“要安装的组件”对话框时，如图 5-7 所示，这里必须选中 SQL Server Database Services 和“工作站组件、联机丛书和开发工具”，其他选项根据实际需要进行选择安装。

（4）当安装向导出现“服务账户”对话框时，如图 5-8 所示，选中“使用内置系统账户”选项，下方选中 SQL Server Agent，单击“下一步”按钮。

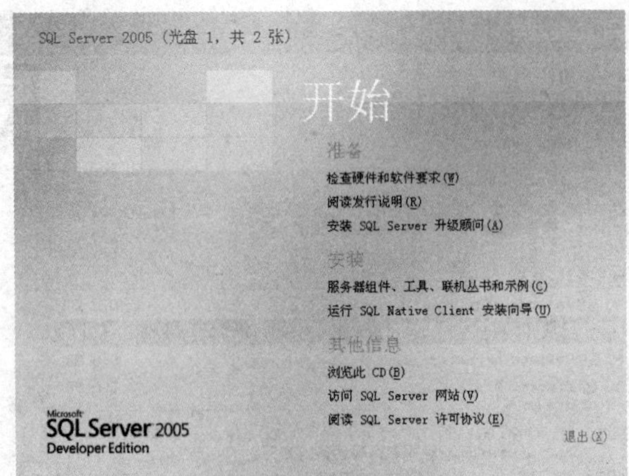


图 5-6　SQL Server 2005 的安装选项

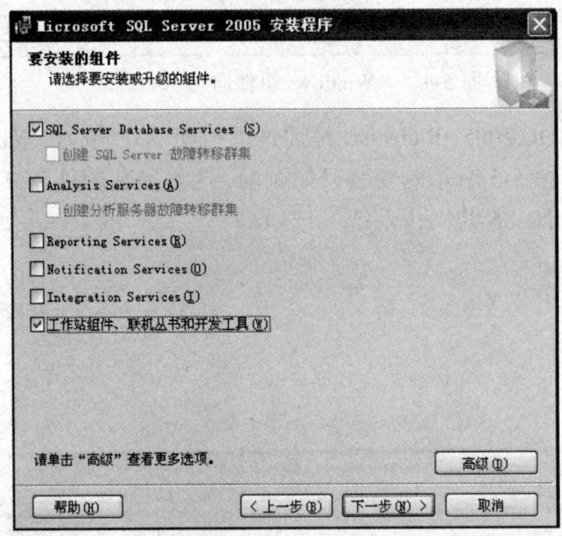


图 5-7　选择 SQL Server 2005 要安装的组件

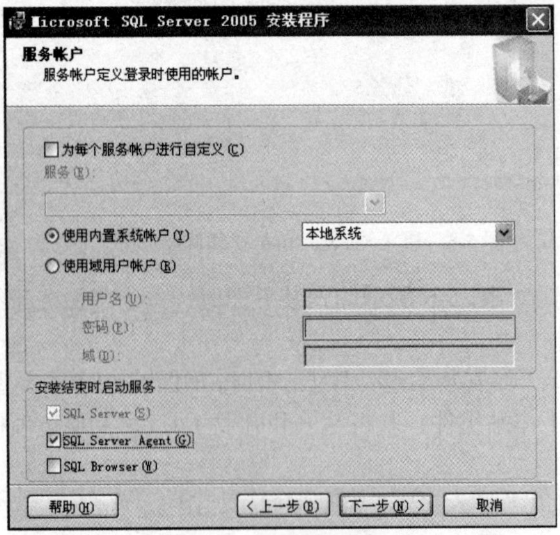

图 5-8　选择服务帐户

（5）当安装向导出现“身份验证模式”对话框时，如图 5-9 所示，选中“Windows 身份验证模式”选项，单击“下一步”按钮。

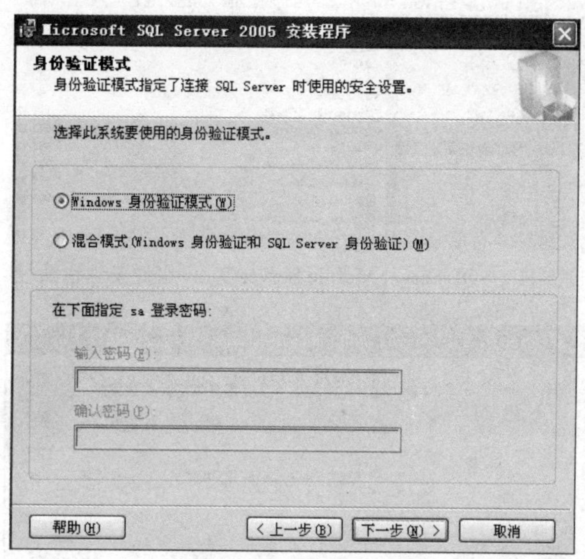


图 5-9　选择身份验证模式

（6）当 SQL Server 2005 所有组件都安装成功之后，出现如图 5-10 所示的安装向导界面，单击“下一步”按钮，然后在出现的界面上单击“完成”按钮，完成 SQL Server 2005 的安装。

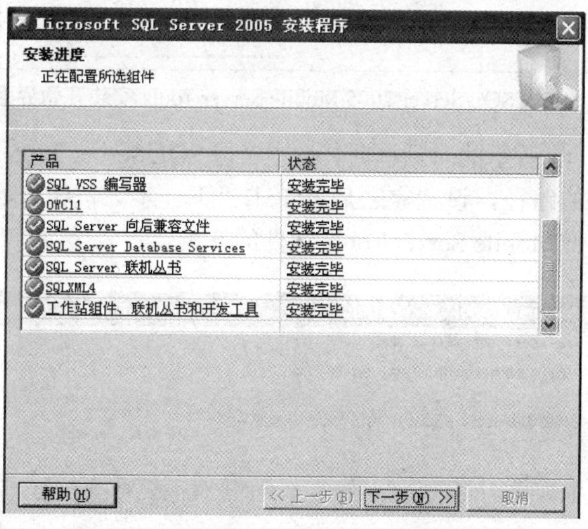


图 5-10　SQL Server 2005 安装成功的界面

3．SQL Server Mobile Server Tools 组件的安装

（1）当 VS.NET2005 安装在 D:\Program Files\Microsoft Visual Studio 8 目录下时，SQL Server Mobile Server Tools 组件安装包可以在 D:\Program Files\Microsoft Visual Studio 8\SmartDevices\ SDK\SQL Server\Mobile\v3.0 下找到，安装程序名为 Sqlce30setupcn.msi，如图 5-11 所示。

（2）双击 Sqlce30setupcn.msi 程序，出现如图 5-12 所示的对话框，单击“下一步”按钮。

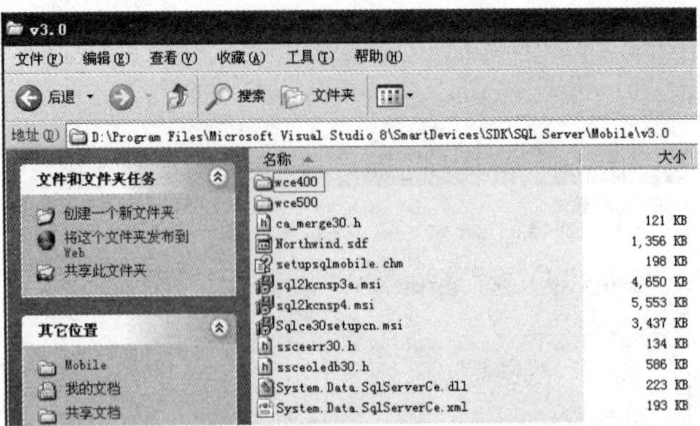


图 5-11 SQL Server Mobile Server Tools 组件安装包路径

图 5-12 SQL Server 2005 Mobile Server Tools 安装开始界面

（3）当出现如图 5-13 所示的对话框时，选中“与 SQL Server 2005 同步”选项，单击“浏览”按钮选择安装组件的路径，设置完之后，单击“下一步”按钮开始安装，最后根据安装向导成功完成 SQL Server Mobile Server Tools 组件的安装。

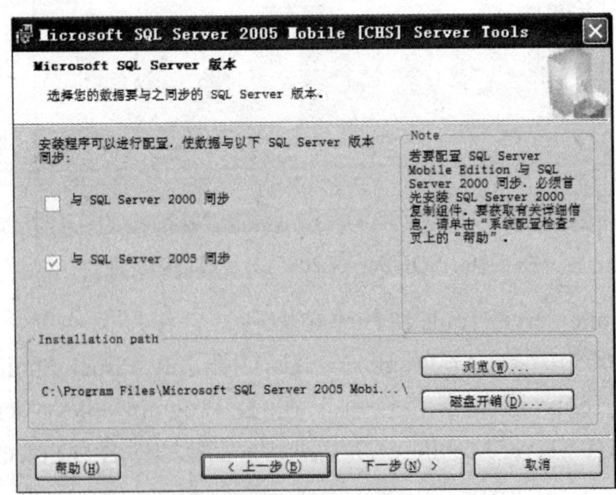


图 5-13 选择同步的 SQL Server 数据库版本

## 5.4　SQL Server Mobile 的合并复制简介

SQL Server Mobile Replication 是基于 SQL Server 的合并复制（Merge Replication）。这里主要介绍实现与 SQL Server 2005 的合并复制。合并复制技术十分适合嵌入式数据库与远程 SQL Server 数据库之间的数据同步，它可以在嵌入式设备与数据库服务器之间交换数据，并且提供了解决数据冲突的机制。当嵌入式设备被连接到网络上时，设备端的数据可以与数据库服务器进行数据同步，将设备端的数据记录修改并发送到远程服务器端，同时服务器端修改的数据记录也能通过同步反映到设备端上。

合并复制技术需要使用 SQL Server Mobile 数据库引擎、SQL Server Mobile Client Agent（设备端代理）、SQL Server 2005、SQL Server Agent（服务器端代理）、SQL Server Mobile 复制提供者，这些组件在 IIS 服务器环境中实施完成，如图 5-14 所示。

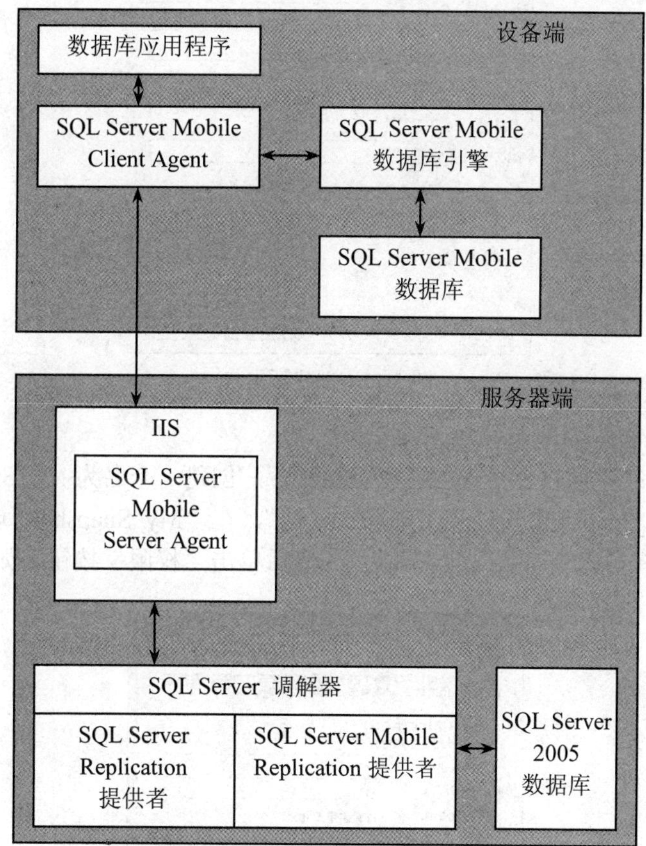


图 5-14　SQL Server Mobile 合并复制架构

SQL Server Mobile 数据库中的合并复制（Merge Replication）的工作流程如下：

（1）服务器端中实施 SQL Server 2005 数据库发布（Publication）。

（2）在设备端通过 SQL Server Mobile 的 Replication 的编程接口创建针对（Publication）数据库的设备端数据库订阅（Subscription）。

（3）在设备端上订阅数据库成功之后，可以对 SQL Server Mobile 数据库进行增删改操作。

（4）在以太网或者 ActiveSync 加 USB 接口连接的情况下，设备端数据库与服务器端数据库之间可以进行数据同步操作。

# 5.5 创建与配置基于 Windows CE 的合并复制

## 5.5.1 创建快照代理用户账号及快照文件夹

1. 创建快照代理用户账号

打开“控制面板→管理工具→计算机管理→系统工具→本地用户和组”，右击“用户”，选择“新用户”选项，输入用户名 My_Agent，密码 123456，如图 5-15 所示，单击“创建”按钮。

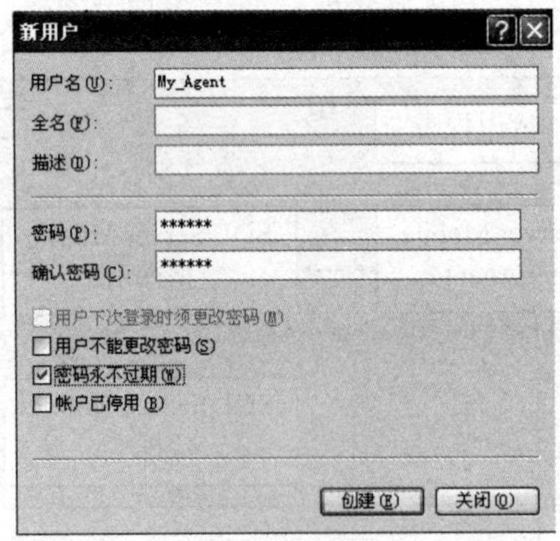


图 5-15 创建新用户

2. 创建快照文件夹

（1）在文件系统是 NTFS 格式的任意驱动器下，创建一个名为 My_Snapshot 的文件夹。

（2）右击 My_Snapshot 文件夹，选择“属性”，在“My_Snapshot 属性”对话框中选择“共享”选项卡，单击选中“共享此文件夹”，然后单击“权限”按钮，如图 5-16 所示。

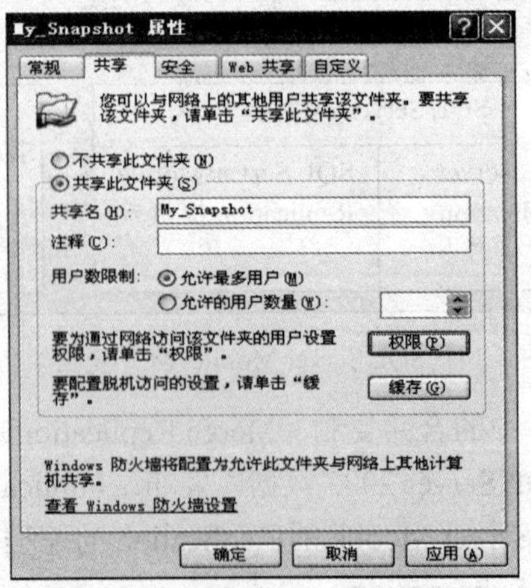


图 5-16 “My_Snapshot 属性”对话框中的“共享”选项卡

（3）进入如图 5-17 所示的“My_Snapshot 的权限”对话框中，添加刚创建的 My_Agent 用户账号，并将 My_Agent 的权限中的“更改”和“读取”设置为允许。

（4）返回到“My_Snapshot 属性”对话框，选择“安全”选项卡，如图 5-18 所示，添加刚创建的 My_Agent 用户账号，并将 My_Agent 的权限中的“读取和运行”、“列出文件夹目录”、“读取”、“写入”设置为允许。

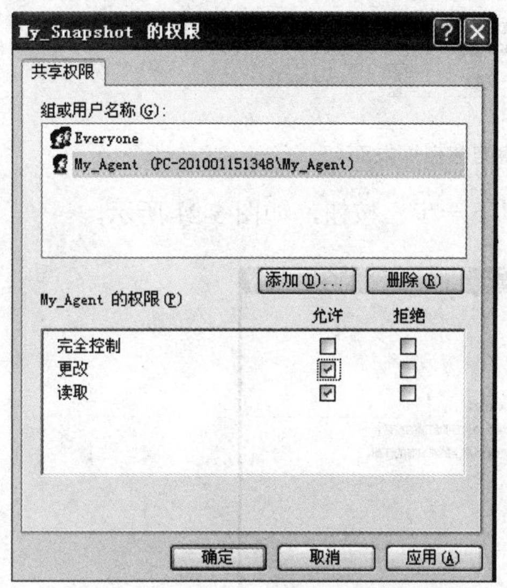


图 5-17　My_Snapshot 权限对话框

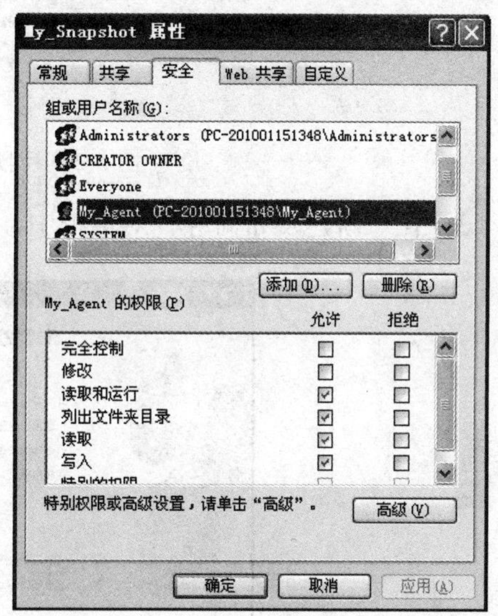


图 5-18　My_Snapshot 属性对话框中安全选项

## 5.5.2　创建 SQL Server 2005 数据库的发布（Publication）

（1）打开 SQL Server 2005 的 Management Studio 数据库管理工具，创建一个 SQL Server 2005 的 UserDB 用户数据库，并新建一张表，表名为 UserInfo，如图 5-19 所示。

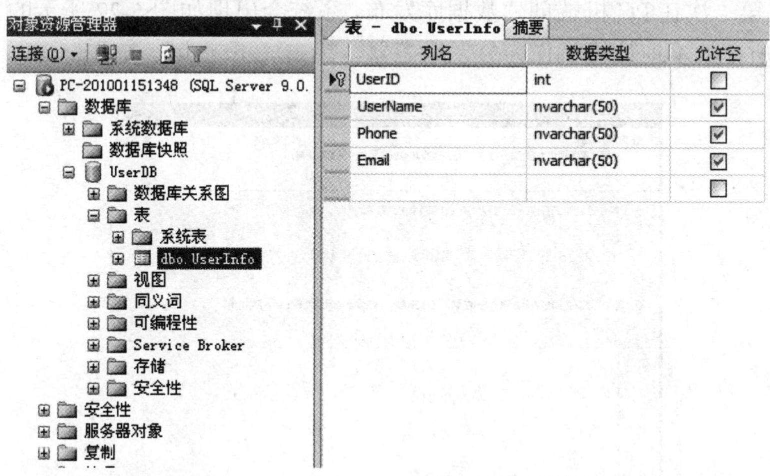


图 5-19　在 SQL Server 2005 中创建 UserDB 数据库和 UserInfo 表

（2）在对象资源管理器中右击“复制”，选择如图 5-20 所示的“本地发布”子节点下的“新建发布”选项。

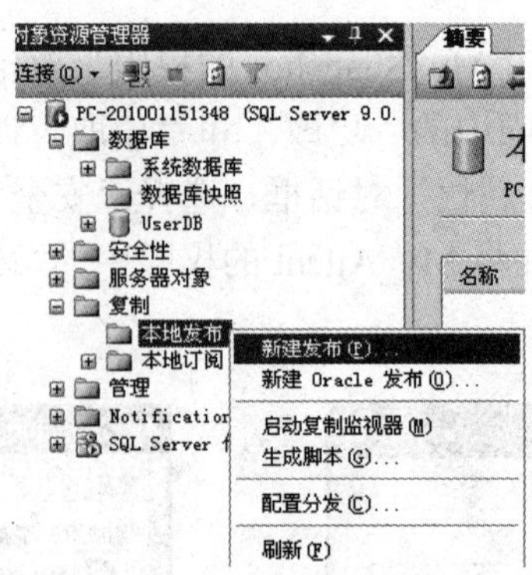


图 5-20　创建一个新的数据库发布

（3）在“新建发布向导”对话框中，单击“下一步”按钮，如图 5-21 所示。

图 5-21　新建发布向导

（4）如果第一次在 PC 机端创建数据库发布，系统会出现如图 5-22 所示的“分发服务器”对话框，选择所在的本地计算机作为分发服务器，单击“下一步”按钮。

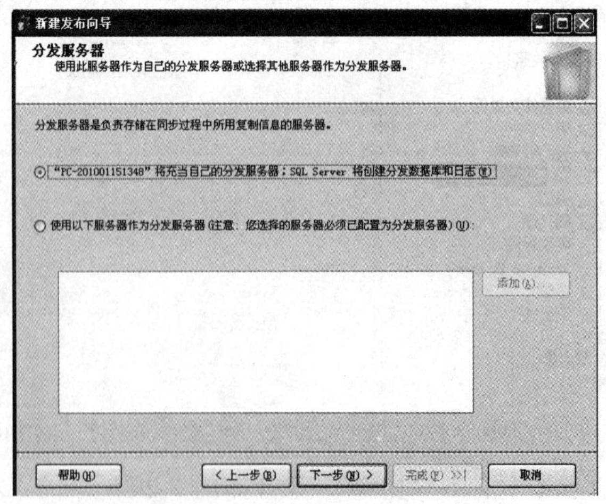


图 5-22　“分发服务器”对话框

（5）如果第一次在 PC 机端创建数据库发布，系统会出现如图 5-23 所示的选择发布快照文件夹位置对话框。这里选择发布数据存储在刚创建的 My_Snapshot 文件夹所在位置，即 \\PC-201001151348\My_Snapshot，其中 PC-201001151348 代表本地计算机名，单击“下一步”按钮。

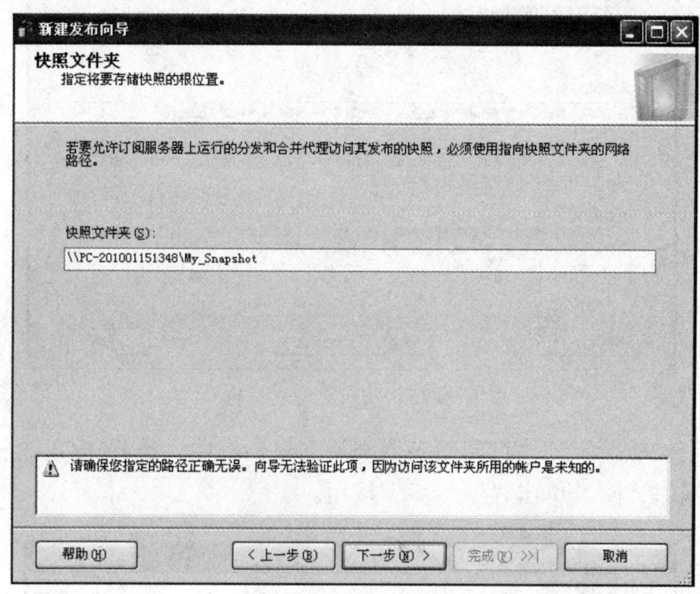


图 5-23　选择发布的快照文件夹

（6）在如图 5-24 所示的“发布数据库”对话框中选择 UserDB 数据库进行发布，单击“下一步”按钮。

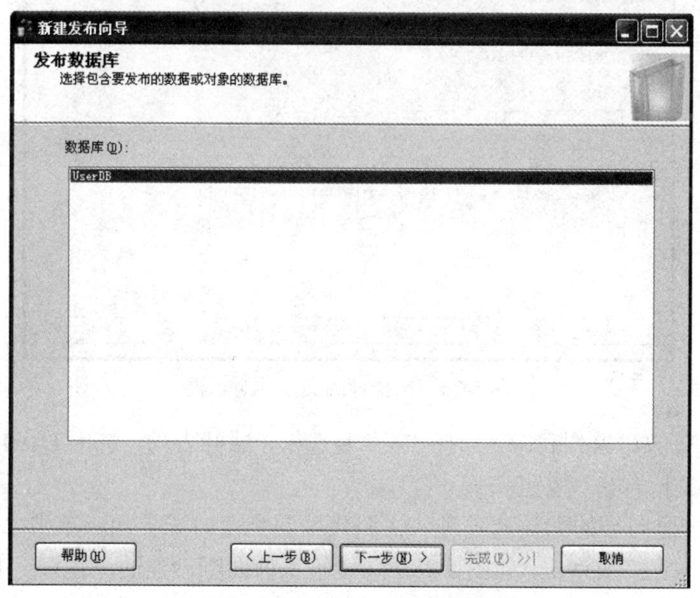


图 5-24　发布数据库对话框

（7）在如图 5-25 所示的“发布类型”对话框中选择“合并发布”选项，单击“下一步”按钮。

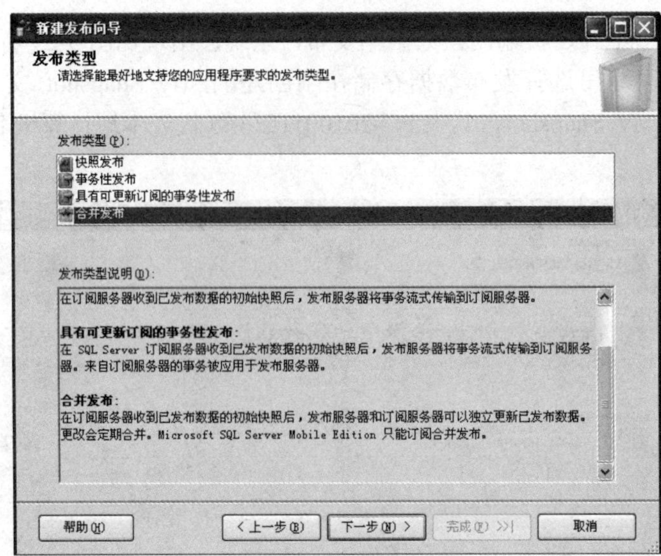


图 5-25　发布类型对话框

（8）在如图 5-26 所示的“订阅服务器类型”对话框中，选择 SQL Server 2005 Mobile Edition 类型的数据库订阅，单击“下一步”按钮。

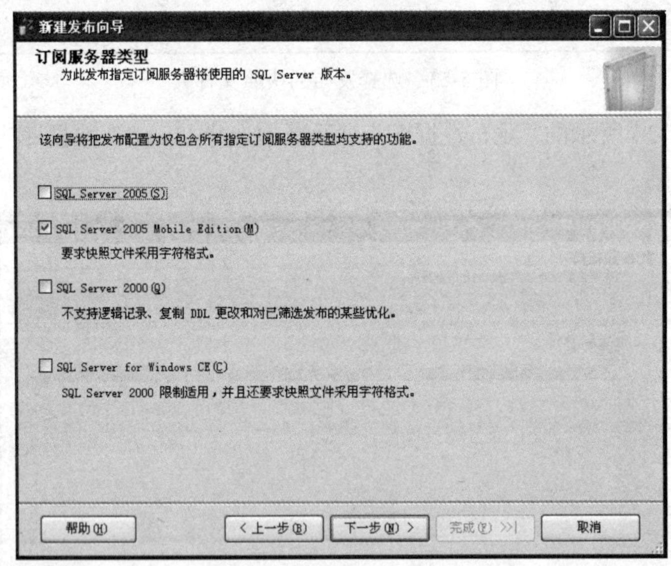


图 5-26　选择订阅类型的对话框

（9）在要发布的对象列表中，选择“表”复选框，展开表项，选中 UserInfo 表，如图 5-27 所示，然后单击“下一步”按钮。

（10）后面按照向导的默认选项进入快照代理安全性向导界面，单击“安全设置”按钮，进入“快照代理安全性”对话框，如图 5-28 所示，输入前面刚创建的进程账户 PC-201001151348\My_Agent，密码还是 123456，单击“确定”按钮。

（11）经过快照代理安全性对话框的设置并完成进程账户和密码填写之后，返回到如图 5-29 所示的代理安全性向导界面，单击“下一步”按钮。

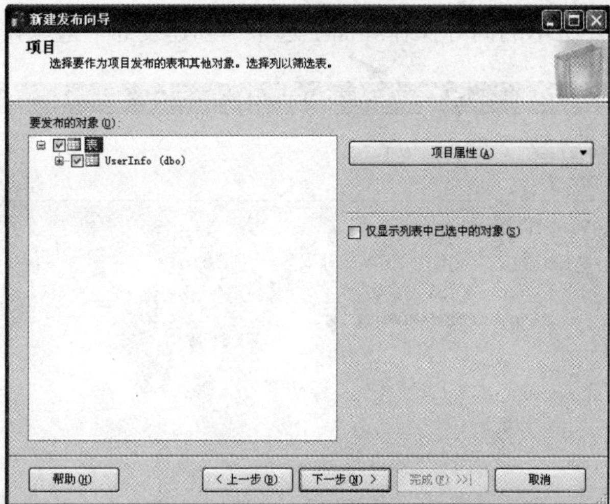


图 5-27　选择要发布的数据库表

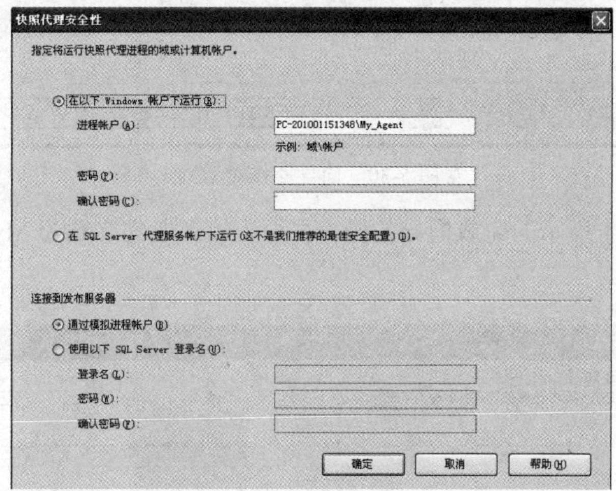


图 5-28　“快照代理安全性”对话框

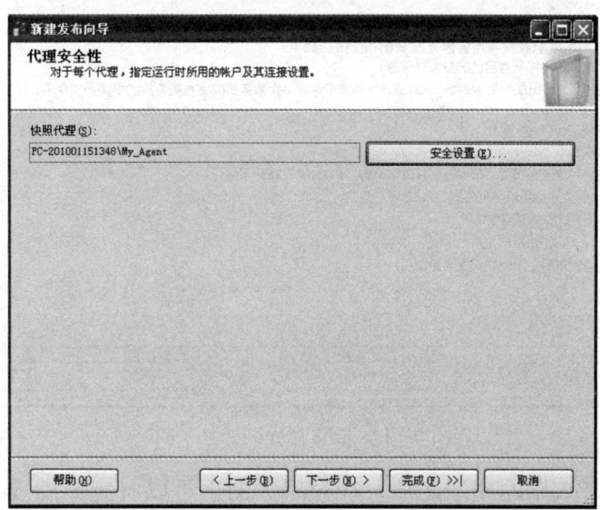


图 5-29　设置完成的快照代理安全性对话框

（12）在如图 5-30 所示的向导操作界面上选中“创建发布”选项，单击“下一步”按钮。

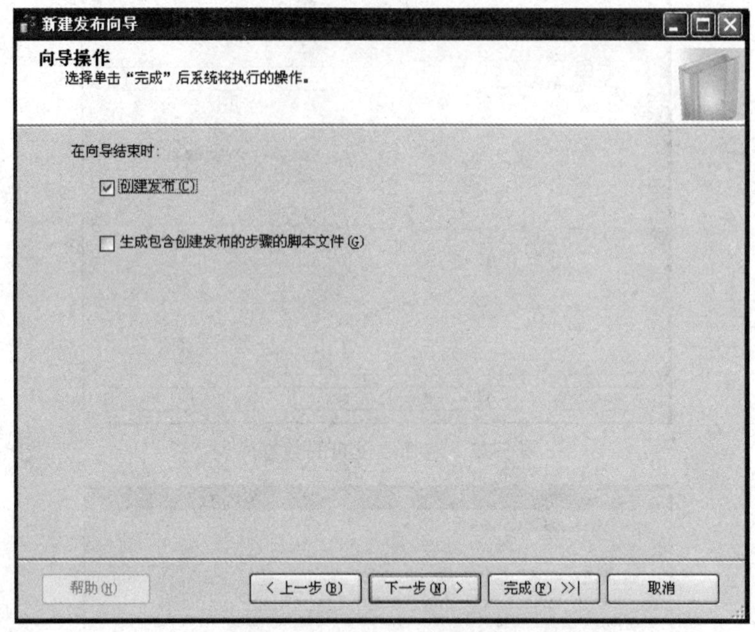


图 5-30　向导操作对话框

（13）在如图 5-31 所示的完成向导的操作界面上输入发布名称为 MyPublication，单击“完成”按钮。

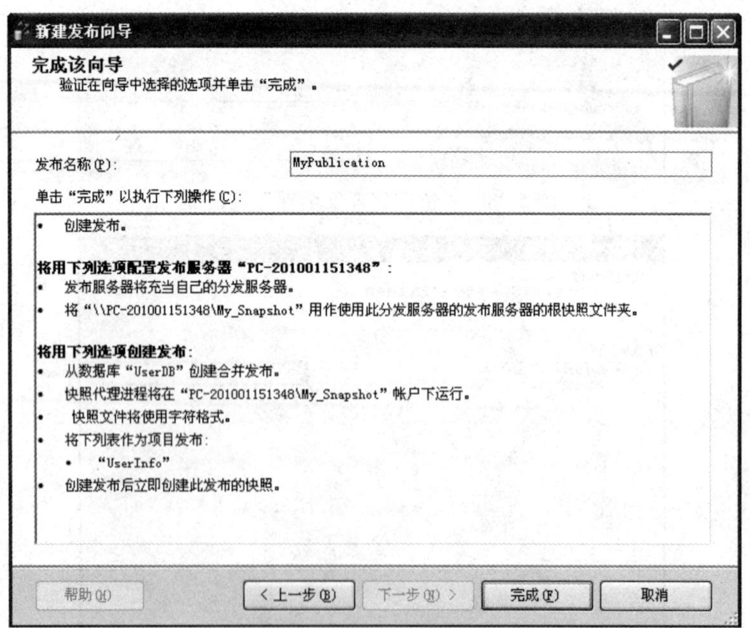


图 5-31　完成向导的操作界面

（14）等创建发布数据库完成之后，在完成界面上可以看到如图 5-32 所示的成功信息显示，这表示 UserDB 数据库已成功完成对 SQL Server Mobile 2005 数据库的发布。

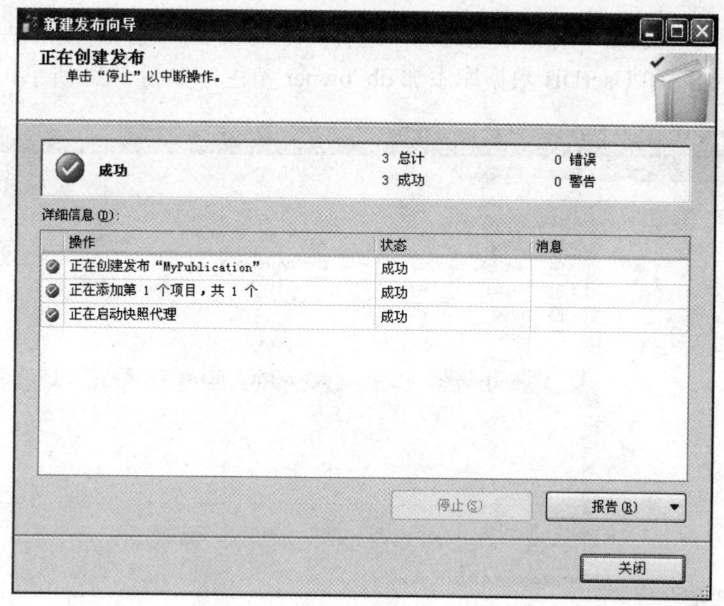


图 5-32　发布完成的信息显示界面

### 5.5.3　发布数据库的权限设置

1. 快照代理账户的数据库权限设置

（1）打开 Microsoft SQL Server Management Studio 管理工具，在对象资源管理器中选择“安全性→登录名”，右击登录名，选择“新建登录名”，打开“新建登录名”对话框。选择“Windows 身份验证”选项，单击“搜索”按钮，在“选择用户或组”对话框中添加前面刚创建的代理账户 My_Agent，单击“确定”按钮，返回至如图 5-33 所示的“新建登录名”对话框。显示登录名为 PC-201001151348\My_Agent，单击“确定”按钮。

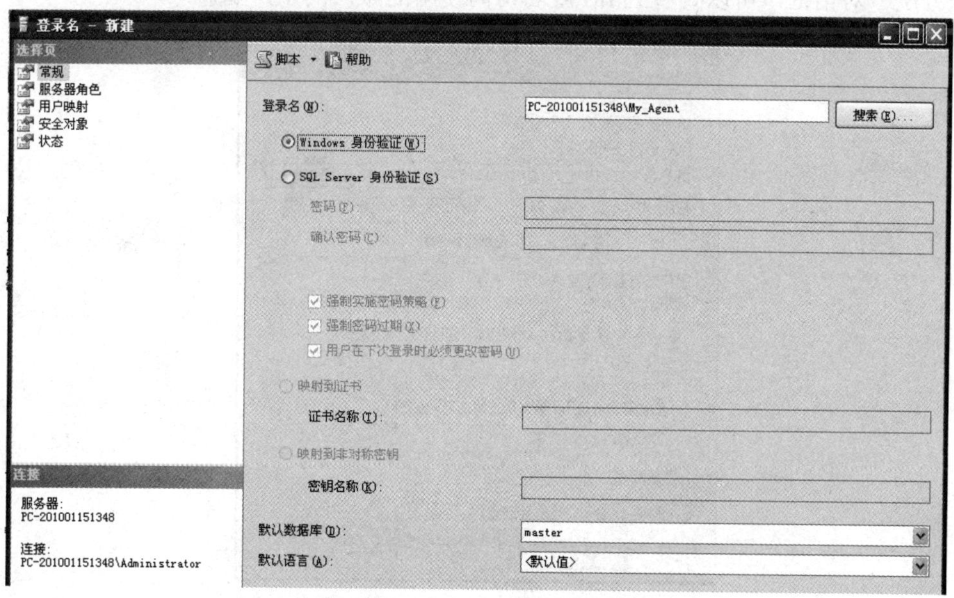


图 5-33　在新建登录名对话框中添加快照代理账户

（2）在“新建登录名”对话框左边的“选择页”列表中，选择“用户映射”选项，分别对 distribution 数据库和 UserDB 数据库添加 db_owner 角色，如图 5-34 所示。

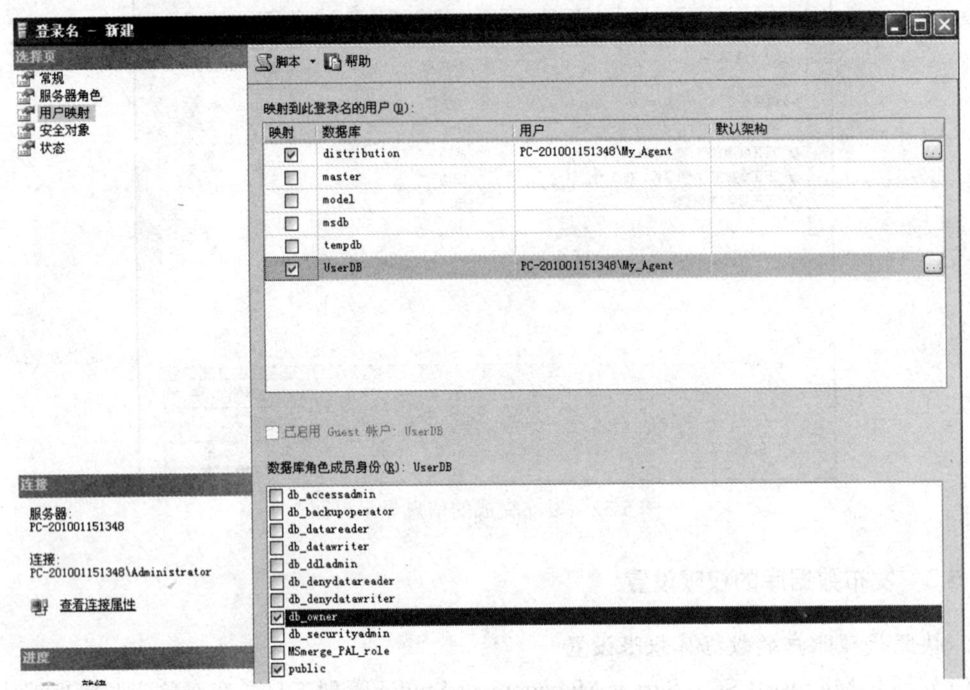


图 5-34　在用户映射中设置数据库权限

2. IIS 匿名用户账户访问数据库的权限设置

（1）通过“控制面板→管理工具→Internet 信息服务”，右击“默认网站”，选择“属性”项，打开“属性”对话框，选择“目录安全性”，单击“编辑”按钮，出现如图 5-35 所示的“身份验证方法”对话框，可以查看到 IIS 匿名访问使用的账户的用户名。

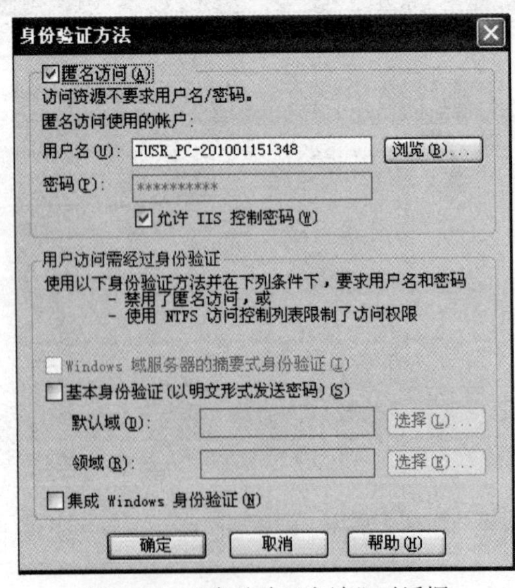


图 5-35　“身份验证方法”对话框

（2）按照和前面添加的代理账户 My_Agent 一样的方法，添加 IIS 匿名用户账户 IUSR_PC-201001151348，单击“确定”按钮，返回至如图 5-36 所示的“新建登录名”对话框。显示登录名为 PC-201001151348\IUSR_PC-201001151348，单击“确定”按钮。

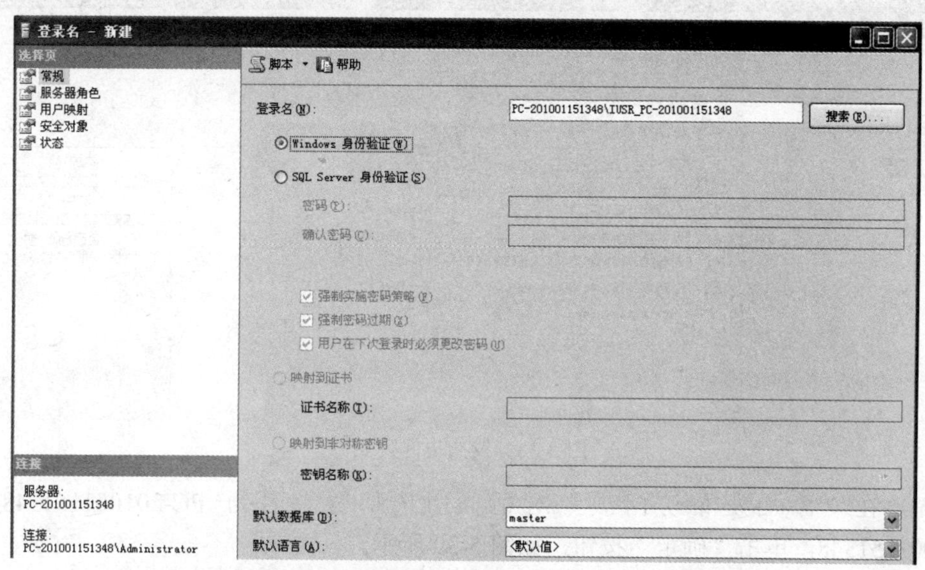

图 5-36　在“新建登录名”对话框中添加 IIS 匿名用户账户

### 5.5.4　创建发布数据库的快照

前面已成功创建 SQL Server 2005 数据库 UserDB 的发布，在 SQL Server Mobile 数据库进行订阅之前，还需对发布的数据库创建快照。

（1）打开 Microsoft SQL Server Management Studio 管理工具，在对象资源管理器中选择“复制→本地发布→MyPublication”，右击 MyPublication，如图 5-37 所示，选择“属性”选项，进入“发布属性”对话框。

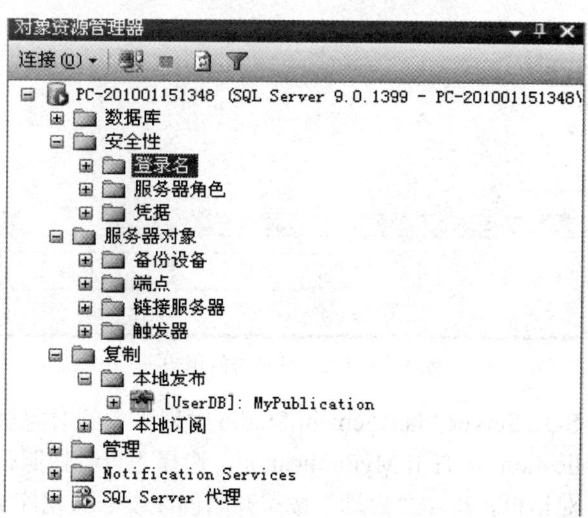

图 5-37　选择 MyPublication 节点

（2）在“发布属性”对话框的左边“选择页”列表中，选择“发布访问列表”选项，如图 5-38 所示，单击“添加”按钮。

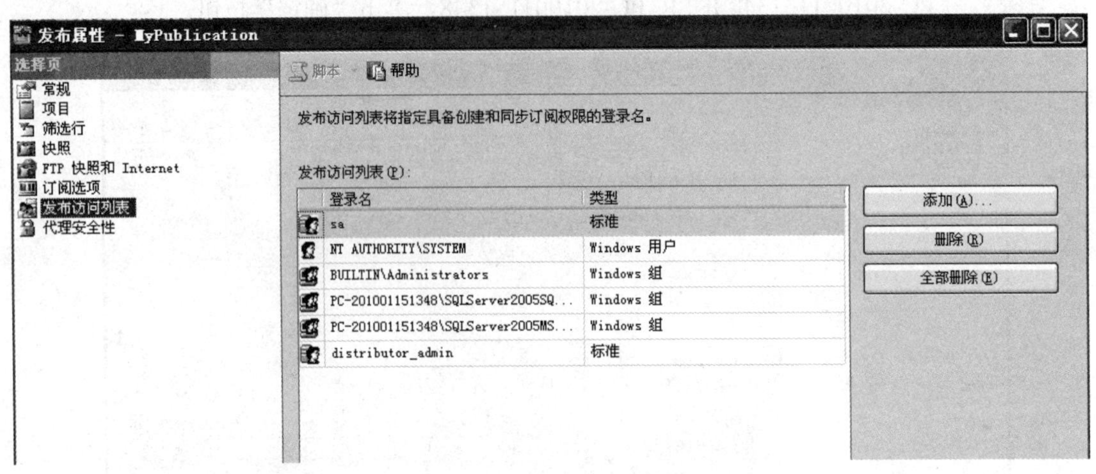


图 5-38　发布访问列表

（3）在“添加发布访问项”对话框中选择登录名为 PC-201001151348\IUSR_PC-201001151348，单击“确定”按钮，如图 5-39 所示。

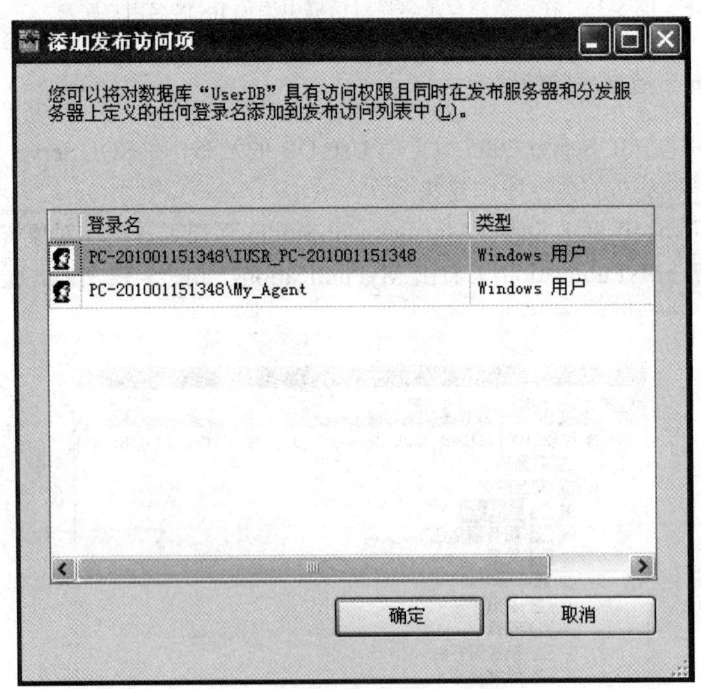


图 5-39　添加发布访问用户

（4）在 Microsoft SQL Server Management Studio 管理工具的对象资源管理器中选择“复制→本地发布→MyPublication”，右击 MyPublication，选择“查看快照代理状态”选项，进入“查看快照代理状态”对话框，单击“启动”按钮开始创建发布数据库 UserDB 的快照，如果状态框中显示 100%，则表示快照创建成功，如图 5-40 所示。

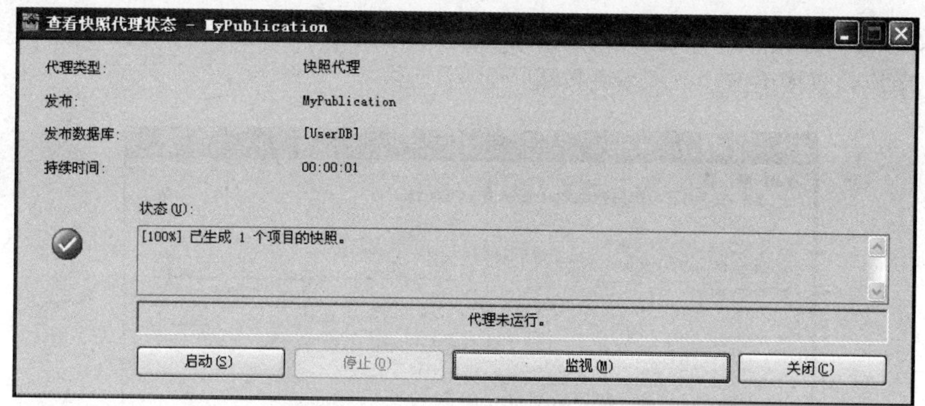


图 5-40　“查看快照代理状态”对话框

### 5.5.5　配置 IIS 实现 Web 远程同步

通过前面发布数据库和创建数据库快照之后，设备端的 SQL Server Mobile 客户端代理需要通过网络或者 ActiveSync 加 USB 接口向远程数据库服务器 SQL Server 2005 发出 HTTP 请求，远程服务器 IIS 运行环境中服务器端代理接受并处理 HTTP 请求。这里还需对 IIS 配置以实现 Web 同步。

（1）在 Microsoft SQL Server Management Studio 管理工具的对象资源管理器中选择“复制→本地发布→MyPublication”，右击 MyPublication，选择“配置 Web 同步”选项，当进入如图 5-41 所示的“订阅服务器类型”向导界面时，选择 SQL Server Mobile Edition 选项，单击“下一步”按钮。

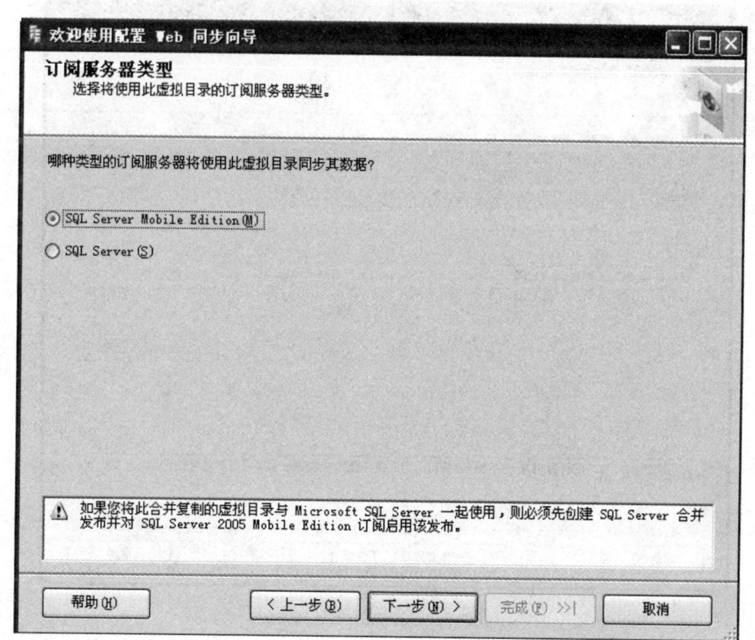


图 5-41　订阅服务器类型向导界面

（2）当向导界面进入如图 5-42 所示的“Web 服务器”对话框中，输入本地计算机名，这里输入 PC-201001151348，选中“创建新的虚拟目录”项，单击展开下方的节点，选择“默认网站”节点，直接单击“下一步”按钮。

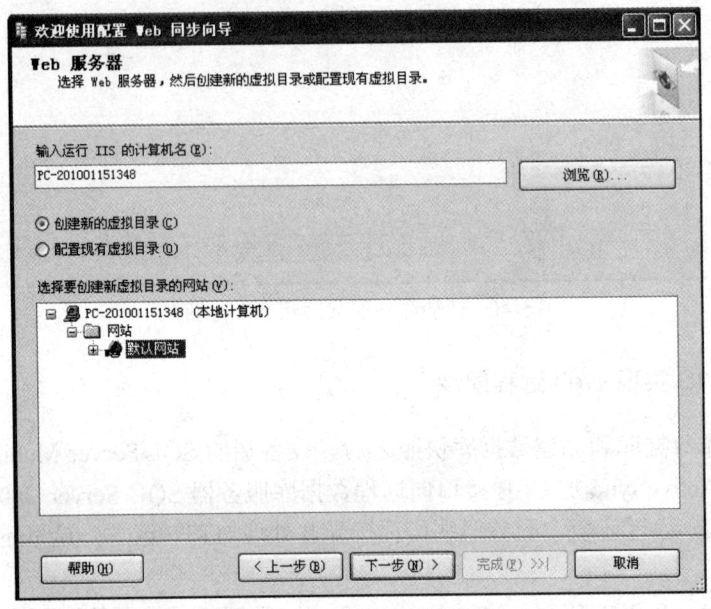


图 5-42　配置 Web 服务器

（3）在“虚拟目录信息”对话框中，输入虚拟目录的别名 MyUser，其他默认选择，直接单击“下一步”按钮，如图 5-43 所示。

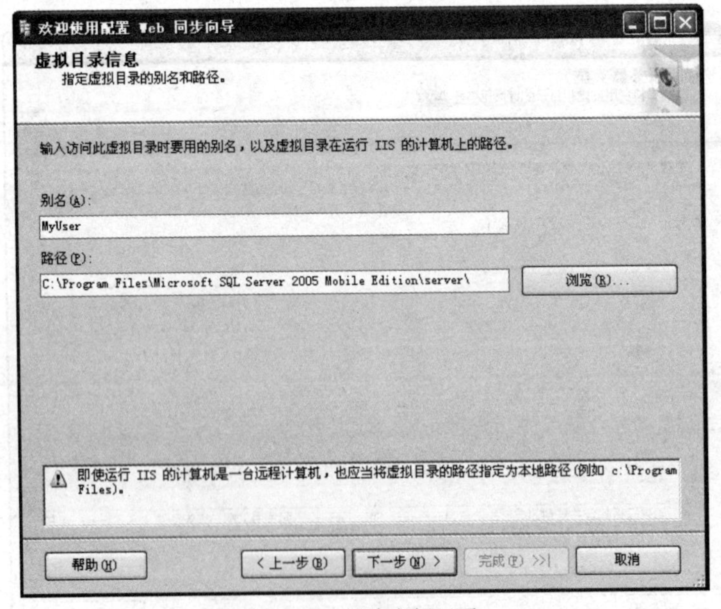


图 5-43　创建虚拟目录

（4）当向导界面进入如图 5-44 所示的“客户端身份验证”对话框时，选择“客户端将以匿名方式进行连接，不需要输入用户名和密码”选项，直接单击“下一步”按钮。

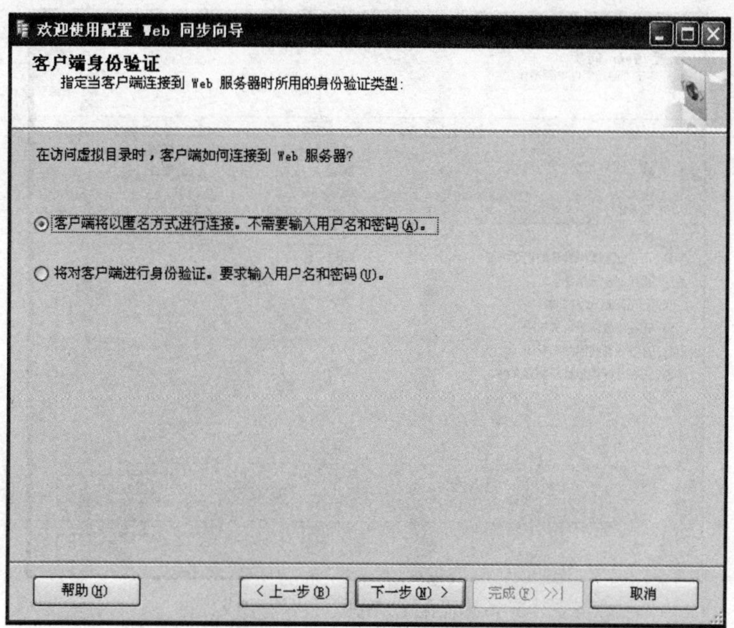


图 5-44 配置客户端授权

（5）当向导界面进入如图 5-45 所示的“快照共享访问”对话框中，输入快照文件夹的网络路径，这里输入\\ PC-201001151348\My_Snapshot，单击“下一步”按钮。

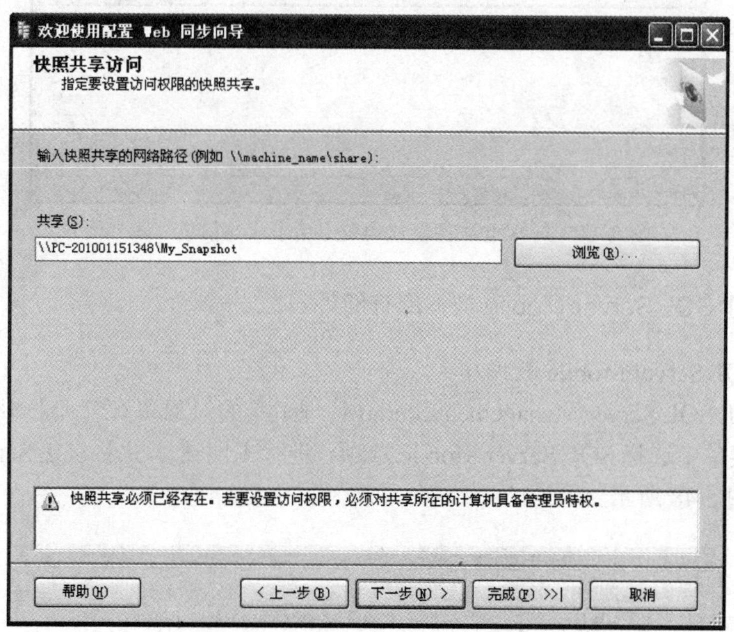


图 5-45 配置快照文件共享访问

（6）当配置 Web 同步成功完成之后，显示如图 5-46 所示的向导界面，单击“关闭”按钮。

（7）为了确认 Web 同步的配置是否成功，这里可以进行一些测试：打开 IE 浏览器，在地址栏中输入网址 http:// PC-201001151348/MyUser/sqlcesa30.dll，如果出现如图 5-47 所示的信息，就表示 Web 同步配置成功。

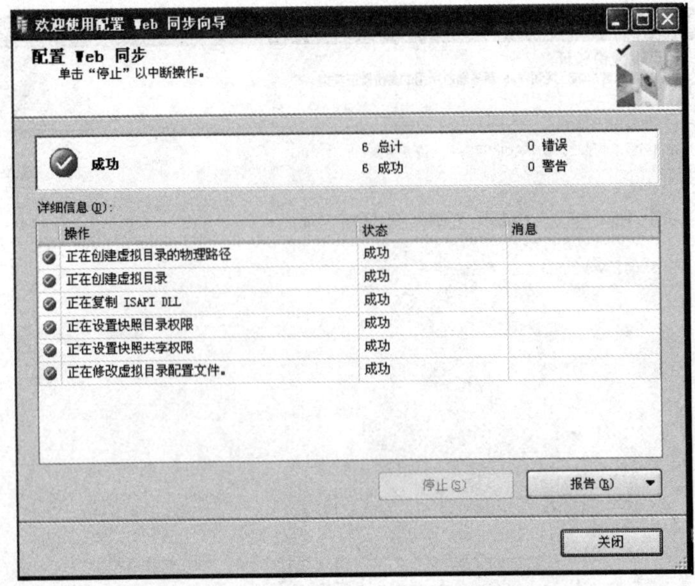


图 5-46 “配置 Web 同步”完成界面

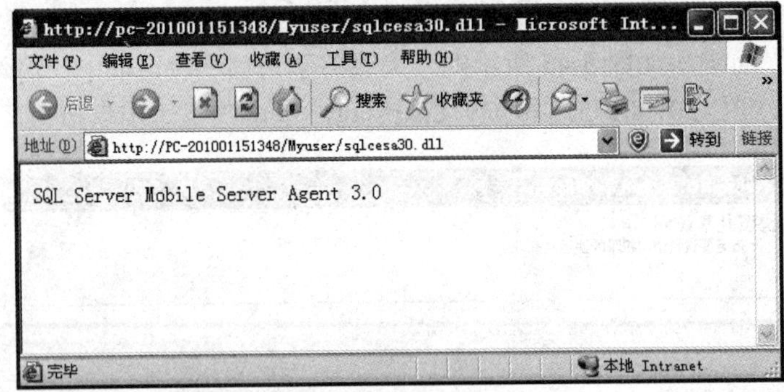


图 5-47 向 Web 服务器代理发出请求成功信息显示界面

### 5.5.6 创建 SQL Server Mobile 数据库订阅

1. 创建 SQL Server Mobile 数据库

在 Microsoft SQL Server Management Studio 管理工具的对象资源管理器中，单击“连接”按钮，在下拉菜单中选择 SQL Server Mobile 选项，进行本地计算机上 SQL Server Mobile 数据库的创建，如图 5-48 所示。

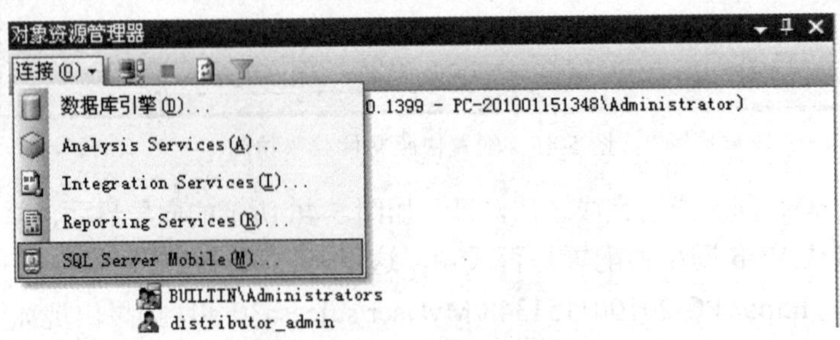


图 5-48 选择 SQL Server Mobile 项

在如图 5-49 所示的“连接到服务器”提示框中，根据后面的创建向导，可以在任意驱动器上创建一个.sdf 的数据库文件，这里在 D 盘下创建 SQL Server Mobile 2005 数据库，不设置密码，具体路径为 D:\UserDB.sdf。

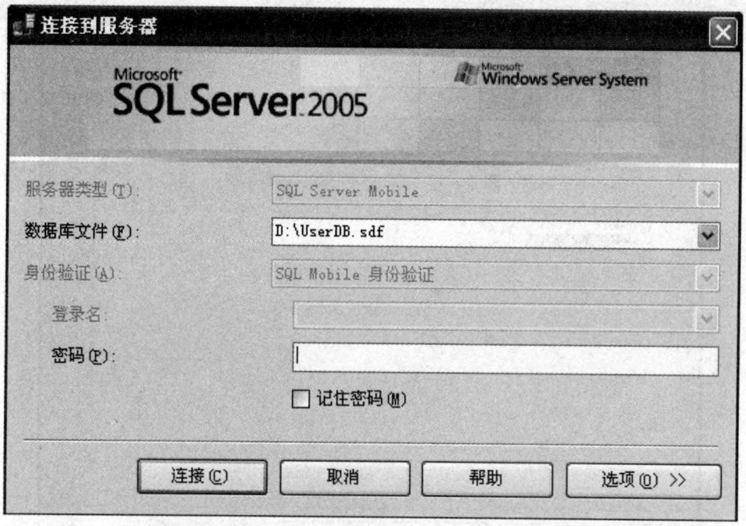

图 5-49　创建 SQL Server Mobile2005 数据库

2. 向 SQL Server 2005 数据库创建订阅

在本地计算机上创建完成 SQL Server Mobile 2005 数据库之后，就可以订阅前面发布的 SQL Server 2005 数据库，这样在 SQL Server Mobile 2005 数据库文件中就可以获得相应数据。

（1）在 Microsoft SQL Server Management Studio 管理工具的对象资源管理器中展开 SQL Server Mobile 类型的“数据库”节点，单击展开“复制”节点，右击“订阅”节点，选择“新建订阅”选项，进入如图 5-50 所示的“新建订阅向导”界面，单击“下一步”按钮。

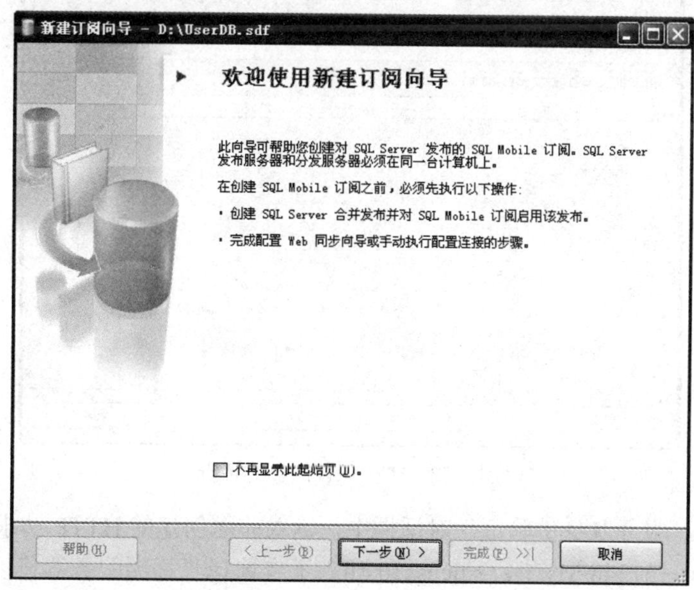


图 5-50　“新建订阅向导”界面

（2）进入如图 5-51 所示的“选择发布”向导界面上，在“发布服务器”下拉列表框中选择本地计算机名，这里选择 PC-201001151348，展开下方的 UserDB 节点，选择前面发布数据库的发布名称 MyPublication，单击“下一步”按钮。

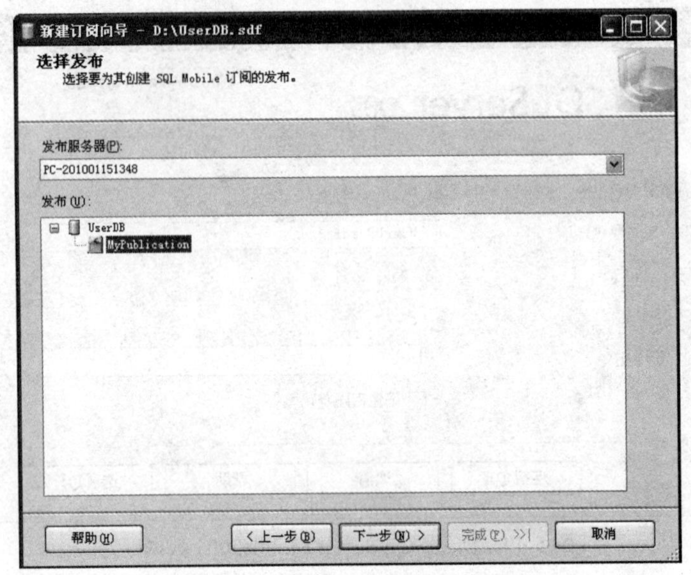


图 5-51　选择发布数据库的向导界面

（3）当向导界面进入如图 5-52 所示的“标识订阅”对话框时，输入订阅名称为 MySubscription，单击“下一步”按钮。

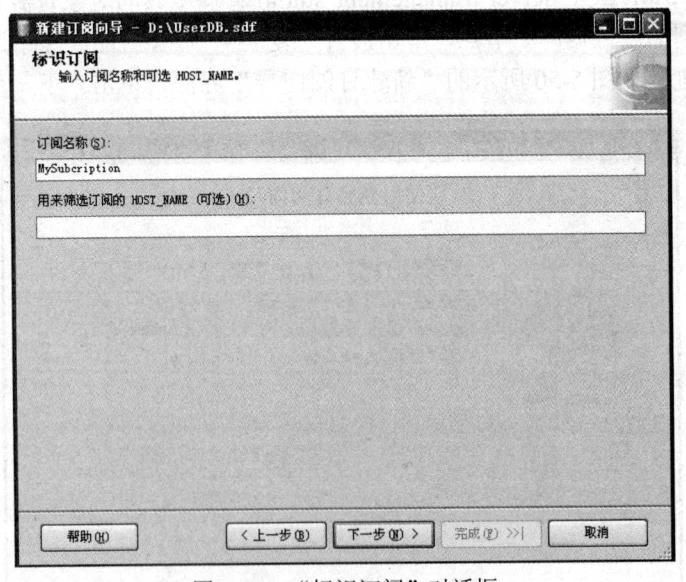


图 5-52　“标识订阅”对话框

（4）在“Web 服务器身份验证”对话框中，输入前面创建的 HTTP 请求的 URL，这里输入 http://PC-201001151348/MyUser/sqlcesa30.dll。下方选择“订阅服务器将以匿名方式进行连接，不需要用户名和密码”选项，如图 5-53 所示，单击“下一步”按钮。

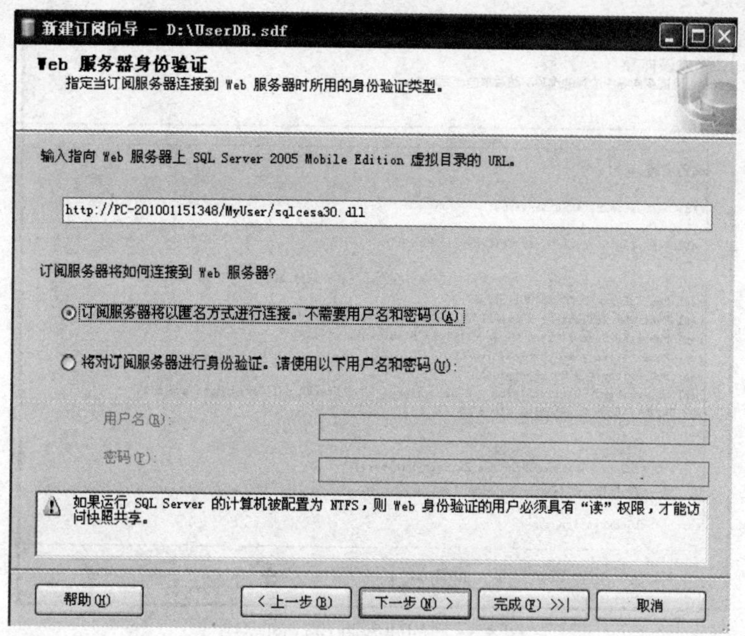


图 5-53　设置 Web 服务器授权

（5）当订阅向导进入“SQL Server 身份验证”界面中，订阅服务器选择“使用 Windows 身份验证，不必提供 SQL Server 用户名和密码”连接到 SQL Server 2005，如图 5-54 所示，单击“下一步”按钮。

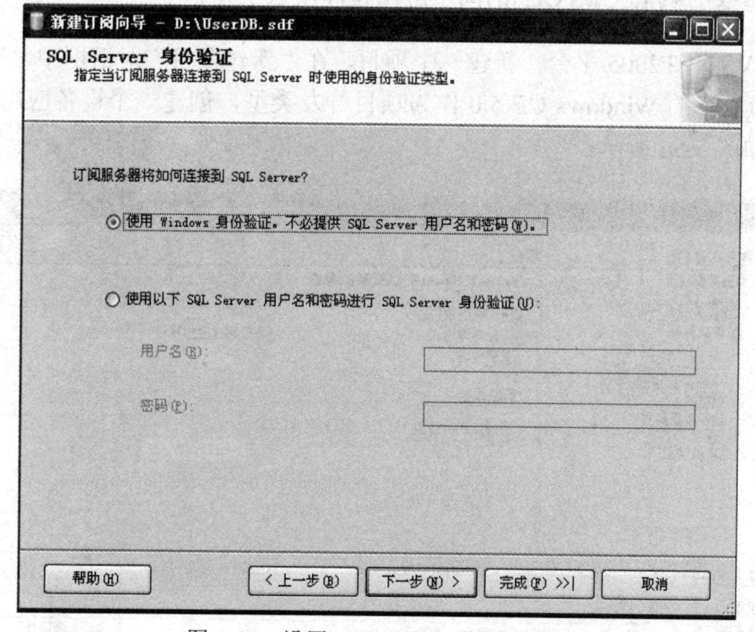


图 5-54　设置 SQL Server 服务器授权

（6）在“完成订阅向导”对话框中，显示用 C#语言编写调用 Replication 对象完成订阅数据的代码。后面在创建 SQL Server Mobile 数据库同步应用程序中，将要用到这些生成的代码，所以暂时将这些 C#代码保存，单击“完成”按钮，如图 5-55 所示。

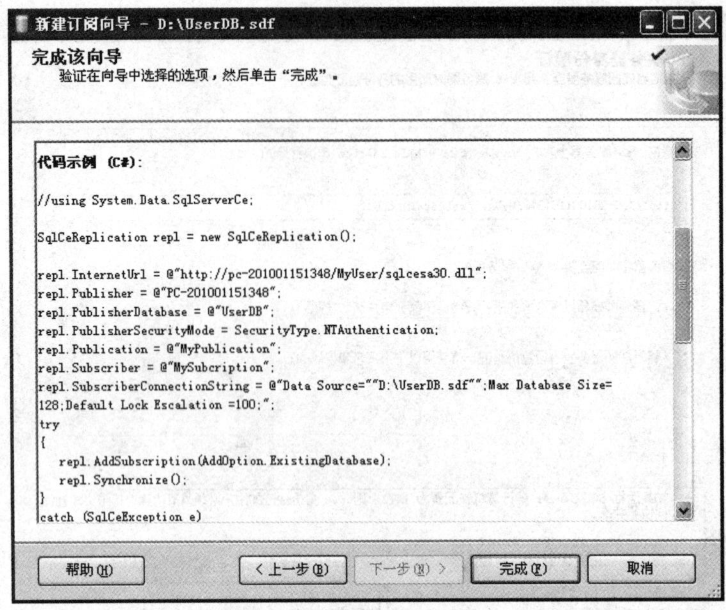


图 5-55　创建数据库订阅完毕

# 5.6　创建 SQL Server Mobile 数据库同步应用程序

## 5.6.1　创建基于 Windows CE 的同步应用程序项目工程

（1）运行 VS.NET2005 平台，新建一个项目，在“新建项目”对话框中，选择 C#语言的“智能设备”节点下的 Windows CE 5.0 作为项目开发类型，创建一个设备应用程序，工程名为 UserSync，如图 5-56 所示。

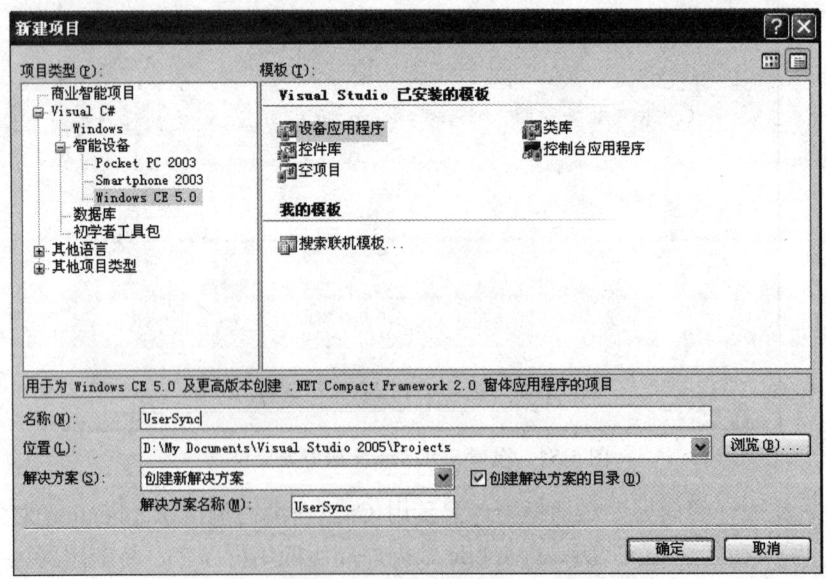


图 5-56　新建 UserSync 设备应用程序项目工程

（2）添加类的设计。在项目解决方案资源管理器中右击 UserSync 项目，选择“添加→新建项”，选择“类”模板，分别添加三个类文件，其中用于对数据库访问的类为 HelperDB.cs，用于业务操作的类为 UserBusiness.cs，实现和远程数据库服务器同步操作的类为 ServiceSync.cs。

（3）添加窗体的设计。在项目解决方案资源管理器中右击 UserSync 项目，选择“添加→新建项”，选择“Windows 窗体”模板，分别添加启动窗体（Loading.cs）、显示数据主窗体（MainFrm.cs）、新增窗体（FrmAdd.cs）以及更新窗体（FrmModify.cs），如图 5-57 所示。

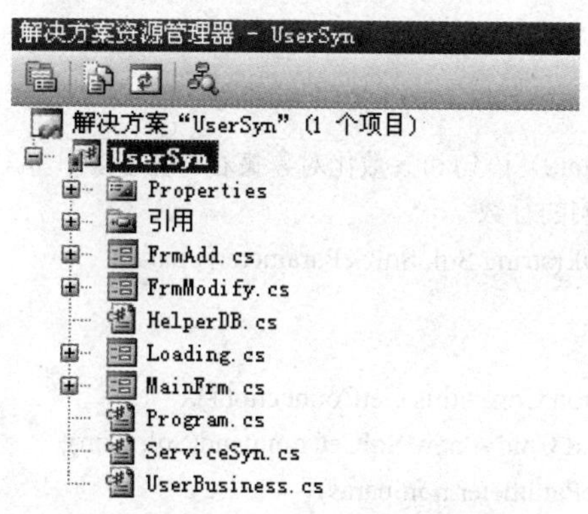


图 5-57　创建 UserSync 设备应用程序项目类和窗体

### 5.6.2　相关类的功能实现

1．数据访问层的功能实现

在上一章就 SQL Server Mobile 数据库应用程序开发已经详细介绍数据访问层和业务逻辑层相关类的功能实现，现只简要给出有关方法功能注释和实现的主要源代码。

```
class HelperDB
    {   //获取连接数据库文件的连接对象
        public SqlCeConnection GetConnection()
        {
            string constr = @"Data Source=\My Documents\UserDB.sdf";
            SqlCeConnection Con = new SqlCeConnection(constr);
            return Con;
        }
        //根据 SQL 查询语句和表名称作为参数，执行对 SQL Server Mobile 数据库的查询操作，将获得
        //的数据记录填充到数据集中，并返回数据集 DataSet
    public DataSet GetDataSet(string Sql, string tablename)
        {
            SqlCeConnection Con = this.GetConnection();
            SqlCeCommand Cmd = new SqlCeCommand(Sql, Con);
            SqlCeDataAdapter Sda = new SqlCeDataAdapter(Cmd);
            DataSet Ds = new DataSet();
            try
            {
                Sda.Fill(Ds, tablename);
```

```
                return Ds;
            }
            catch (SqlCeException ex)
            {
                if (Con.State != ConnectionState.Closed)
                {
                    Con.Close();
                }
                MessageBox.Show(ex.Message);
            }
            return null;
        }
//根据（Insert、Update、Delete）语句和参数化对象集合作为参数，执行对 SQL Server Mobile 数据库的
//增删改操作，并返回受影响的行数
        public int ExcuteSQL(string Sql, SqlCeParameter[] paras)
        {
            int flag = 0;
            SqlCeConnection Con = this.GetConnection();
            SqlCeCommand Cmd = new SqlCeCommand(Sql, Con);
            foreach (SqlCeParameter p in paras)
            {
                Cmd.Parameters.Add(p);
            }
            try
            {
                Con.Open();
                flag = Cmd.ExecuteNonQuery();
            }
            catch (SqlCeException ex)
            {
                MessageBox.Show(ex.Message);
            }
            finally
            {
                Con.Close();
            }
            return flag;
        }
}
```

2. 业务逻辑层的功能实现

现简要给出有关业务逻辑功能注释和实现的主要代码：

```
class UserBusiness
{
    private DataGrid dgridUser;
    private BindingSource Bding;
    public UserBusiness()
```

```
{
}
//通过构造方法传递 BindingSource 对象和 DataGrid 控件对象
public UserBusiness(BindingSource bds, DataGrid dgrid)
{
    dgridUser = dgrid;
    Bding = bds;
}
//在方法中通过创建 HelperDB 对象，调用 HelperDB 对象中的 GetDataSet 方法，获取 UserInfo 表
//中的所有数据行记录
public DataSet GetUserData()
{
    HelperDB cdb = new HelperDB();
    string Sql="select * from UserInfo";
    DataSet Ds = cdb.GetDataSet(Sql, "UserInfo");
    return Ds;
}
//在方法中根据传递的用户名、电话号码及 Email 值作为参数，调用 HelperDB 对象中的 ExcuteSql 方法，
//执行对数据库中 UserInfo 表的新增操作
public int InsertUserData(string username,string phone,string email)
{
    HelperDB    cdb = new HelperDB();
    string Sql = "insert into UserInfo (UserName,Phone,Email)
                values(@username,@phone,@email)";
    SqlCeParameter[] paras = new SqlCeParameter[3];
    paras[0] = new SqlCeParameter("@username", username);
    paras[1] = new SqlCeParameter("@phone", phone);
    paras[2] = new SqlCeParameter("@email", email);
    return cdb.ExcuteSql(Sql, paras);
}
//在方法中根据传递的用户名 ID、用户名、电话号码及 Email 值作为参数，调用 HelperDB 对象中的
//ExcuteSql 方法，执行对数据库中 UserInfo 表的更新操作
public int UpdateUserDataByUserID(string userid,string username, string phone, string email)
{
    HelperDB cdb = new HelperDB();
    string Sql = "update UserInfo set UserName=@username,Phone=@phone,
                Email=@email where UserID=@userid";
    SqlCeParameter[] paras = new SqlCeParameter[4];
    paras[0] = new SqlCeParameter("@username", username);
    paras[1] = new SqlCeParameter("@phone", phone);
    paras[2] = new SqlCeParameter("@email", email);
    paras[3] = new SqlCeParameter("@userid", userid);
    return cdb.ExcuteSql(Sql, paras);
}
//在方法中根据传递的用户名 ID 作为参数，调用 HelperDB 对象中的 ExcuteSql 方法，执行对数据库中
//UserInfo 表的删除操作
public int DeleteUserDataByUserID(string userid)
```

```
        {
            HelperDB    cdb = new HelperDB();
            string Sql = "delete UserInfo where UserID=@userid";
            SqlCeParameter[] paras = new SqlCeParameter[1];
            paras[0] = new SqlCeParameter("@userid", userid);
            return cdb.ExcuteSql(Sql, paras);
        }
//该方法通过调用 HelperDB 对象的 GetUserData 方法，将获得的数据集的默认视图作为 BindingSource
//对象的数据源，然后再将 BindingSource 对象的数据源作为 DataGrid 控件的数据源，以便在 DataGrid
//控件中实时显示更新的信息
        public void UpdateGird()
        {
            DataSet Ds = GetUserData();
            Bding.DataSource=Ds.Tables[0].DefaultView;;
            dgridUser.DataSource = Bding;
        }
    }
```

3．数据同步 ServiceSyn 类功能实现

在 5.5.6 节中通过数据库订阅向导已成功创建了 SQL Server Mobile 数据库订阅，并获得了用 C#生成的相关同步数据代码。在 ServiceSyn 类中，可以将这一代码复制过来并经过简单修改之后，实现应用程序远程数据同步。

下面代码为 ServiceSyn 类的整体结构：

```
class ServiceSyn
{
    public string AppPath = @"\My Documents\UserDB.sdf";
    public string ConnectionString = @"Data Source=""\My Documents\UserDB.sdf"";
                                Max Database Size=128;Default Lock Escalation =100;";
    public string InternetUrl = "http://PC-201001151348/MyUser/sqlcesa30.dll";
    public string Publisher = "PC-201001151348";
    public string PublisherDatabase = "UserDB";
    public string Publication = "MyPublication";
    public string Subscriber = "MySubscription";
    public bool DatabaseExists()
    {
    }
    public void SyncWithDataSource()
    {
    }
}
```

（1）类的成员变量说明。这里定义了有关数据同步的变量，说明如下：

1）AppPath 定义设备端数据库文件保存的绝对路径：

```
string AppPath = @"\My Documents\UserDB.sdf";
```

2）ConnectionString 用于定义设备端向远程服务器端订阅数据库的连接字符串，这里将订阅的设备端 SQL Server Mobile 的数据库文件 UserDB.sdf 保存在\My Documents 路径下。

```
string ConnectionString = @"Data Source=""\My Documents\UserDB.sdf"";Max Database Size=128;Default Lock Escalation =100;";
```

3）InternetUrl 用于定义设备端代理通过 ActiveSync 和 USB 接口向服务器端代理发出 HTTP 请求，以实现 Web 同步的 URL：

```
InternetUrl = "http://PC-201001151348/MyUser/sqlcesa30.dll";
```

4）Publisher 是运行 SQL Server 2005 服务器的计算机名称。

```
string Publisher = "PC-201001151348";
```

5）PublisherDatabase 指定用于发布数据库的名称，前面已将 SQL Server 2005 中创建的数据库 UserDB 成功地发布。

```
string PublisherDatabase = "UserDB";
```

6）Publication 指定发布的名称：

```
string Publication = "MyPublication";
```

7）Subscriber 指定订阅的名称：

```
string Subscriber = "MySubscription";
```

（2）DatabaseExists 方法功能说明。该方法通过设备端给定的数据库文件路径，执行 File 类的 Exists 方法，判断是否有数据库文件存在，若存在则为 true，反之为 false。

实现代码如下：

```
public bool DatabaseExists()
{
 if (File.Exists(AppPath))
     {
         return true;
     }
     else
     {
         return false;
     }
}
```

（3）SyncWithDataSource 方法功能说明。首先创建 SqlCeReplication 对象，然后设置该对象的 InternetUrl 属性、Publisher 属性、PublisherDatabase 属性、Publication 属性、PublisherSecurityMode 属性、SubscriberConnection String 属性、Subscriber 属性，设置完成之后，通过 File 类的 Exists 方法判断设备端数据库文件是否存在，如果不存在，则调用 SqlCeReplication 对象的 AddSubscription 方法进行订阅创建设备端数据库文件，并实现数据同步，否则只实现数据同步。

实现代码如下：

```
public void SyncWithDataSource()
{
     SqlCeReplication repl = null;
     try
     {
          repl = new SqlCeReplication();
          repl.InternetUrl = InternetUrl;
```

```
            repl.Publisher = Publisher;
            repl.PublisherDatabase = PublisherDatabase;
            repl.Publication = Publication;
            repl.PublisherSecurityMode = SecurityType.NTAuthentication;
            repl.SubscriberConnectionString = ConnectionString;
            repl.Subscriber = Subscriber;
            if (!File.Exists(AppPath))
            {
                repl.AddSubscription(AddOption.CreateDatabase);
            }
            //Synchronize with SQL Server 2005
            repl.Synchronize();
        }
        catch (SqlCeException e)
        {
            MessageBox.Show(e.ToString());
        }
        finally
        {
            //Displose of Replication Object
            repl.Dispose();
        }
    }
```

### 5.6.3 窗体功能实现

1. 启动窗体（Loading）的功能实现

（1）Loading 窗体界面设计，如图 5-58 所示。

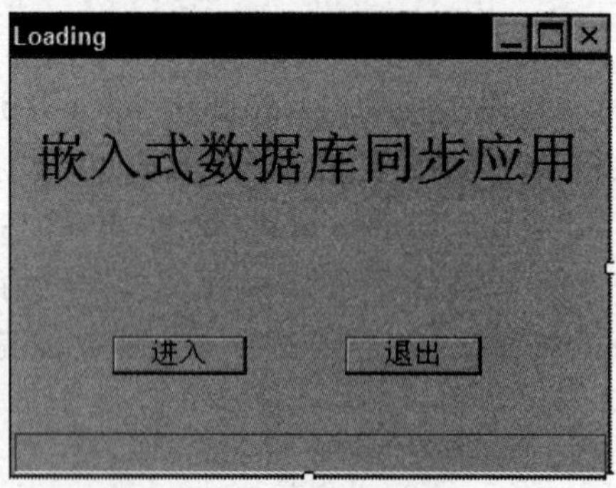


图 5-58 启动窗体界面设计

（2）Loading 窗体代码文件（Loading.cs）结构。

```
public partial class Loading : Form
{
    private bool appLoaded;
    public Loading()
    {
```

```
        InitializeComponent();
    }
    private void Loading_Load(object sender, EventArgs e)
    {
    }
    private void Loading_Activated(object sender, EventArgs e)
    {
    }
    private void btnIn_Click(object sender, EventArgs e)
    {
    }
    private void btnExit_Click(object sender, EventArgs e)
    {
    }

}
```

（3）Loading_Load 事件处理方法。在 Loading 窗体加载事件的处理过程中，将布尔型 appLoaded 变量赋予 false。

代码实现如下：

```
private void Loading_Load(object sender, EventArgs e)
{
    appLoaded = false;
}
```

（4）Loading_Activated 事件处理方法。该方法在 Loading 窗体被激活时执行，首先创建 ServiceSyn 同步操作类的对象，调用 ServiceSyn 对象的 DatabaseExists 方法判断设备端数据库是否存在，如果不存在，调用 SyncWithDataSource 方法实现设备端数据库的订阅，并将服务器端的数据下载至设备端上。如果在订阅数据库过程中出现异常情况，则退出程序。

代码实现如下：

```
private void Loading_Activated(object sender, EventArgs e)
{
    if (!appLoaded)
    {
        Application.DoEvents();
        Cursor.Current = Cursors.WaitCursor;
        Application.DoEvents();
        statusBar1.Text = "搜索本地数据库...";
        System.Threading.Thread.Sleep(2000);
        Application.DoEvents();
        ServiceSyn    s = new ServiceSyn();
        try
        {
            if (!s.DatabaseExists())
            {
                statusBar1.Text = "同步数据...";
```

```
                Application.DoEvents();
                s.SyncWithDataSource();
                statusBar1.Text = "设备端同步数据完成";
                Application.DoEvents();
                Cursor.Current = Cursors.Default;
                Application.DoEvents();
                appLoaded = true;
            }
            else
            {
                appLoaded = true;
                statusBar1.Text = "设备端数据库已存在！";
                Application.DoEvents();
                Cursor.Current = Cursors.Default;
                Application.DoEvents();
            }
        }
        catch (Exception)
        {
            statusBar1.Text = "关闭程序...";
            Application.DoEvents();
            System.Threading.Thread.Sleep(2000);
            Application.DoEvents();
            Cursor.Current = Cursors.Default;
            Application.Exit();
        }
    }
}
```

（5）单击 Loading 窗体中的“进入”按钮之后，调用 MainFrm 窗体中不带参数的构造方法，创建完 MainFrm 窗体对象之后，打开数据信息显示窗体。

代码实现如下：

```
private void btnIn_Click(object sender, EventArgs e)
{
    MainFrm Mf = new MainFrm();
    Mf.ShowDialog();
}
```

（6）单击 Loading 窗体中的“退出”按钮，程序退出。

代码实现如下：

```
private void btnExit_Click(object sender, EventArgs e)
{
    Application.Exit();
}
```

2. 数据信息显示（MainFrm）窗体的功能实现

（1）MainFrm 窗体界面设计，如图 5-59 所示。

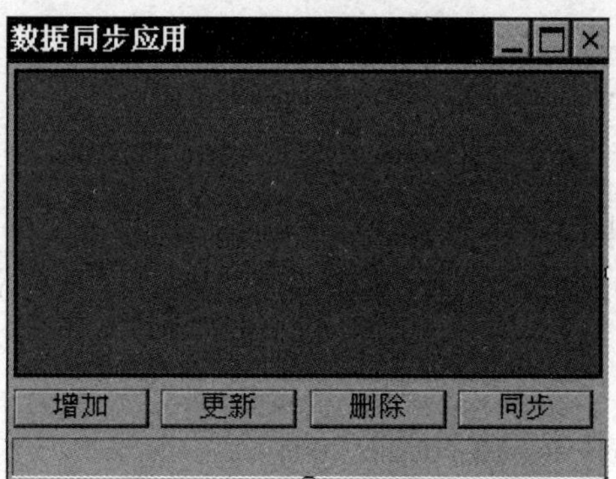


图 5-59　MainFrm 窗体界面设计

（2）MainFrm 窗体代码文件（MainFrm.cs）结构。

```
public partial class MainFrm : Form
{
    private BindingSource bs = null;
    private string Userid = null;
    public MainFrm()
    {
        InitializeComponent();
    }
    private void MainFrm_Load(object sender, EventArgs e)
    {
    }
    private void btnAdd_Click(object sender, EventArgs e)
    {
    }
    private void btnEdit_Click(object sender, EventArgs e)
    {
    }
    private void btnDelete_Click(object sender, EventArgs e)
    {
    }

    private void btnSync_Click(object sender, EventArgs e)
    {
    }
}
```

（3）MainFrm_Load 事件处理方法。在 MainFrm 窗体加载事件的处理过程中，实现 BindingSource 对象的创建，然后将 BindingSource 对象和 Datagrid 控件对象作为参数创建业务逻辑层 UserBusiness 类的对象，最后调用 UserBusiness 对象的 UpdateGird 方法，获得 UserInfo 表的数据记录，并显示在窗体的 DataGrid 列表控件中。

代码实现如下：

```
private void MainFrm_Load(object sender, EventArgs e)
{
```

```
        bs = new BindingSource();
        UserBusiness ndb = new UserBusiness(bs, dgridUser);
        ndb.UpdateGird();
    }
```

（4）btnAdd_Click 事件处理方法。单击 MainFrm 窗体中的“增加”按钮之后，调用 FrmAdd 窗体中带参数的构造函数，参数分别为 BindingSource 对象和 DataGrid 控件对象，创建完 FrmAdd 窗体对象之后，打开新增客户信息窗体。

代码实现如下：

```
private void btnAdd_Click(object sender, EventArgs e)
{
    FrmAdd fa = new FrmAdd(bs, dgridUser);
    fa.ShowDialog();
}
```

（5）btnEdit_Click 事件处理方法。在 MainFrm 窗体中，用手写笔单击触摸液晶屏，选择欲编辑的某条数据记录，然后单击“更新”按钮，这时在事件方法处理过程中，将调用 FrmModify 窗体中带参数的构造方法，参数分别为 DataGrid 控件对象和 BindingSource 对象，创建完 FrmModify 窗体对象之后，打开更新客户信息窗体。

代码实现如下：

```
private void btnEdit_Click(object sender, EventArgs e)
{
    FrmModify fm = new FrmModify(dgridUser,bs);
    fm.ShowDialog();
}
```

（6）btnDelete_Click 事件处理方法。在 MainFrm 窗体中，用手写笔单击触摸液晶屏，选择欲删除的某条数据记录，然后单击“删除”按钮，这时在事件方法处理过程中，由 BindingSource 对象的 Current 属性获得选中的数据行视图 DataRowView，通过这一数据行视图记录获得 UserInfo 表中 Userid 主键值，然后调用业务逻辑层 UserBusiness 类中带参数的构造方法创建 UserBusiness 类的对象，参数分别为 BindingSource 对象和 DataGrid 控件对象，创建完 UserBusiness 对象之后，调用 UserBusiness 对象的 DeleteUserDataByUserID 方法，并传递进 Userid 主键值参数，如果删除记录成功，MainFrm 窗体会实时显示更新之后的客户信息。

代码实现如下：

```
private void btnDelete_Click(object sender, EventArgs e)
{
    DataRowView dv = (DataRowView)bs.Current;
    Userid = dv["UserID"].ToString();
    UserBusiness ndb = new UserBusiness(bs, dgridUser);
    if (ndb.DeleteUserDataByUserID(Userid) > 0)
    {
        MessageBox.Show("删除成功！", "删除");
        ndb.UpdateGird();
    }
}
```

（7）btnSync_Click 事件处理方法。在 MainFrm 窗体中，当用手写笔单击 Datagrid 列表控件中欲删除的某条数据记录，然后单击“删除”按钮，选中的记录被成功删除。这时设备端数据库中的数据记录和远程数据库服务器中的数据记录不一致，为了将删除之后记录和远程数据库服务器中的数据记录保持一致，可以通过 btnSync_Click 方法执行远程数据同步操作来实现。首先创建用于同步操作的 ServiceSyn 类对象，然后调用 SyncWithDataSource 方法实现数据同步，如图 5-60 所示。

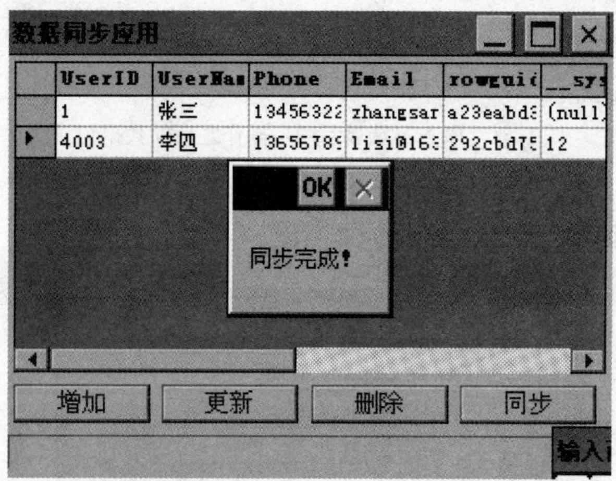


图 5-60　设备端执行同步操作成功

代码实现如下：

```
private void btnSync_Click(object sender, EventArgs e)
{
    Cursor.Current = Cursors.WaitCursor;
    try
    {
        statusBar1.Text = "同步数据...";
        ServiceSyn s = new ServiceSyn();
        s.SyncWithDataSource();
        UserBusiness ndb = new UserBusiness(bs, dgridUser);
        ndb.UpdateGird();
        statusBar1.Text = "";
    }
    catch (Exception ex)
    {
        MessageBox.Show(ex.ToString());
    }
    Cursor.Current = Cursors.Default;
    MessageBox.Show("同步完成！");
}
```

（8）在 SQL Server 2005 的 Management Studio 数据库管理工具中，打开 SQL Server 2005 的 UserDB 用户数据库中的 UserInfo 表，可以查看到刚才在设备端执行同步之后，UserInfo 表中的数据记录和设备端中显示的数据记录一致，这表示设备端和服务器同步操作成功，如图 5-61 所示。

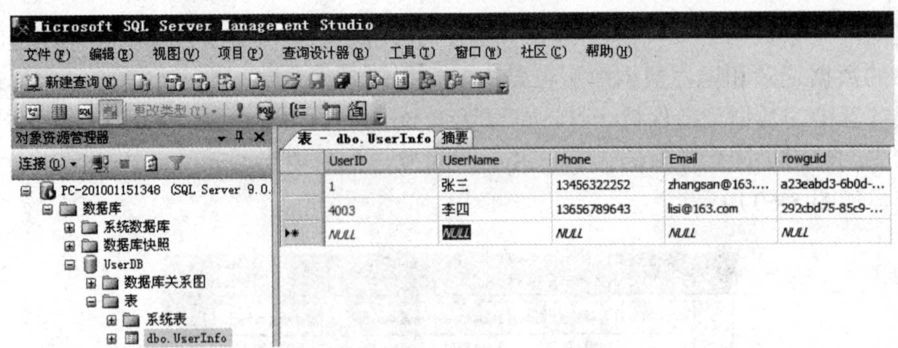

图 5-61　服务器端显示同步操作之后的数据记录

### 3. 新增数据（FrmAdd）窗体的功能实现

（1）FrmAdd 窗体界面设计，如图 5-62 所示。

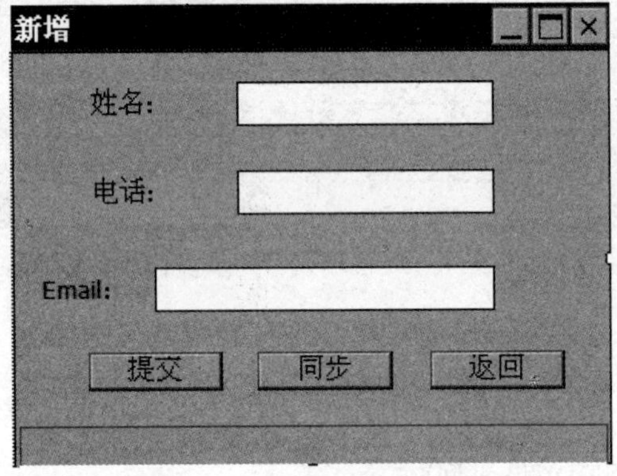

图 5-62　FrmAdd 窗体界面设计

（2）FrmAdd 窗体代码文件（FrmAdd.cs）结构。

```
public partial class FrmAdd : Form
{
    private DataGrid dgridUser;
    private BindingSource Bding;
    public FrmAdd(BindingSource bds, DataGrid dgrid)
    {
        InitializeComponent();
    }
    private void btnAdd_Click(object sender, EventArgs e)
    {
    }
    private void btnback_Click(object sender, EventArgs e)
    {
    }
    private void btnSync_Click(object sender, EventArgs e)
    {
    }
}
```

（3）FrmAdd 构造方法。FrmAdd 构造方法是一个带两个参数的构造方法，参数分别为 BindingSource 对象和 Datagrid 控件对象，它是在 FrmAdd 窗体对象被创建时自动被调用。

代码实现如下：

```
public FrmAdd(BindingSource bds,DataGrid dgrid)
{
    InitializeComponent();
    dgridUser = dgrid;
    Bding = bds;
}
```

（4）btnAdd_Click 事件处理方法。在 FrmAdd 窗体的运行界面上，分别输入姓名、电话号码、Email 值，单击“提交”按钮之后，在事件方法处理过程中，首先调用业务逻辑层 UserBusiness 类中带参数的构造方法创建 UserBusiness 类的对象，参数分别为 BindingSource 对象和 Datagrid 控件对象，创建完 UserBusiness 对象之后，调用 UserBusiness 对象的 InsertUserData 方法，并传递进姓名、电话号码、Email 参数值，如果新增记录成功，MainFrm 窗体会实时显示新增之后的客户信息。

代码实现如下：

```
private void btnAdd_Click(object sender, EventArgs e)
{
    UserBusiness ndb = new UserBusiness(Bding, dgridUser);
    if (ndb.InsertUserData(txtname.Text,txtphone.Text,txtemail.Text) > 0)
    {
        MessageBox.Show("新增成功！", "增加");
        ndb.UpdateGird();
        txtname.Text = "";
        txtphone.Text = "";
        txtemail.Text = "";
    }
}
```

（5）btnback_Click 事件处理方法。要关闭 FrmAdd 窗体，并返回到 MainFrm 窗体时，执行该方法。

代码实现如下：

```
private void btnback_Click(object sender, EventArgs e)
{
    this.Close();
}
```

（6）btnSync_Click 事件处理方法。在新增数据窗体中，增加新的数据记录之后，这时设备端数据库中的数据记录和远程数据库服务器中的数据记录不一致，为了将新增之后的记录和远程数据库服务器中的数据记录保持一致，可以通过该方法执行远程数据同步操作来实现。首先创建用于同步操作的 ServiceSyn 类对象，然后调用 SyncWithDataSource 方法实现数据同步，如图 5-63 所示。

代码实现如下：

```
private void btnSync_Click(object sender, EventArgs e)
{
```

```
    Cursor.Current = Cursors.WaitCursor;
    try
    {
        statusBar1.Text = "Synchronizing database...";
        ServiceSyn s = new ServiceSyn();
        s.SyncWithDataSource();
        UserBusiness ndb = new UserBusiness(Bding, dgridUser);
        ndb.UpdateGird();
        statusBar1.Text = "";
    }
    catch (Exception ex)
    {
        MessageBox.Show(ex.ToString());
    }
    Cursor.Current = Cursors.Default;
    MessageBox.Show("同步完成！");
}
```

4. 数据更新窗体（FrmModify）的功能实现

（1）FrmModify 窗体界面设计，如图 5-64 所示。

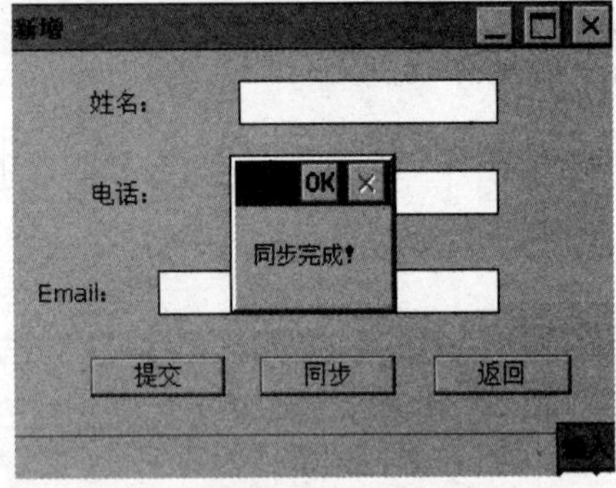


图 5-63 新增窗体中执行同步操作成功

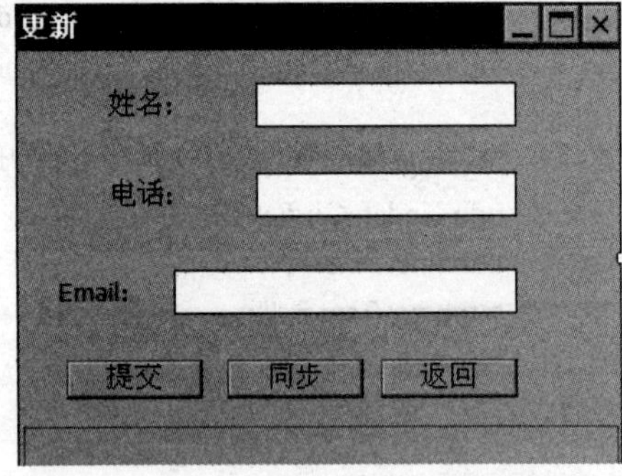


图 5-64 FrmModify 窗体界面设计

（2）FrmModify 窗体代码文件（FrmModify.cs）结构。

```
public partial class FrmModify : Form
{
    private string UserID;
    private DataGrid dgridUser;
    private BindingSource Bding;
    public FrmModify(DataGrid dgrid, BindingSource bds)
    {
        InitializeComponent();
    }
    private void FrmModify_Load(object sender, EventArgs e)
    {
    }
    private void btnEdit_Click(object sender, EventArgs e)
    {
```

```
    }
    private void btnback_Click(object sender, EventArgs e)
    {
    }
    private void btnSync_Click(object sender, EventArgs e)
    {
    }
}
```

（3）FrmModify 构造方法。FrmModify 构造方法是一个带两个参数的构造方法，参数分别为 BindingSource 对象和 DataGrid 控件对象，它是在 FrmModify 窗体对象被创建时自动被调用。

代码实现如下：

```
public FrmModify(DataGrid dgrid,BindingSource bds)
{
    InitializeComponent();
    dgridUser = dgrid;
    Bding = bds;
}
```

（4）FrmModify_Load 事件处理方法。在 FrmModify 窗体加载事件方法的处理过程中，由 BindingSource 对象的 Current 属性获得选中的数据行视图 DataRowView，通过这一数据行视图记录可以分别获得 UserInfo 表中 UserID 主键值、姓名、电话号码、Email 值，分别显示在窗体文本框上，以方便更新这条记录。

代码实现如下：

```
private void FrmModify_Load(object sender, EventArgs e)
{
    DataRowView Dv = (DataRowView)Bding.Current;
    txtname.Text = Dv["UserName"].ToString();
    txtphone.Text = Dv["Phone"].ToString();
    txtemail.Text = Dv["Email"].ToString();
    UserID = Dv["UserID"].ToString();
}
```

（5）btnEdit_Click 事件处理方法。在 FrmModify 窗体的运行界面上，分别输入想要更新的姓名、电话号码、Email 值。单击“提交”按钮之后，在事件方法处理过程中，首先调用业务逻辑层 UserBusiness 类中带参数的构造方法创建 UserBusiness 类的对象，参数分别为 BindingSource 对象和 DataGrid 控件对象，创建完 UserBusiness 对象之后，调用 UserBusiness 对象的 UpdateUserDataByUserID 方法，并传递进姓名、电话号码、Email 值参数值，如果更新记录成功，MainFrm 窗体会实时显示更新之后的客户信息。

代码实现如下：

```
private void btnEdit_Click(object sender, EventArgs e)
{
    UserBusiness ndb = new UserBusiness(Bding, dgridUser);
    if (ndb.UpdateUserDataByUserID(UserID,txtname.Text,txtphone.Text,txtemail.Text)> 0)
    {
```

```
            MessageBox.Show("更新成功！", "更新");
            ndb.UpdateGird();
        }
    }
```

（6）btnback_Click 事件处理方法。要关闭 FrmModify 窗体，并返回到 MainFrm 窗体时，执行该方法。

代码实现如下：

```
private void btnback_Click(object sender, EventArgs e)
{
    this.Close();
}
```

（7）btnSync_Click 事件处理方法。在更新数据窗体中，选中的数据记录被更新之后，设备端数据库中的数据记录和远程数据库服务器中的数据记录不一致，为了将更新之后记录和远程数据库服务器中的数据记录保持一致，可以通过该方法执行远程数据同步操作来实现。首先创建用于同步操作的 ServiceSyn 类对象，然后调用 SyncWithDataSource 方法实现数据同步。

代码实现如下：

```
private void btnSync_Click(object sender, EventArgs e)
{
    Cursor.Current = Cursors.WaitCursor;
    try
    {
        statusBar1.Text = "Synchronizing database...";
        ServiceSyn s = new ServiceSyn();
        s.SyncWithDataSource();
        UserBusiness ndb = new UserBusiness(Bding, dgridUser);
        ndb.UpdateGird();
        statusBar1.Text = "";
    }
    catch (Exception ex)
    {
        MessageBox.Show(ex.ToString());
    }
    Cursor.Current = Cursors.Default;
    MessageBox.Show("同步完成！");
}
```

# 第 6 章　Windows CE 串口通信应用

## 6.1　串口通信基础

### 6.1.1　串行通信简介

随着嵌入式系统的广泛应用和计算机网络技术的普及，嵌入式系统在通信领域愈来愈显得重要。当前可以看到通用串行总线 Universal Serial Bus 或者 USB 的串口通信已经应用到日常生活的很多方面，USB 是一种高速的串口通信协议，USB 接口较为复杂，通常用在需要传输大量数据的地方，如 U 盘、数码相机、打印机等。在工控和其他嵌入式应用领域，大量使用的还是另一种古老的串口协议——RS-232 串口。RS-232 是一种非常简洁的低速串口通信接口，它可以同时进行数据接收和发送的工作。

串行通信是将数据字节分成一位一位的形式在一条传输线上逐个传送。串口按位（bit）发送和接收字节。尽管比按字节（byte）的并行通信慢，但是串口可以在使用一根线发送数据的同时用另一根线接收数据。它很简单并且能够实现远距离通信，如图 6-1 所示。

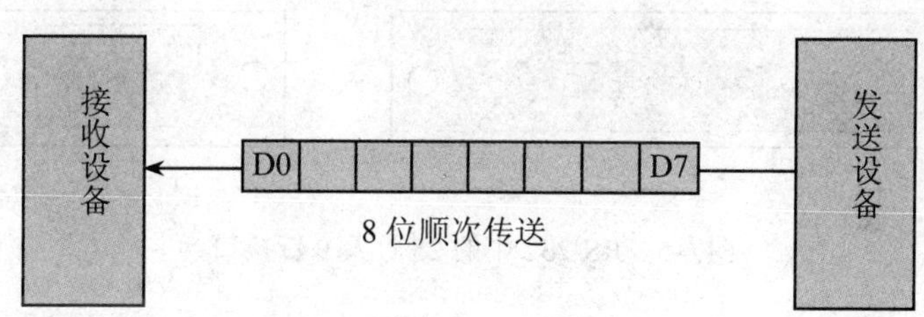


图 6-1　所示串行数据传输

串行通信的特点：传输线少，长距离传送时成本低，且可以利用电话网等现成的设备，但数据的传送控制比并行通信复杂。

串行通信的传输方向如下：

1. 单工

单工是指数据传输仅能沿一个方向，不能实现反向传输，如图 6-2 所示。

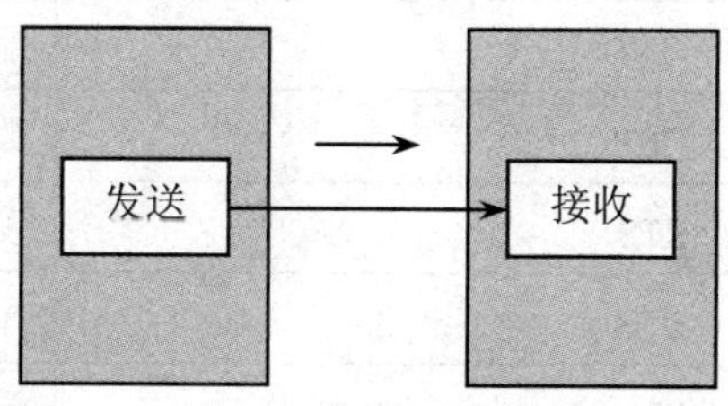


图 6-2　单工通信

2. 半双工

半双工是指数据传输可以沿两个方向，但需要分时进行，如图 6-3 所示。

3. 全双工

全双工是指数据可以同时进行双向传输，如图 6-4 所示。

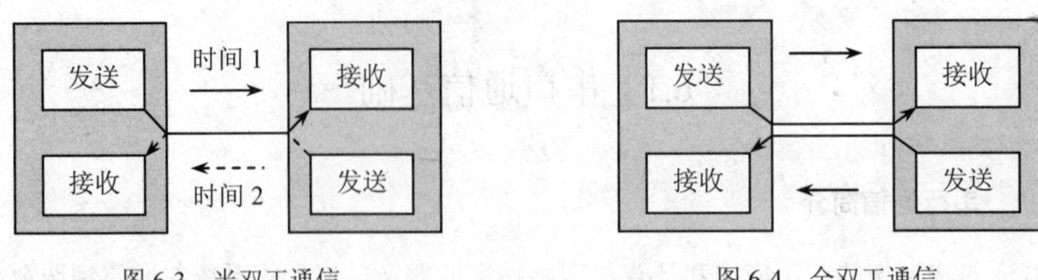


图 6-3 半双工通信　　图 6-4 全双工通信

### 6.1.2 RS-232 接口特性

RS-232 是 EIA（美国电子工业协会）1969 年修订 RS-232C 标准。RS-232 定义了数据终端设备（DTE）与数据通信设备（DCE）之间的物理接口标准。RS-232 接口规定使用 25 针和 9 针连接器，（阳头）如图 6-5 所示。目前大多数串行设备使用的是 9 针连接器。关于 9 针接口中每个插针的排列位置都有明确的功能特性，如表 6-1 所示。

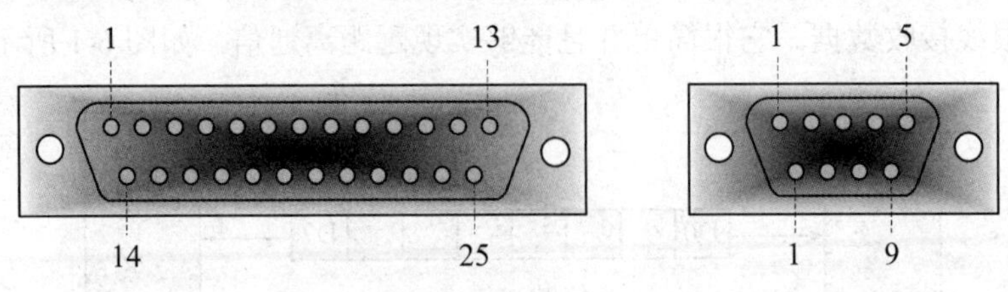


图 6-5 RS-232 中的 25 针及 9 针接口

表 6-1 RS-232 中的 9 针引脚功能特性

| 插针序号 | 信号名称 | 功能说明 |
|---|---|---|
| 1 | DCD | 数据载波检测 |
| 2 | RXD | 串口数据输入 |
| 3 | TXD | 串口数据输出 |
| 4 | DTR | 数据终端就绪 |
| 5 | GND | 地线 |
| 6 | DSR | 数据发送就绪 |
| 7 | RTS | 发送数据请求 |
| 8 | CTS | 允许发送 |
| 9 | RI | 铃声指示 |

### 6.1.3　串行数据传输

在串行异步通信中，串行数据传输是以字符（构成的帧）为单位进行传输，字符与字符之间的间隙（时间间隔）是任意的，但每个字符中的各位是以固定的时间传送的，即字符之间不一定有“位间隔”的整数倍的关系，但同一字符内的各位之间的距离均为“位间隔”的整数倍。串行数据传输的数据格式如图 6-6 所示。

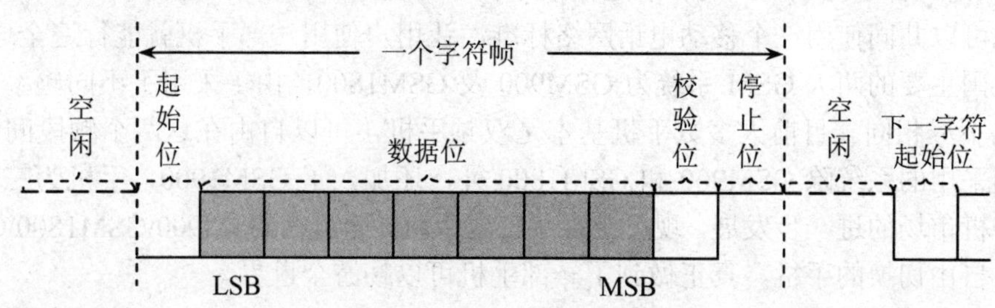


图 6-6　串行数据传输的数据格式

典型地，串口用于 ASCII 码字符的传输，通信使用 3 根线完成：地线、发送线、接收线。由于串口通信是异步的，端口能够在一根线上发送数据，同时在另一根线上接收数据。其他线用于握手，但不是必需的。串口通信最重要的参数是波特率、数据位、停止位和奇偶校验。

1. 波特率

这是一个衡量通信速度的参数，它表示每秒钟传送的 bit 的个数。波特率是每秒钟传输二进制代码的位数，单位是位/秒（b/s）。如每秒钟传送 240 个字符，而每个字符格式包含 10 位（1 个起始位、1 个停止位、8 个数据位），这时的波特率为：

10 位×240 个/秒 ＝2400 b/s

2. 数据位

这是衡量通信中实际数据位的参数。当计算机发送一个数据帧时，每个数据帧由四部分组成：起始位（占 1 位）、数据位（占 5～8 位）、奇偶校验位（占 1 位，也可以没有校验位），停止位（占 1～2 位），所以实际的数据不一定是 8 位的，也可能是 5、6、7 位，具体设置取决于想传送的信息。

3. 停止位

停止位用于表示单个数据帧的最后一位，典型的值为 1、1.5 和 2 位。由于数据是在传输线上定时的，并且每个设备有其自己的时钟，很可能在通信中两台设备间出现了小小的不同步。因此停止位不仅仅是表示传输的结束，并且提供计算机校正时钟同步的机会。

4. 奇偶校验位

在串口通信中常用的检错方式有偶校验、奇校验。当然没有校验位也是可以的。对于偶和奇校验的情况，串口会设置校验位（数据位后面的一位），用一个值确保传输的数据有偶个或者奇个位。例如，如果数据是 011，对于偶校验，校验位为 0；如果是奇校验，校验位为 1。

## 6.2　GSM 与 GPRS

### 6.2.1　GSM

GSM 全名为 Global System for Mobile Communications，中文为全球移动通信系统，简称“全球通”，是一种起源于欧洲的移动通信技术标准，是第二代移动通信技术，其开发目的是让全球各地可以共同使用一个移动电话网络标准，让用户使用一部手机就能行遍全球。

目前我国主要的两大 GSM 系统为 GSM900 及 GSM1800，由于采用了不同频率，因此适用的手机也不尽相同。目前大多数手机基本是双频手机，可以自由在这两个频段间切换。欧洲国家普遍采用的系统除 GSM900 和 GSM1800 外，还加入了 GSM1900，手机为三频手机。我国随着手机市场的进一步发展，现已出现了三频手机，即可在 GSM900\GSM1800\GSM1900 三种频段内自由切换的手机，真正做到了一部手机可以畅游全世界。

GSM 通信传输采用的是一种电路交换系统，数据速率一般为 9.6kb/s。只能使用短信形式传送数据，无法做到“实时在线”、“按量计费”。用户发出的短信息首先被发送到短信息中心的服务器中，然后短信息中心的服务器对收到的短信息进行排队处理，按顺序再发送给相应的接收用户终端，如果接收用户关机或超出服务区不能正常通信时，则该条短信息进行一定的延时后重新发送，这样有可能会造成后发的短信息先到的情况。此外短信息中心服务器为每一个用户开设的缓存区一般较为有限，约 15～25 条，当接收缓存区存满而接收用户还不能正常通信时，将不再接收新的短信息，即发生短信息拥塞，造成短信息丢失。短信息在短信息中心服务器中保留的时间也有一定的期限，一般为一天左右。为了保证监测站与中心管理机的数据交换，一定要使接收机与网络处于可靠的通信状态。GSM 手机的 GSM 模块所接收的短信息被保存 SIM 卡中，普通 SIM 卡一般能存储 25 条短信息，因此，在使用过程中应及时删除已处理过的短信息，以免造成短信息的丢失。

### 6.2.2　GPRS

GPRS 是 General Packet Radio Service（通用分组无线业务）的简称。它是在 GSM 系统基础上发展起来的分组数据承载和传输业务。它是一种分组交换系统，即以分组的“形式”把数据传送到用户手上。

相对原来 GSM 的拨号方式的电路交换数据传送方式，GPRS 是分组交换技术，具有“高速”和“永远在线”以及按量计费等优点 ，GPRS 的传输速率可提升至 56kb/s 甚至 114kb/s。

1. 实时在线

实时在线指用户随时与网络保持联系。举个例子，用户访问互联网时，手机就在无线信道上发送和接收数据，就算没有数据传送，手机还会一直与网络保持连接，不但可以由用户发起数据传输，还可以从网络随时启动 push 类业务，不像普通拨号上网那样断线后必须重新拨号才能再次接入互联网。

2. 按量计费

对于电路交换模式的 GSM 系统，在整个连接期内，用户无论是否传送数据都将独占无线信道。对于分组交换模式的 GPRS，用户只有在发送或接收数据期间才占用资源。这意味着多个用户可高效率地共享同一无线信道，从而提高了资源的利用率。相应于分组交换的技术特点，GPRS 用户的计费以通信的数据流量为主要依据，体现了“得到多少、支付多少”的原则。没有数据流量传递时，用户即使挂在网上也是不收费的。

3. 快捷登录

GPRS 手机一开机就能够附着到 GPRS 网络上，即已经与 GPRS 网络建立联系，附着时间一般是 3～5 秒。每次使用 GPRS 数据业务时，需要一个激活过程，一般是 1～3 秒，激活之后就已经完全接入了互联网。而固定拨号方式接入互联网需要拨号、验证用户姓名和密码、登录服务器等过程，至少需要 8～10 秒甚至更长的时间。

4. 高速传输

GPRS 采用分组交换技术，数据传输速率的最高理论值能达 171.2kb/s，此时已经完全可以支持像多媒体图像传输业务这样一些对带宽要求较高的应用业务。但 171.2kb/s 的理论值是在采用 CS-4 编码方式且无线环境良好、信道充足的情况下实现的。实际数据传输速率要受网络编码方式、终端支持、无线环境等诸多因素的影响。目前 GPRS 用户的接入速度还在 40kb/s 以下，在使用数据加速系统后，速率可以提高到 60kb/s～80kb/s 左右。

### 6.2.3 GPRS 模块

GPRS 模块是指带有 GPRS 功能的 GSM 模块。本章中短信程序开发选用的是西门子 MC39i GSM/GPRS 终端(短信猫)，核心模块是 Siemens MC39i，有关技术参数可参考 SIEMENS MC39i 规格说明书。它设计小巧、功耗很低，采用 RS232 接口，配件有天线、串口线、电源，该设备支持短信收发、语音、传真、GPRS 上网、数据传输，如图 6-7 所示。

图 6-7 GPRS 功能的 GSM 模块

## 6.3 短信编解码

### 6.3.1 AT 指令简介

GPRS 模块是通过 AT 指令（或命令）来控制的，AT 指令在当代手机通信中起着重要的作用，手机内部包含的 GPRS 模块能够通过 AT 指令控制手机的许多行为，诸如实现呼叫、短信、电话本、数据业务、传真等方面的应用。AT 即 Attention，GPRS 模块与计算机之间的通信协议是一些 AT 指令集，AT 指令是从终端设备（Terminal Equipment，TE）或数据终端设备（Data Terminal Equipment，DTE）向终端适配器（Terminal Adapter，TA）或数据电路终端设备（Data Circuit Terminal Equipment，DCE）发送的。AT 指令是以 AT 字符串开始，加上后续一串字符指令的字符串，每个指令执行成功与否都有相应的返回。如表 6-2 所示是常用短信的 AT 指令说明。

表 6-2 常用短信的 AT 指令说明

| AT 指令 | 功能说明 |
| --- | --- |
| AT | 测试连接是否正确 |
| AT+CSCS | 获取、设置手机当前字符集，可设置为 GSM 或 UCS2 |
| AT+CSCA | 短信中心号码 |
| AT+CMGL | 列出指定状态的短信息的 PDU 代码 |
| AT+CMGR | 列出指定序号的短信息的 PDU 代码 |
| AT+CMGS | 发送短信 |
| AT+CMGF | 短信格式，分为 Text 模式和 PDU 模式 |

### 6.3.2 UCS2 短信编码

GPRS 模块通过向串口发送对应的 AT 命令来发送短信内容，但在发送之前需要对发送信息按照指定的信息格式进行编码之后才能正确发送到目标手机上，同样在查看接收到的短信内容之前，也需要按照指定的信息格式进行解码才行。

目前有三种编码方式来发送和接收 SMS 信息：Block Mode、Text Mode 和 PDU Mode。Block Mode 编码方式目前很少用了，Text Mode 是纯文本方式，可使用不同的字符集，从技术上说也可用于发送中文短消息，但国内手机基本上不支持，主要用于欧美地区。PDU Mode 被所有手机支持，可以使用任何字符集，这也是手机默认的编码方式。在 PDU 模式下可支持上述所有操作，在 PDU 模式中，可以采用三种编码方式对发送的内容进行编码，分别是 7-bit、8-bit 和 UCS2 编码，这里只介绍能被大多数手机显示的 UCS2 编码的信息内容。

所谓 UCS2 编码就是将单个字符按 ISO/IEC10646 的规定，转变为 Unicode 宽字符。即单个的字符转换为由四位的 0～9、A～F 字母组成的字符串。这样待发送的消息以 UCS2 码的形式发送。当 UCS2 编码用 16-bit 编码时，最多 70 个字符，能用来显示 Unicode（UCS2）文本信息，这样就可以被大多数的手机显示。

例如：现在要向对方手机 13712345678 发送“您好，Hello!”短信内容。在没有发送之前，要清楚手机 SIM 卡所在地的短信中心号，如福州的短信中心号码为+861380591500，从面得到下面的信息：

接收手机号码：13712345678

短信中心号码：+8613800591500

短信内容：您好，Hello!

在实际使用中，上面这些信息并不为手机执行，要进行编码后手机才会执行命令，编码后的信息如下：

0891683108501905F011000D91683117325476F80008001260A8597D002C00480065006C006C006F0021

参照规范，分段含义的解释说明如下：

08 指短信中心号的长度，也就是指(91)+(683108501905F0)的长度。

91 指短信息中心号码类型，91 是 TON/NPI 遵守 International/E.164 标准，683108501905F0 指在号码前需加'+'号。

683108501905F0 指短消息中心地址 8613800591500，补 'F' 凑成偶数个。

11 表示文件头字节。

00 表示信息类型。

0D 表示目标地址数字个数共 13 个十进制数（不包括 91 和'F'）。

91 指被叫号码类型。

683117325476F8 表示目标地址（TP-DA）8613712345678，补'F'凑成偶数个。

00 表示协议标识（TP-PID）是普通 GSM 类型。

08 表示 UCS2 编码，它采用前面说的 USC2（16bit）数据编码。

00 表示有效期 TP-VP。

12 表示长度 TP-UDL（TP-User-Data-Length），也就是 60A8597D002C00480065006C006C006F0021 的长度 36/2 = 18，18 的十六进制表示为 12。

60A8597D002C00480065006C006C006F0021 就是短信内容了，实际内容为：“您好，Hello!”。

整个编码后的 PDU 串可以分成三部分：

(08)+(91)+(683108501905F0) 实际上就构成了整个短信的第一部分，统称短消息中心地址。

(11)+(00)+(0D)+(91)+(683117325476F8) 构成了整个短信的第二部分，包含目的地址 。

(00)+(08)+(00)+(12)+(60A8597D002C00480065006C006C006F0021)构成第三部分的短信内容。

### 6.3.3 UCS2 短信解码

接收 PDU 串和发送 PDU 串结构是不完全相同的。通过一个实例来分析，假定收到的短信息的 PDU 串为：

0891683108501905F0040D91683117325476F80008909032322543230660A8597DFF01

参照规范，分段含义的解释说明如下：

08 表示地址信息的长度共 8 个 8 位字节（包括 91）。

91 表示国际格式号码（在前面加'+'），此外还有其他数值，如 A1 代表国内格式，但 91 最常用。

683108501905F0 表示 SMSC 地址 8613800591500，补'F'凑成偶数个。

04 表示基本参数接收，无更多消息，有回复地址 。

0D 表示回复地址数字个数共 13 个十进制数（不包括 91 和'F'）。

91 表示回复地址格式，国际格式。

683117325476F8 表示回复地址 8613712345678，补'F'凑成偶数个。

00 表示协议标识，表示普通 GSM 类型。

08 表示用户信息编码方式为 UCS2 编码。

90 90 32 32 25 43 23 表示服务时间戳值为 2009-09-23 23:52:34。

06 表示用户信息长度（TP-UDL）实际为 6 个字节。

60A8597DFF01 表示用户发送的短信内容“您好！”。

通过 PDU 串的 UCS2 解码分析，可以获取如下有用的信息：

短信服务中心号码是+ 8613800591500

发送方号码是 13712345678

发来的消息内容是“您好!”

发送时间是：2009-09-23 23:52:34。

### 6.3.4 通过超级终端进行 GPRS 通信测试

在进行短信收发系统项目开发之前，需要测试一下 GPRS 模块是否能正确发送 AT 指令和接收 AT 指令的响应数据包。可以先将 GPRS 模块通过串口线缆连接到 PC 机的串口上，然后将入网手机的 SIM 卡取下，装入 GPRS 模块卡槽中，最后让 GPRS 模块起电工作。

在测试 AT 指令之前，先打开超级终端程序，当出现如图 6-8 所示的对话框时，选择 PC 机实际存在的串口，这里选择 COM1，单击“确定”按钮。

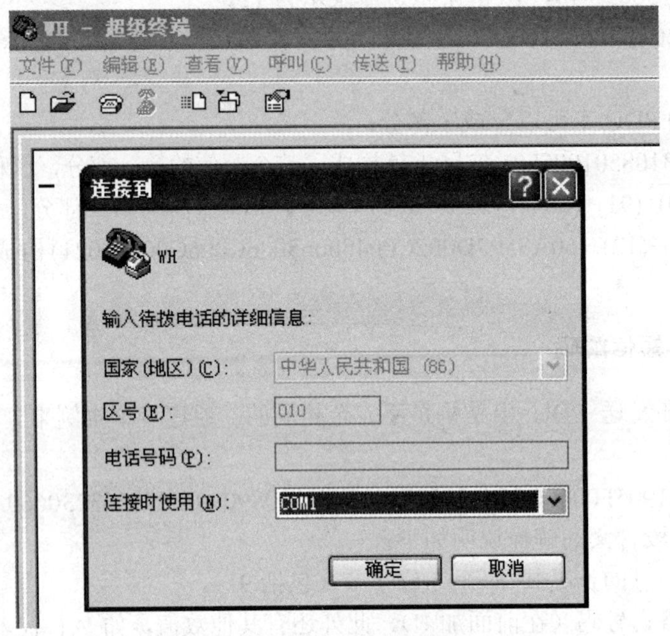


图 6-8 选择串口名称

当出现如图 6-9 所示的对话框时，选择波特率为 115200，数据位为 8，奇偶校验为无，停止位为 1，数据流控制为硬件，单击“确定”按钮，这时完成了 AT 指令发送前的串口参数设置工作。

1. 发短信步骤

（1）测试 GPRS 模块及 PC 之间是否支持 AT 指令。

在超级终端程序中输入：

AT＜回车＞

屏幕上返回 OK，表明计算机与 GPRS 模块连接正常，这样就可以进行其他的 AT 指令测试。

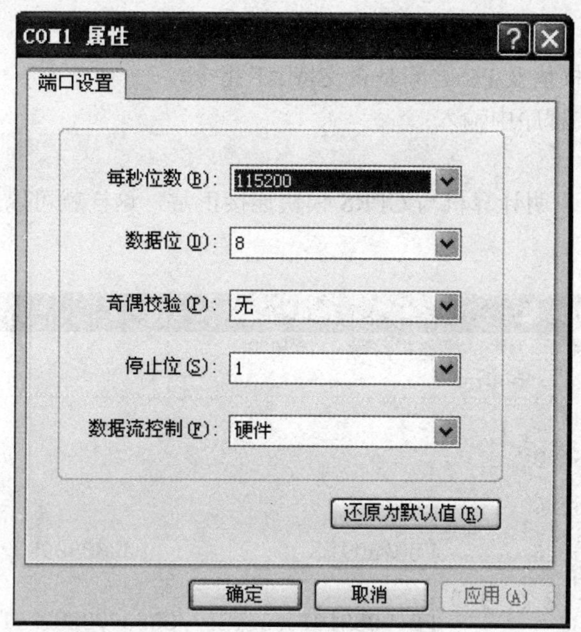


图 6-9　串口参数设置

（2）设置短信发送格式。

AT+CMGF=0＜回车＞

屏幕上返回 OK，表明现在短信的发送方式为 PDU 方式，如果设置为 TEXT 方式，则格式为 AT+CMGF=1＜回车＞。

（3）发送短信。发送内容须经编码成 PDU 串后才能发送，得到要发送的数据如下：

0891683108501905F011000D91683117325476F80008001260A8597D002C00480065006C006C006F0021

以上 PDU 串编码并不适合读者所在地的编码，读者可以对照前面所讲的编码规则编写适合自己的 PDU 串进行发送。

现在可以用如下指令发送：

AT+CMGS=33＜回车＞

如果返回“＞”，就把上面编码数据输入，并以 Ctrl+Z 结尾，稍等一下，就可以看到返回 OK，如图 6-10 所示。

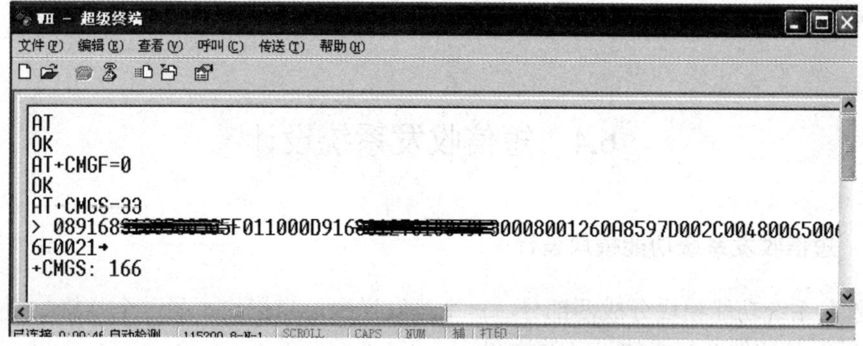


图 6-10　超级终端 AT 指令发送短信及响应信息

2. 接收短信步骤

（1）测试 GPRS 模块及 PC 之间是否支持 AT 指令。

格式为在超级终端程序中输入：

AT＜回车＞

屏幕上返回 OK，表明计算机与 GPRS 模块连接正常，这样就可以进行其他的 AT 指令测试了，如图 6-11 所示。

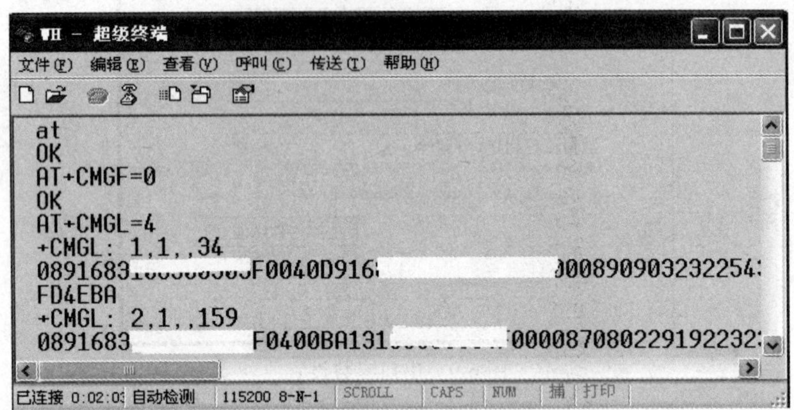


图 6-11　超级终端 AT 指令接收短信及响应信息

（2）设置短信发送格式。

AT+CMGF=0＜回车＞

屏幕上返回 OK，表明现在短信的发送方式为 PDU 方式，如果设置为 TEXT 方式，则格式为 AT+CMGF=1＜回车＞。

（3）接收短信。

AT+CMGL=4 ＜回车＞

4 表示接收所有消息，屏幕返回内容如下：

+CMGL: 3,1,,26

0891683108501905F0040D91683117325476F80008909032322543230660A8597DFF01

3 表示短信的序号，即收到第几条。

1 表示接收到的短信已读（如果是 0 表示接收到的短信未读）。

26 表示收到的数据长度。

040D91683117325476F80008909032322543230660A8597DFF01 代表短信内容，如图 6-11 所示。

# 6.4　短信收发系统设计

## 6.4.1　短信收发系统功能模块设计

短信收发系统功能模块分成两部分，一个是发送短信息模块，另一个是接收短信息模块，如图 6-12 所示是软件功能模块设计结构图。

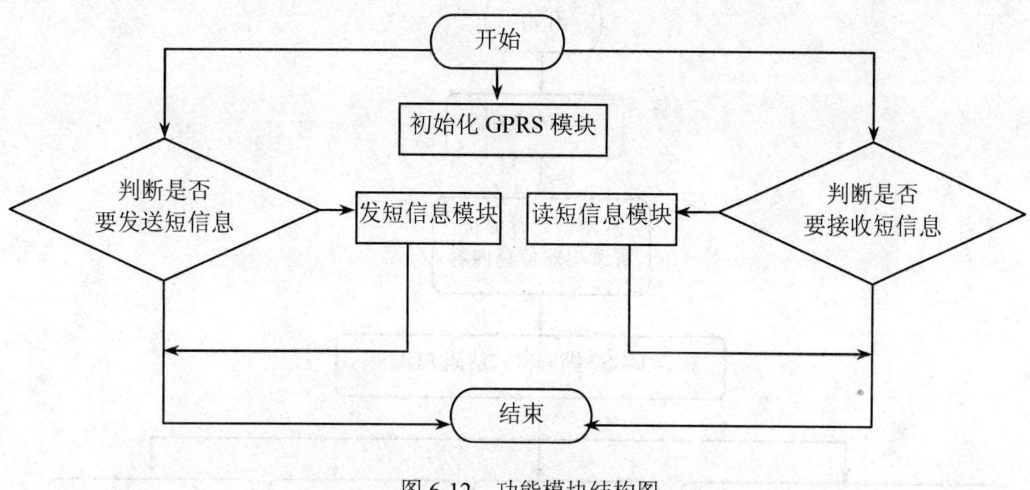


图 6-12　功能模块结构图

1. 发送短消息模块

输入项目：目标电话号码及短消息内容。

输出项目：发送短消息成功提示或失败提示，如图 6-13 所示是短信息发送流程图。

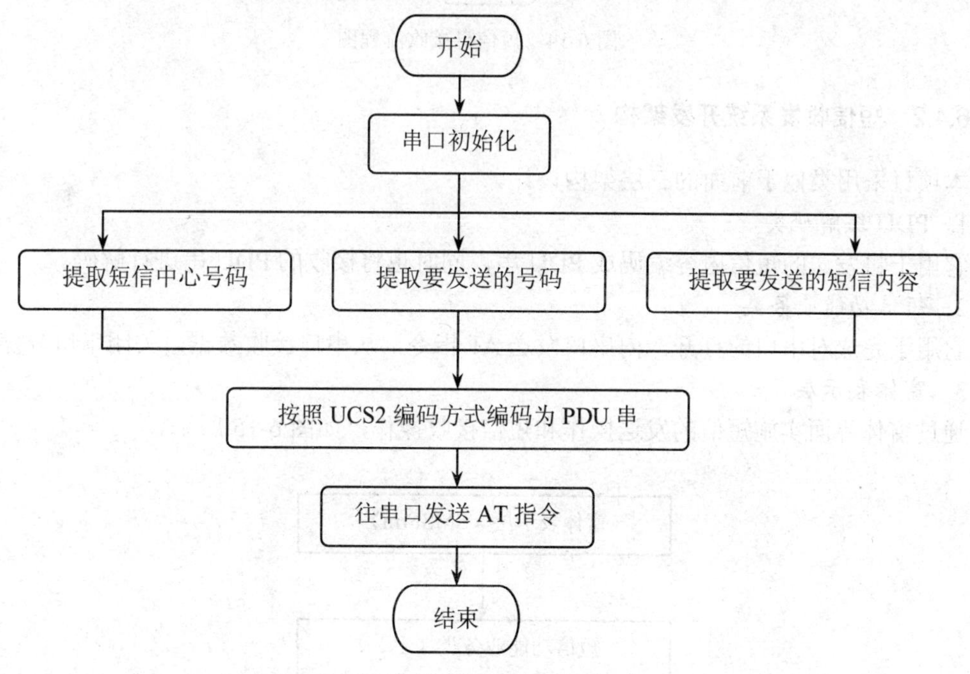


图 6-13　短信息发送流程图

2. 接收短信息模块

输入项目：短信息存放位置（SIM 卡），如图 6-14 所示是短信息接收流程图。

输出项目：短信息内容（包括短信状态、对方号码、短信日期、短信内容详情等）。

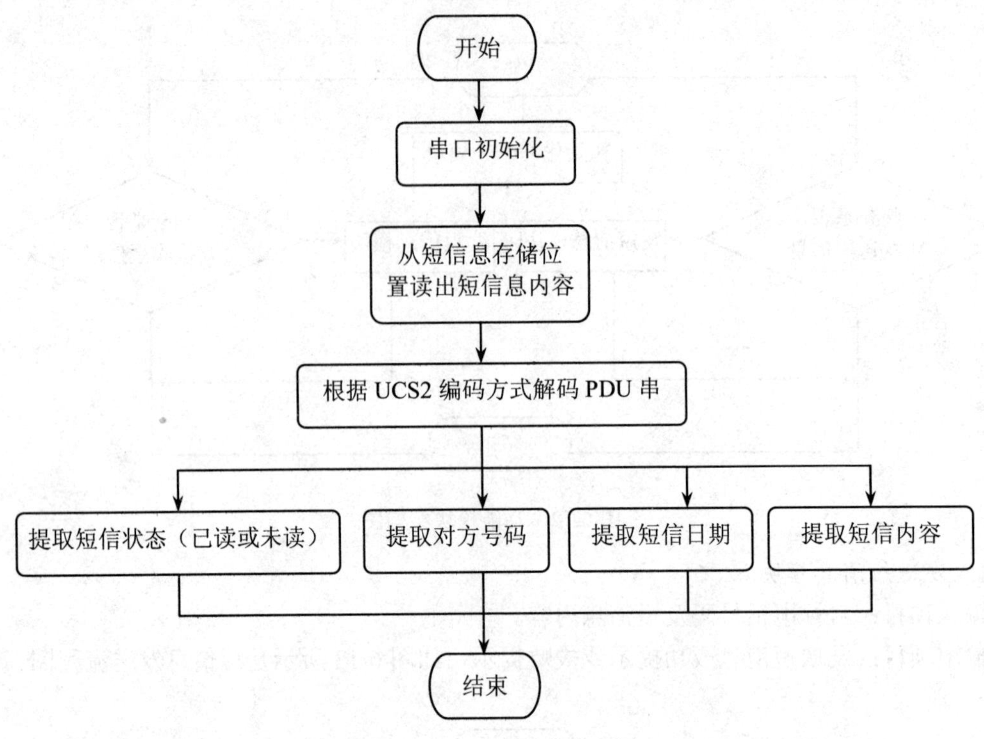


图 6-14　短信息接收流程图

### 6.4.2　短信收发系统开发架构

本项目采用类似于前面的三层架构设计。

1. PDU 编解码类

它用于将发送的短信内容编码成 PDU 串，同时也将接收的 PDU 串进行解码。

2. 短信功能业务类

它用于完成对串口的打开，向串口发送 AT 指令，从串口接收数据，关闭串口等操作。

3. 窗体表示层

通过窗体界面实施短信的发送操作和短信接收操作，如图 6-15 所示。

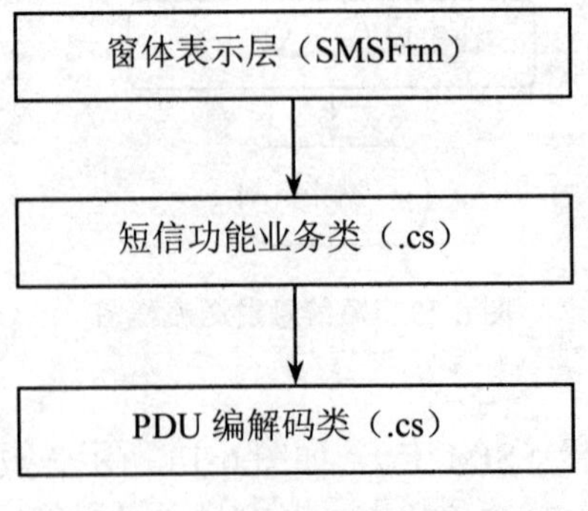


图 6-15　短信收发系统架构

# 6.5　短信业务类设计

## 1．PDU 编解码类的功能实现

PDU 编解码类（PduEncodeDecode.cs）的主要源代码实现及功能简要说明如下：

```
class PduEncodeDecode
{
    //手机号码转换为 pdu 模式
    public string telc(string MobileNum)
    {
        int tl;
        string ltem, rtem, ttem;
        int ti;
        ttem = "";
        tl = MobileNum.Trim().Length;
        if (tl != 11 && tl != 13)
        {
            MessageBox.Show("wrong number:" + MobileNum);
            return "";
        }
        if (tl == 11)   // 11 位转换为 13 位
        {
            tl += 2;
            MobileNum = "86" + MobileNum;
        }
        for (ti = 0; ti < tl; ti += 2)
        {
            ltem = MobileNum.Substring(ti, 1);
            if (ti == tl - 1)
            {
                rtem = "F";
            }
            else
            {
                rtem = MobileNum.Substring(ti + 1, 1);
            }
            ttem += rtem + ltem;   //每两位颠倒
        }
        return ttem;
    }

    // Unicode 解码函数
    public string ascg(string smsg)
    {
        string res = "";
```

```
    string ls;
    string rs;
  byte[] resByte = System.Text.UnicodeEncoding.Unicode.GetBytes(smsg);
    for (int i = 0; i < resByte.Length; i += 2)
    {
        ls = resByte[i].ToString("X2");
        rs = resByte[i + 1].ToString("X2");
        res = res + rs + ls; //注意这里高低位颠倒
    }
    return res.Trim();
}

/// <summary>
/// 发往发送方短信的 PDU 编码
/// </summary>
/// <param name="CenterNo">短信中心号码</param>
/// <param name="PhoneNo">接收号码</param>
/// <param name="Message">短信内容</param>
/// <returns>返回 PDU 编码</returns>
public string GetPduEncode(string CenterNo, string PhoneNo, string Message,out int length)
{
    string prex = "0891";
    string midx = "11000D91";
    string sufx = "000800";
    string pdu, psmsc, pnum, pmsg;
    string leng;
    length = (Message.Length) * 2;
    leng = length.ToString("X");
    if (length < 16)
    {
        leng = "0" + leng;
    }
    psmsc =telc(CenterNo.Trim());
    pnum = telc(PhoneNo.Trim());
    pmsg = ascg(Message.Trim());
   pdu = prex + psmsc + midx + pnum + sufx + leng + pmsg;//编码组合方式
    return pdu;
}

///    <summary>
///    判断接收的短信是 PDU 格式还是 TEXT 格式
///    </summary>
public bool IsPDU(string SMS)
{
    if ((SMS.Substring(40, 2) == "08")| (SMS.Substring(38, 2)=="08"))
        return true;
```

```
        else
            return false;
    }

    /// <summary>
    /// 针对国际 91(+)提取短信的发送人电话号码
    ///    </summary>
    /// <param name="SMS">要进行转换的整个短信内容</param>
    /// <returns>电话号码 </returns>
    public string GetTelphone(string SMS)
    {
        string tel = SMS.Substring(26, 12);
        string s = "";
        for (int i = 0; i < 11; i += 2)
        {
            s += tel[i + 1];
            s += tel[i];
        }
        s += tel[tel.Length -1];
        return s;
    }

    /// <summary>
    /// 针对国内 A1 提取短信的发送人电话号码
    ///    </summary>
    /// <param name="SMS">要进行转换的整个短信内容</param>
    /// <returns>电话号码 </returns>
    public string GetTelphoneA1(string SMS)
    {
        string tel = SMS.Substring(24, 12);
        string s = "";
        for (int i = 0; i < 11; i += 2)
        {
            s += tel[i + 1];
            s += tel[i];
        }
        s += tel[tel.Length - 2];
        return s;
    }

    /// <summary>
    ///    函数功能：针对国际 91(+)提取短信的发送时间
    /// </summary>
    /// <param name="SMS">SMS：要进行转换的整个短信内容</param>
    /// <returns>发送时间 </returns>
    public string GetDataTime(string SMS)
```

```
{
    string time = SMS.Substring(42, 12);
    string s = "";
    for (int i = 0; i < 11; i += 2)
    {
        s += time[i + 1];
        s += time[i];
    }
    string t = s.Substring(0, 2) + "年" + s.Substring(2, 2) + "月" + s.Substring(4, 2) + "日" +
    s.Substring(6, 2) + ":" + s.Substring(8, 2) + ":" + s.Substring(10, 2);
    return t;
}

/// <summary>
///     函数功能：针对国内 A1 提取短信的发送时间
/// </summary>
/// <param name="SMS">SMS：要进行转换的整个短信内容</param>
/// <returns>发送时间 </returns>
public string GetDataTimeA1(string SMS)
{
    string time = SMS.Substring(40, 12);
    string s = "";
    for (int i = 0; i < 11; i += 2)
    {
        s += time[i + 1];
        s += time[i];
    }
    string t = s.Substring(0, 2) + "年" + s.Substring(2, 2) + "月" + s.Substring(4, 2) + "日" +
    s.Substring(6, 2) + ":" + s.Substring(8, 2) + ":" + s.Substring(10, 2);
    return t;
}

/// <summary>
/// 函数功能：针对国内 A1USC2 编码提取短信的内容（PDU）
/// </summary>
/// <param name="SMS">SMS：要进行转换的整个短信内容</param>
/// <returns>短信内容</returns>
public string GetContentA1(string SMS)
{
    string c = "";
    string len = SMS.Substring(54, 2);
    int length = System.Convert.ToInt16(len, 16);
    length *= 2;
    string content = SMS.Substring(56, length);
    for (int i = 0; i < length; i += 4)
    {
```

```
            string temp = content.Substring(i, 4);
            int by = System.Convert.ToInt16(temp, 16);
            char ascii = (char)by;
            c += ascii.ToString();
        }
        return c;
    }

    /// <summary>
    /// 函数功能：针对国际(+91)USC2 编码提取短信的内容（PDU）
    /// </summary>
    /// <param name="SMS">SMS：要进行转换的整个短信内容</param>
    /// <returns>短信内容</returns>
    public string GetContent(string SMS)
    {
        string c = "";
        string len = SMS.Substring(56, 2);
        int length = System.Convert.ToInt16(len, 16);
        length *= 2;
        string content = SMS.Substring(58, length);
        for (int i = 0; i < length; i += 4)
        {
            string temp = content.Substring(i, 4);
            int by = System.Convert.ToInt16(temp, 16);
            char ascii = (char)by;
            c += ascii.ToString();
        }
        return c;
    }

    /// <summary>
    /// 判断是否是国内 A1 编码
    /// </summary>
    /// <returns>返回布尔值</returns>
    public bool IsA1TypeNo(string SMS)
    {
        string str=SMS.Substring(22,2);
        if(str=="A1")
        {
            return true ;
        }
        else
        {
            return false;
        }
    }
}
```

2. 短信功能业务类功的能实现

在.NET Compact Framework 2.0 中提供了 SerialPort 类，该类主要实现串口数据通信操作。该类一些主要的编程属性如表 6-3 所示，一些对串口的操作方法如表 6-4 所示。

表 6-3　SerialPort 类的属性

| 属性名称 | 说明 |
| --- | --- |
| BaudRate | 获取或设置串行波特率 |
| BytesToRead | 获取接收缓冲区中数据的字节数 |
| BytesToWrite | 获取发送缓冲区中数据的字节数 |
| DataBits | 获取或设置每个字节的标准数据位长度 |
| Encoding | 获取或设置传输前后文本转换的字节编码 |
| Parity | 获取或设置奇偶校验检查协议 |
| IsOpen | 获取一个值，该值指示 SerialPort 对象的打开或关闭状态 |
| StopBits | 获取或设置每个字节的标准停止位数 |
| PortName | 获取或设置通信端口 |

表 6-4　SerialPort 类的方法

| 方法名称 | 说明 |
| --- | --- |
| Open | 打开一个新的串行端口连接 |
| Close | 关闭端口连接 |
| Read | 从 SerialPort 输入缓冲区中读取 |
| Write | 将数据写入串行端口输出缓冲区 |

（1）短信功能业务类 ShortMessage 主要源代码实现如下：

```
class ShortMessage
{
    private string smsstatus;
    private string smsdatatime;
    private string smsphoneno;
    private string smscontent;
    //SMS 短信时间
    public string SMSDataTime
    {
        get { return smsdatatime; }
        set { smsdatatime = value; }
    }
   // SMS 短信号码
    public string SMSPhoneNo
    {
        get { return smsphoneno; }
        set { smsphoneno = value; }
```

```
    }
    //SMS 短信内容
    public string SMSContent
    {
        get { return smscontent; }
        set { smscontent = value; }
    }
    //SMS 短信状态
    public string SMSStatus
    {
        get { return smsstatus; }
        set { smsstatus = value; }
    }
}
```

（2）短信功能业务类 SMSHelper 的功能实现。这个类主要实现串口的一些操作：打开串口，向串口发送数据，从串口读写数据以及关闭串口。这里有一些要注意的地方的说明如下：

1）在 OpenPort 方法中，为串口 SerialPort 类的 DataReceived 事件添加了事件处理方法，如下：

```
port.DataReceived += new SerialDataReceivedEventHandler(port_DataReceived);
```

DataReceived 事件运行在独立的线程中，该事件将会在数据到达串口时自动触发，不需要时刻查询数据是否已经到达，只需处理 DataReceived 事件即可。

2）在类中定义了一个 AutoResetEvent 事件对象 receiveNow，调用 OpenPort 方法创建 AutoResetEvent 事件对象。

```
receiveNow = new AutoResetEvent(false);参数为 false 表示事件处于未发出信号状态
receiveNow.WaitOne(timeout, false);//如果事件对象处于已发出信号状态，调用 WaitOne 方法将立即返回。否则，它将挂起主调线程，直到事件发出信号。timeout 参数规定超时时间
receiveNow.Reset();//通过调用 ReSet 方法使事件对象处于未发出信号状态
receiveNow.Set();//通过调用 Set 方法可以使事件对象处于已发出信号状态
```

在 SMSHelper 类中读取串口数据时，事件对象的处理流程如下：首先在 OpenPort 方法中调用参数值为 false 的 AutoResetEvent 类的构造方法，创建 AutoResetEvent 事件对象 receiveNow，使事件对象 receiveNow 处于未发出信号状态。当串口数据到达时自动触发 DataReceived 事件，调用 port_DataReceived 方法执行，在该方法中调用事件对象 receiveNow 的 Set 方法置事件对象处于已发出信号状态。最后在调用 ReadResponse 方法读取串口数据时，通过事件对象 receiveNow 的 WaitOne 方法返回值以确定能否读取串口数据。

主要代码实现如下：

```
class SMSHelper
{
    public AutoResetEvent receiveNow;
    public SMSHelper()
    {
    }
    //打开串口
    //p_strPortName   指定一个串口，如 COM1、COM2 等
```

```
//p_uBaudRate     指定波特率，如 115200
//p_uDataBits      指定数据位，如 8 位
//p_uReadTimeout  指定读超时
//p_uWriteTimeout   指定写超时
public SerialPort OpenPort(string p_strPortName, int p_uBaudRate, int p_uDataBits, int p_uReadTimeout,
                        int p_uWriteTimeout)
{
    receiveNow = new AutoResetEvent(false);
    SerialPort port = new SerialPort();
    try
    {
        port.PortName = p_strPortName;
        port.BaudRate = p_uBaudRate;
        port.DataBits = p_uDataBits;
        port.StopBits = StopBits.One;
        port.Parity = Parity.None;
        port.ReadTimeout = p_uReadTimeout;
        port.WriteTimeout = p_uWriteTimeout;
    port.DataReceived += new SerialDataReceivedEventHandler(port_DataReceived);
        port.Open();
    }
    catch (Exception ex)
    {
        throw ex;
    }
    return port;
}

// 关闭串口
public void ClosePort(SerialPort port)
{
    try
    {
        port.Close();
    port.DataReceived -= new SerialDataReceivedEventHandler(port_DataReceived);
        port = null;
    }
    catch (Exception ex)
    {
        throw ex;
    }
}

//  当数据到达串口时，该事件的方法执行，表示有数据到来
public void port_DataReceived(object sender, SerialDataReceivedEventArgs e)
{
```

```
        try
        {
            if (e.EventType == SerialData.Chars)
                receiveNow.Set();
        }
        catch (Exception ex)
        {
            throw ex;
        }
    }

    //执行 AT 命令
    public string ExecCommand(SerialPort port, string command, int responseTimeout)
    {
        try
        {
            port.DiscardOutBuffer();
            port.DiscardInBuffer();
            receiveNow.Reset();
            port.Write(command + "\r");
            string input = ReadResponse(port, responseTimeout);
            if ((input.Length == 0) || ((!input.EndsWith("\r\n> ")) && (!input.EndsWith("\r\nOK\r\n"))))
                throw new ApplicationException("No success message was received.");
            return input;
        }
        catch
        {
            //throw new ApplicationException(ex);
            return null;
        }
    }

    //在规定的时间内从指定的串口接收数据
    public string ReadResponse(SerialPort port, int timeout)
    {
        string buffer = string.Empty;
        try
        {
            do
            {
                if (receiveNow.WaitOne(timeout, false))
                {
                    string t = port.ReadExisting();
                    buffer += t;
                }
                else
                {
```

```
                    if (buffer.Length > 0)
                throw new ApplicationException("Response received is incomplete.");
                    else
                    throw new ApplicationException("No data received from phone.");
                }
            }
            while (!buffer.EndsWith("\r\nOK\r\n") && !buffer.EndsWith("\r\n> ")
                && !buffer.EndsWith("\r\nERROR\r\n"));
        }
        catch (Exception ex)
        {
            throw ex;
        }
        return buffer;
    }

    public List<ShortMessage> ReadSMS(SerialPort port)
    {
        // Set up the phone and read the messages
      List<ShortMessage>   messages=new List<ShortMessage>();
            try
        {
            // 用 AT 测试连接是否成功
            ExecCommand(port, "AT", 600);
            // 使用 PDU 编码方式
            ExecCommand(port, "AT+CMGF=0", 600);
            //读取短信 PDU 串
            string input = ExecCommand(port, "AT+CMGL=4", 2000);
            messages = ParseMessages(input);
        }
        catch (Exception ex)
        {
            throw new Exception(ex.Message);
        }
        if (messages != null)
            return messages;
        else
            return null;
    }

    // 获得 PDU 解码后的信息
    public List<ShortMessage> ParseMessages(string input)
    {
        List<ShortMessage> messages = new List<ShortMessage>();
         try
        {
            string MSG;
```

```
        PduEncodeDecode pendecode = new PduEncodeDecode();
        Regex r = new Regex(@"\+CMGL: (\d+),(\d+),(.*),(\d+)\r\n(.+)\r\n");
        Match m = r.Match(input);
        while (m.Success)
        {
            MSG = m.Groups[5].Value;
            if (pendecode.IsPDU(MSG))
            {
                ShortMessage msg = new ShortMessage();
                if (m.Groups[2].Value == "1")
                {
                    msg.SMSStatus = "已读";
                }
                else
                {
                    msg.SMSStatus = "未读";
                }
                //判断是否是国内（A1）编码
                if (pendecode.IsA1TypeNo(MSG))
                {
                    msg.SMSDataTime = pendecode.GetDataTimeA1(MSG);
                    string PhoneNo = pendecode.GetTelphoneA1(MSG);
                msg.SMSPhoneNo = PhoneNo.Substring(0, PhoneNo.Length - 2);
                    msg.SMSContent = pendecode.GetContentA1(MSG);
                    messages.Add(msg);
                    m = m.NextMatch();
                }
                else
                {
                    msg.SMSDataTime = pendecode.GetDataTime(MSG);
                    string PhoneNo = pendecode.GetTelphone(MSG);
                msg.SMSPhoneNo = PhoneNo.Substring(0, PhoneNo.Length - 2);
                    msg.SMSContent = pendecode.GetContent(MSG);
                    messages.Add(msg);
                    m = m.NextMatch();
                }
            }
            else
            {
                m = m.NextMatch();
            }
        }
    }
    catch (Exception ex)
    {
        throw ex;
    }
```

```
        return messages;
    }

    //发送短消息
    public bool sendMsg(SerialPort port, string CenterNo, string PhoneNo, string Message)
    {
        bool isSend = true;
        try
        {
            PduEncodeDecode pdendecode = new PduEncodeDecode();
            int length;
            //编码成 Pdu 串
            string SMSPdu = pdendecode.GetPduEncode(CenterNo, PhoneNo, Message, out length);
            string recievedData = ExecCommand(port, "AT", 600);
            recievedData = ExecCommand(port, "AT+CMGF=0", 600);
            String command = "AT+CMGS=" + (15 + length).ToString();
            recievedData = ExecCommand(port, command, 600);
            string s = new string((char)26, 1);
            command = SMSPdu + s;
            ExecCommand(port, command, 6000); //6 seconds
            return isSend;
        }
        catch
        {
            isSend = false;
            return isSend;
        }
    }

    //获得短信中心号码
    public string GetCenterPhoneNo(SerialPort port)
    {
        try
        {
            string recievedData = ExecCommand(port, "AT", 600);
            recievedData = ExecCommand(port, "AT+CSCA?", 1000);
            int index = recievedData.IndexOf("+86");
            string CenterNo = recievedData.Substring(index+3, 11);
            return CenterNo;
        }
        catch
        {
            return null;
        }
    }
}
```

# 6.6 窗体设计与实现

## 6.6.1 窗体功能设计

短信收发系统在窗体界面设计上采用 TabControl 控件，它包含 TabPages 属性，这样可以在一个窗体上通过切换不同的 TabPage 实现不同的业务功能。

（1）TabPage1 实现串口参数设置，包括串口名称、波特率、数据位、奇偶校验位以及停止位的设置，如图 6-16 所示。

（2）TabPage2 是实现短信发送业务，包括输入短信中心号码、对方手机号码以及发送短信的内容，单击“发送”按钮进行短信发送，如图 6-17 所示。

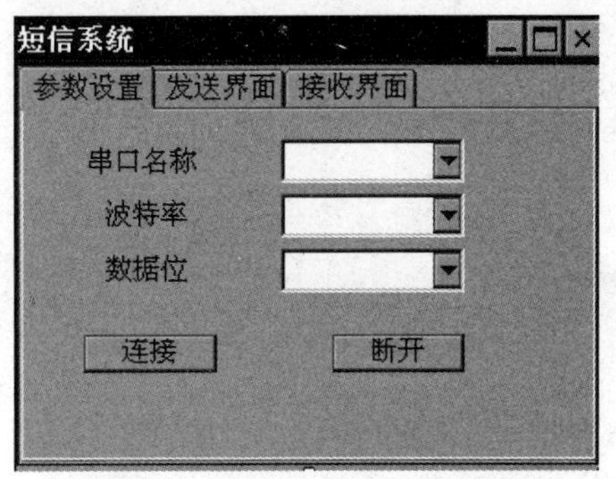


图 6-16 窗体参数设置功能设计

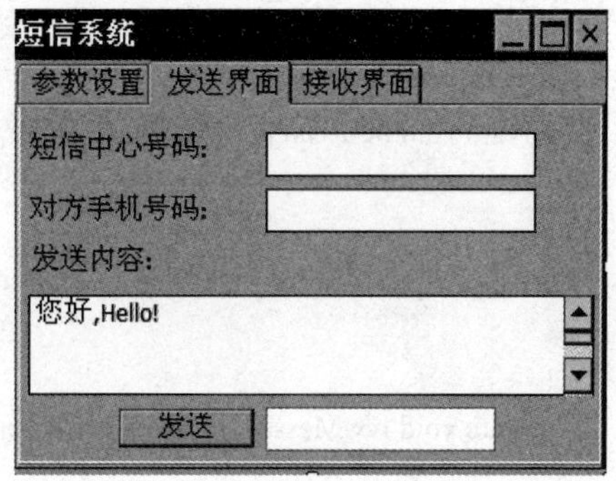


图 6-17 窗体短信发送功能设计

（3）TabPage3 实现短信接收业务，它完成从 SIM 卡读取短信数据进行显示，这里包括短信序号、对方号码、短信日期及短信内容，并可选择任意一条短信显示其详细信息，如图 6-18 所示。

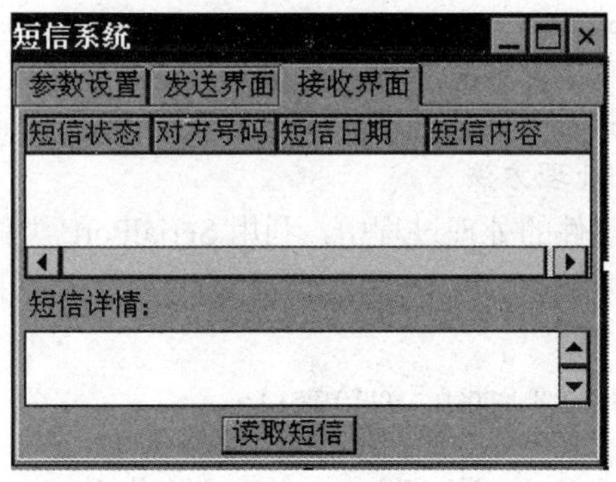


图 6-18 窗体短信接收功能设计

## 6.6.2 窗体功能实现

1. SMSFrm 窗体代码文件（SMSFrm.cs）结构

```
public partial class SMSFrm : Form
{
```

```
private    SerialPort port = new SerialPort();
private    SMSHelper smshelper = new SMSHelper();
private    List<ShortMessage> objShortMessageCollection = new List<ShortMessage>();
public SMSFrm()
{
    InitializeComponent();
}
private void btnOK_Click(object sender, EventArgs e)
{
}
private void btnDisconnect_Click(object sender, EventArgs e)
{
}
private void btnSend_Click(object sender, EventArgs e)
{
}
private void btnRead_Click(object sender, EventArgs e)
{
}
private void SMSFrm_Load(object sender, EventArgs e)
{
}
private void lvwMessages_ItemCheck(object sender, ItemCheckEventArgs e)
{
}
}
```

2. 类的成员变量说明

通过 new 运算符实例化三个对象，分别是 SerialPort 类的串口对象、实现短信业务的 SMSHelper 类的对象以及针对 ShortMessage 类的泛型集合对象。

```
SerialPort port = new SerialPort();
    SMSHelper smshelper = new SMSHelper();
    List<ShortMessage> objShortMessageCollection = new List<ShortMessage>();
```

3. SMSFrm_Load 事件处理方法

在 SMSFrm 窗体加载事件的处理过程中，利用 SerialPort 类的 GetPortNames 属性获取所有可以利用的串口名称，并将这些串口名称循环加载进下拉列表中。

代码实现如下：

```
private void SMSFrm_Load(object sender, EventArgs e)
{
    string[] ports = SerialPort.GetPortNames();
    foreach (string port in ports)
    {
        this.cboPortName.Items.Add(port);
    }
    lblConnectionStatus.Text = "还没有连接上....";
}
```

4. btnOK_Click 事件处理方法

在 SMSFrm 窗体 TabPage1 中的串口参数设置界面上，选择串口名称为 COM1、波特率为 115200、数据位为 8、奇偶校验位默认选无、停止位默认为 1。单击“连接”按钮，在事件方法处理过程中，利用这些参数值调用 SMSHelper 类对象的 OpenPort 方法打开串口。如果串口打开成功，再调用 SMSHelper 类对象的 GetCenterPhoneNo 方法获取 SIM 卡所在地的短信中心号码，并显示在 TabPage2 短信发送界面的文本框中。

代码实现如下：

```
private void btnok_Click(object sender, eventargs e)
{
    Cursor.Current = Cursors.waitcursor;
    This.lblconnectionstatus.Text = "正在连接...";
    Application.doevents();
    This.port = smshelper.openport(this.cboportname.Text, Convert.toint32(this.cbobaudrate.Text),
            Convert.toint32(this.cbodatabits.Text), 2000, 2000);
    If (this.port != null)
    {
        This.lblconnectionstatus.Text = "连接在" + this.cboportname.Text;
        Cursor.Current = Cursors.Default;
        Txtcenternumber.Text = smshelper.getcenterphoneno(this.port);
        Application.doevents();
    }
    Else
    {
        Messagebox.Show("Invalid port settings");
    }
}
```

运行效果如图 6-19 所示。

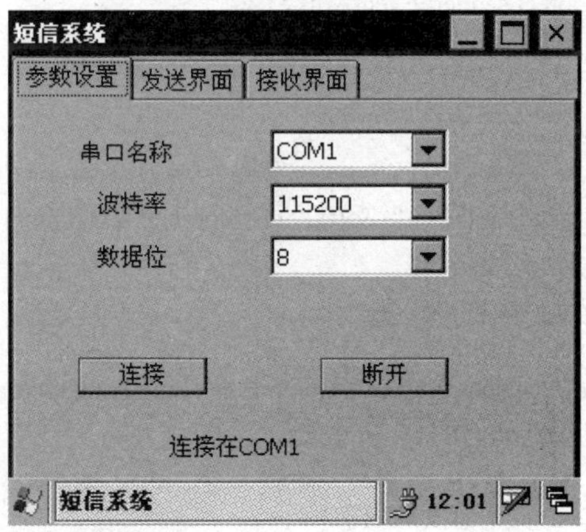


图 6-19　串口成功连接在 COM1

5. btnDisconnect_Click 事件方法处理

在 SMSFrm 窗体 TabPage1 中的串口参数设置界面上，单击“断开”按钮，在事件方法处理过程中调用 SMSHelper 类对象的 ClosePort 方法关闭串口，并退出程序。

代码实现如下：

```
private void btnDisconnect_Click(object sender, EventArgs e)
{
    smshelper.ClosePort(this.port);
    Application.Exit();
}
```

6. btnSend_Click 事件方法处理

在 TabPage2 短信发送界面上，短信中心号码是在 SMSFrm 窗体加载过程中获取的，并自动显示在文本框中，这里只要输入对方手机号码以及发送短信的具体内容，单击“发送”按钮，在事件方法处理过程中，判断输入的内容是否填写完整，如果正确将调用 SMSHelper 类对象的 sendMsg 方法将短信数据发送出去，短信发送成功之后的运行效果如图 6-20 所示。

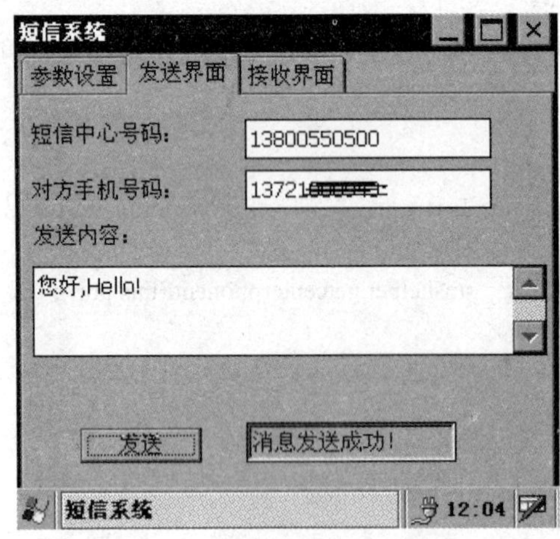


图 6-20　短信发送成功界面

代码实现如下：

```
private void btnSend_Click(object sender, EventArgs e)
{
    txtsmsState.Text = "";
    Application.DoEvents();
    Thread.Sleep(1000);
    if ((txtCenterNumber.Text.Trim() != "") & (txttargetNumber.Text.Trim() != ""))
    {
        txtsmsState.Text = "消息正在发送....";
        Application.DoEvents();
        if (smshelper.sendMsg(this.port, txtCenterNumber.Text.Trim(), txttargetNumber.Text.Trim(),
            smsContent.Text.Trim()))
        {
            txtsmsState.Text = "消息发送成功！ ";
            Application.DoEvents();
        }
        else
        {
            txtsmsState.Text = "消息发送失败！ ";
```

```
                Application.DoEvents();
            }
        }
        else
        {
            this.labelValid.Text = "请填写正确的电话号码，再发送！";
            Application.DoEvents();
        }
}
```

7. btnRead_Click 事件方法处理

在 TabPage3 短信接收界面上，单击“读取短信”按钮，在事件方法处理过程中，调用 SMSHelper 类对象的 ReadSMS 方法读取所有保存在 SIM 卡中的短信，并通过循环遍历显示在 ListView 列表控件中，如图 6-21 所示。

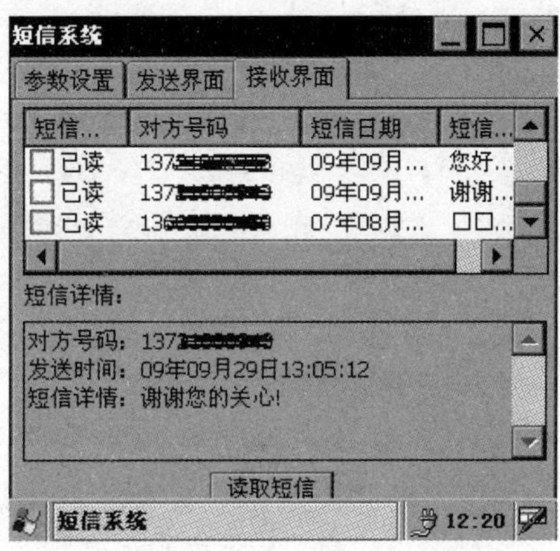


图 6-21 短信接收运行结果

代码实现如下：

```
private void btnRead_Click(object sender, EventArgs e)
{
        objShortMessageCollection = smshelper.ReadSMS(this.port);
        this.lvwMessages.Items.Clear();
        foreach (ShortMessage msg in objShortMessageCollection)
        {
            ListViewItem item = new ListViewItem(msg.SMSStatus);
              item.SubItems.Add(msg.SMSPhoneNo);
              item.SubItems.Add(msg.SMSDataTime);
              item.SubItems.Add(msg.SMSContent);
              lvwMessages.Items.Add(item);
        }
}
```

8. lvwMessages_ItemCheck 事件方法处理

在 TabPage3 短信接收界面上，选择 ListView 列表控件中某条短信记录时，将触发 ItemCheck 事件，在事件方法处理过程中，将选中的短信记录详情显示在下方的文本框中，如图 6-21 所示。

主要代码实现如下：

```
private void lvwMessages_ItemCheck(object sender, ItemCheckEventArgs e)
{
    txtMsgDetail.Text = "";
    ListView.ListViewItemCollection checkedItems = lvwMessages.Items;
    foreach (ListViewItem item in checkedItems)
    {
        if (item.Checked)
        {
            txtMsgDetail.Text += "对方号码：" + item.SubItems[1].Text + "\r\n";
            txtMsgDetail.Text += "发送时间：" + item.SubItems[2].Text + "\r\n";
            txtMsgDetail.Text += "短信详情：" + item.SubItems[3].Text + "\r\n";
            break;
        }
    }
}
```

# 第 7 章 蓝牙通信应用

## 7.1 蓝牙技术

### 7.1.1 蓝牙技术简介

蓝牙（Bluetooth）是目前比较流行的一种短距离无线通信技术，其主要目的就是要在全世界范围内建立一个短距离的无线通信标准。蓝牙运用成熟、先进的无线技术来代替电缆，使所有固定的或者移动的设备连接起来相互通信，以实现资源共享。设计者的初衷是用隐形的连接线代替线缆。目前在很多应用领域，蓝牙已取代多种原先靠电缆连接的方案，通过统一的短程无线链路，使数据信息能够穿过墙壁或公文包，在移动电话、PDA、无线耳机、笔记本电脑及相关设备之间进行无线信息交换，实现方便快捷、灵活安全、低成本小功耗的数据通信，并以此重塑人们的生活方式，如图 7-1 所示。

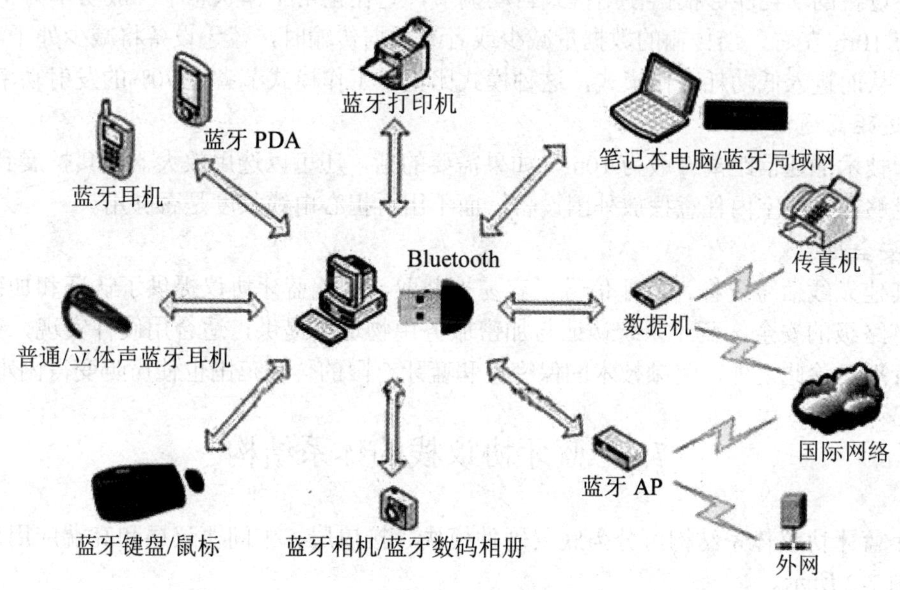


图 7-1 连接蓝牙的外部设备

蓝牙技术的应用使得特定的移动电话、便携式电脑以及各种便携式通信设备主机之间能够在近距离内实现无缝的资源共享，有效地推动和扩大了无线通信的应用范围，使网络中的各种数据和语音设备能互连互通，从而实现个人区域内的快速灵活的数据和语音通信。

具体地说，“蓝牙”技术的作用就是简化小型网络设备（如移动 PC、掌上电脑、手机）之间以及这些设备与 Internet 之间的通信，免除在无绳电话或移动电话、调制解调器、PDA、计算机、打印机、幻灯机、局域网等之间加装电线、电缆和连接器。

### 7.1.2 蓝牙技术特点

蓝牙技术使用全球通行的、无需申请即可使用的 2.45GHz ISM（工业 Industry、科学 Science、医学 Medicine）频段（2.400～2.4835GHz）。若以 2.45GHz 为中心频率，在这个频段上最多可设立 79 个带宽为 1MHz 的信道。采用跳频扩谱的低功率传输外，蓝牙还采用鉴权和加密等措施来提高通信的安全性。

蓝牙技术是为了实现以无线电波替换移动设备所使用的电缆而产生的，它试图以相同成本和安全性完成一般电缆的功能，从而使移动用户摆脱电缆束缚，这就决定了蓝牙技术具备以下技术特性：

1. 语音和数据的多业务传输

蓝牙技术具有电路交换和分组交换两种数据传输类型，能够同时支持语音业务和数据业务传输。

2. 低功耗、低成本及低辐射

蓝牙设备由于定位于短距离通信，射频功率很低，一般用于互连小型移动设备及其外设，如移动笔记本电脑、移动电话、小型的 PDA 等相关嵌入式设备，所以要求蓝牙芯片必须功耗要低。另外蓝牙设备在通信连接状态下，有四种工作模式：激活模式、呼吸模式、保存模式以及休眠模式。其中激活模式是正常工作状态，另外三种模式是为了节能所规定的低功耗模式。蓝牙设备的功耗能够根据使用模式自动调节，它在正常工作状态下一般功率为 1mW，发射距离为 10m 左右，当传输的数据量减少或者无数据传输时，蓝牙设备将减少处于激活状态的时间，从而进入低功耗工作模式，这种模式比正常工作模式节省近 70%的发射功率。

3. 近距离通信

蓝牙技术的通信距离一般为 10m，如果需要的话，还可以选用放大器使其扩展到 100m。这已经足够在办公室内任意摆放外围设备，而不用再担心电缆长度是否够用。

4. 安全性

同其他无线信号一样，蓝牙信号很容易被截取，因此蓝牙协议提供了认证和加密功能，以保证链路级的安全。蓝牙系统认证与加密服务由物理层提供，适合用硬件实现，密钥由高层软件管理。除此之外，跳频技术的保密性和蓝牙有限的传输范围也使窃听变得困难。

## 7.2 蓝牙协议栈的体系结构

整个蓝牙协议体系结构可分为底层硬件模块、接口层、中间协议层和高端应用层四大部分，如图 7-2 所示。

1. 底层硬件模块

链路管理层（LMP）、基带规范层（BBP）和蓝牙无线电信道构成蓝牙的底层模块。BBP 层负责跳频和蓝牙数据及信息帧的传输，LMP 层负责连接的建立、认证、加密、拆除以及链路的安全管理和控制功能，它们为上层软件模块提供了不同的访问接口。

2. 接口层

接口层包括主机控制接口层 HCI（Host Controller Interface）、蓝牙统一传输管理（Bluetooth Universal Transport Manager）及主机控制传输层（HCI Transport layer）。

HCI 分为硬件和软件部分，硬件部分用来传递 HCI 命令至蓝牙的硬件核心层，软件部分是访问蓝牙设备的基本接口，能够控制蓝牙的连接和传输。主机控制传输层是和硬件之间的接口，比如蓝牙连接到 Host 的是串口，那么传输层就是一个串口的抽象传输层，另外由于 Windows CE 是一个开放的平台，它不知道蓝牙究竟是连接串口、USB 口、SDIO 甚至一些 PCMCIA 等其他的 PNP 设备，而且作为 HCI 的上层也不想知道设计者用什么物理接口，于是在主机控制接口层与主机控制传输层之间增加一个蓝牙统一传输管理层。

3. 协议层

这一层包括 L2CAP、SDP、RFCOMM。L2CAP 建立在 HCI 上面，全名是逻辑链路控制和适应协议（Logical Link Controller and Adaption Protocol），它向上层提供面向连接的和无连接的数据服务，它的功能包括协议的复用能力、分组的分割和重新组装（Segmentation and Reassembly）以及提取（Group Abstraction）。SDP 是一个服务发现协议（Service Discovery Protocol），服务发现协议是蓝牙框架的一个关键部分，它由服务发现代理（SDA）、服务发现服务器（SDS）、服务数据库管理器（SDM）三个模块组成，由于蓝牙设备是要组网的，这时就需要用 SDP 协议来寻找和定位其他蓝牙设备。RFCOMM 是模拟串口协议，它是用来仿真 RS232 控制和数据信号的串行仿真协议，使用 RFCOMM 的目的是使运行在两个不同设备上的通信路径具有一个通信段，这个通信段可以是终端用户的应用，也可以是高层协议或表示终端用户应用的一些服务。

4. 高端应用层

蓝牙协议栈的最上部是各种应用模型（Profile）。其中较典型的有服务发现（Service Discovery Application）、互通（Intercom）、无绳电话（Cordless Telephony）、传真（FAX）、拨号网络（Dial-up Networking）、耳机（Headset）、局域网访问（LAN Access）、文件传输（File Transfer）。这里蓝牙套接字 WINSOCK 的应用是通过一个类似 TCP/IP 套接字的接口封装对 L2CAP 和 RFCOMM 的操作。

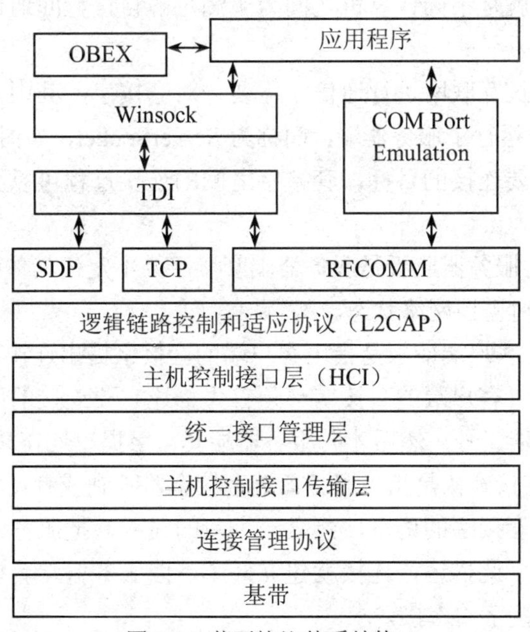


图 7-2　蓝牙协议体系结构

# 7.3 蓝牙应用编程

## 7.3.1 蓝牙编程方式

在应用层实现蓝牙通信有两种方式可以选择。

1. 使用模拟串口方式

利用蓝牙在 Windows CE 中不是操作真正的串口而是虚拟串口（Bluetooth Virtual Serial Port），这种虚拟串口建立在 RFCOMM 通道上，RFCOMM 是用来仿真 RS-232 控制和数据信号的串口仿真协议，操作 RFCOMM 时如同操作真正的串口，由于 Bluetooth 虚拟串口的出现是基于对现有系统支持的需求，但对于新建的系统，微软不推荐使用 Bluetooth 虚拟串口。

2. 使用 Winsock 方式

Winsock 协议栈直接提供了对蓝牙的功能性支持，在使用 Winsock 进行 Bluetooth 通信时需要指定服务，因此可以指定使用串口服务进行通信。Bluetooth Virtual Serial Port 和 Winsock 的 Bluetooth 通信都是利用 RFCOMM 协议，所以两者等同。

使用 Winsock 方式的优点是：使用 Winsock 的 Bluetooth 通信比 Bluetooth Virtual Serial Port 更简单，不需要配置，而且更强壮，因为使用 Winsock 的 Bluetooth 通信可以直接监听到蓝牙设备关闭或者离开通信范围，而 Bluetooth Virtual Serial Port 只能通过超时来检查，所以后面的应用编程选择 Bluetooth 的 Winsock 的接口方式来实现。

## 7.3.2 蓝牙套接字

1. 套接字工作原理

简单地说，套接字就是不同计算机之间为了满足各自进程间通信的需要所架设的一条数据通道。

网络设备之间要通过互联网进行通信，需要一对套接字，其中一个运行于客户端，简称为 ClientSocket，另一个运行于服务器端，简称为 ServerSocket，如图 7-3 所示。根据连接启动的方式以及本地套接字要连接的目标，套接字之间的连接过程可以分为三个步骤：服务器监听、客户端请求、连接确认。

（1）服务器监听。服务器监听是服务器端套接字并不定位具体的客户端套接字，而是处于等待连接的状态，实时监控网络状态。

（2）客户端请求。客户端请求是指由客户端的套接字提出连接请求，要连接的目标是服务器端的套接字。为此，客户端的套接字必须首先描述它要连接的服务器的套接字，指出服务器端套接字的地址和端口号，然后才向服务器端套接字提出连接请求。

（3）连接确认。连接确认是指当服务器端套接字监听到或者接收到客户端套接字的连接请求，它就响应客户端套接字的请求，建立一个新的线程，把服务器端套接字的描述发给客户端，一旦客户端确认了此描述，连接就建立好了。而服务器端套接字继续处于监听状态，继续接收其他客户端套接字的连接请求。

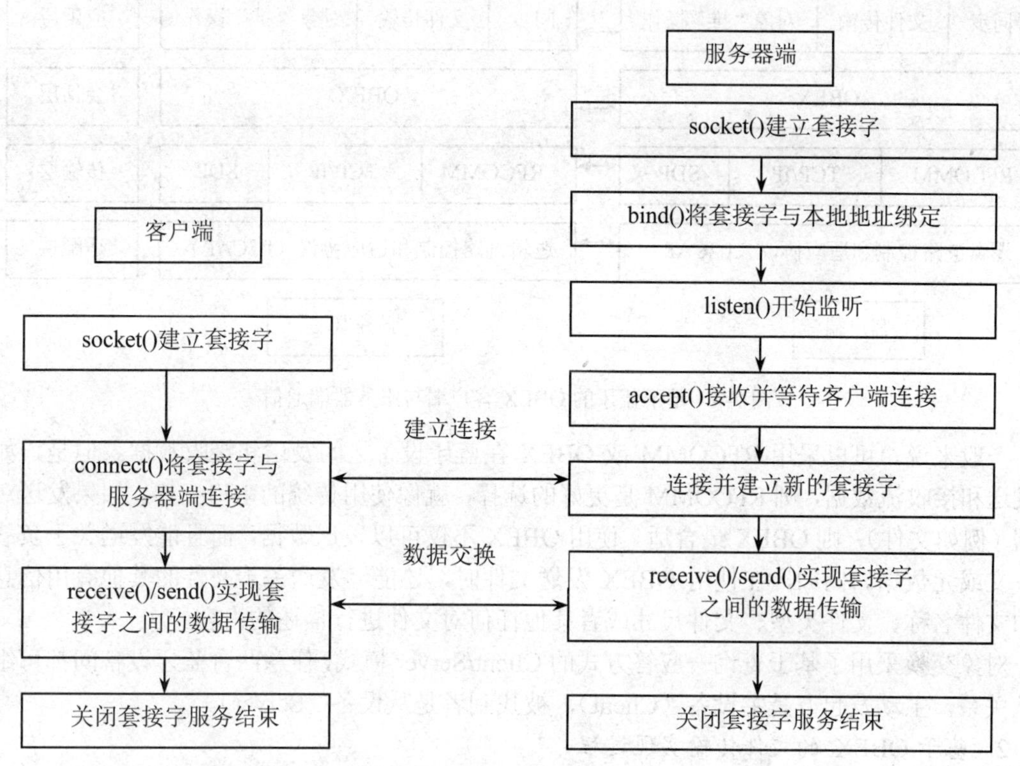


图 7-3 面向连接的套接字通信流程

2. 蓝牙套接字实现

采用蓝牙套接字 Winsock 的目的是发现其他蓝牙设备，并通过蓝牙读写数据。在通过蓝牙建立通信频道中产生两个角色：发起方和接收方。接收方进行配置后等待发起方建立连接。一旦连接建立，两方是对等的，都可以发送或接收数据。

蓝牙套接字 API 支持在 L2CAP 和 RFCOMM 层上的通信。它通过一个类似 TCP/IP 套接字的接口封装了对 L2CAP 和 RFCOMM 的操作。客户端套接字 API 允许客户端和远程设备连接，或者让远程设备连接自身，并在断开前发送和接收数据。

蓝牙技术的 Winsock 接口与普通的 Winsock 方式类似，需要分别创建服务器端和客户端，服务器端首先创建一个 socket 实例，将其绑定到给定的 RFCOMM 通道，在这个通道上监听连入的蓝牙设备。客户端也需要创建一个 socket 实例，然后利用 connect 方法连接指定的服务器端。

### 7.3.3 OBEX 对象交换协议

1. 基于蓝牙的 OBEX 协议

在层次结构的蓝牙协议栈中，对象交换协议 OBEX（Object Exchange）是一种面向应用的会话层协议，如图 7-4 所示，它运行于蓝牙协议栈的顶部，支持文件传输（File Transfer）、对象“推”操作（Object PushProfile）、同步（Synchronization）等多种应用，提供了设备间对象交换的方式。交换的对象可以是文件、图像，也可以是应用支持的任何数据单位。

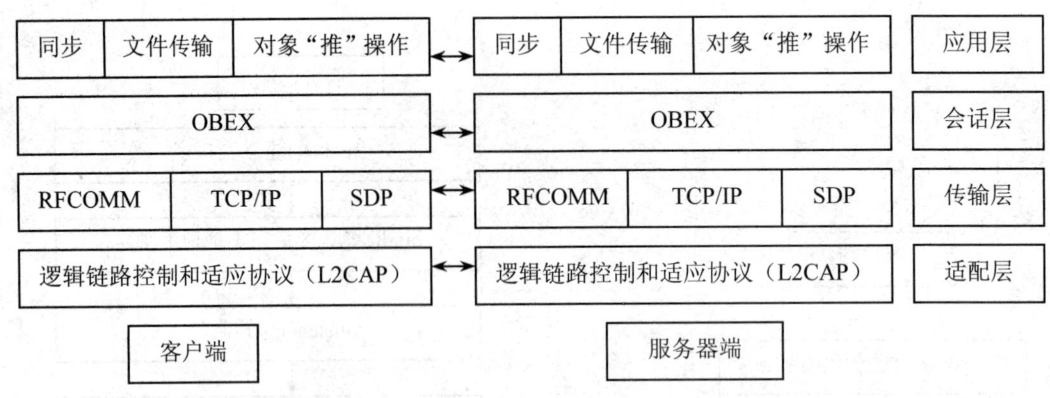


图 7-4　基于蓝牙的 OBEX 客户端与服务器端通信

一般来说，可以采用 RFCOMM 或 OBEX 在蓝牙设备之间发送和接收数据。但是，如果想发送和接收流数据，则 RFCOMM 是更好的选择，就像使用传统的串口一样。如果发送对象数据（例如文件），则 OBEX 最合适。使用 OBEX 不仅可以发送数据，而且能发送关于负载的上下文或元数据。例如，在使用 OBEX 发送文件时，还能够发送关于文件的其他有用信息，例如文件名称、文件类型、文件尺寸或者其他任何对文件进行描述的内容。

对象交换采用了基于查询—应答方式的 Client/Server 模式，任意两台蓝牙设备间都可组成主从关系，主动发起方是主设备（Client），被找到者是从设备（Server）。

2. 基于 OBEX 的文件传输实现过程

OBEX 作为一种嵌入式的协议栈，可以在多种环境下运行，如 TCP/IP、蓝牙协议、RFCOMM 等。为使嵌入式协议栈尽量独立于操作系统。OBEX 被设计成事件和用户驱动，OBEX 协议为不同原因产生不同事件，如：何时建立连接，何时接受 OBEX 命令，何时完成 API 请求。这些事件由底层协议栈产生的其他事件触发，该事件在其线程执行中无时间占用，所以该事件将会被尽快执行。由于初始化事件不同，Client 和 Server 端的执行过程是不相同的，Server 端的应用经常是空闲的，等待连接的建立和 Client 端发出的操作请求。在两次发出请求之间，Client 端将等待 Server 的应答。OBEX 一般使用 Request 和 Response 作为最基本的操作，请求的每个 Request 必然有一个 Response，否则可认为 Request 失败。

OBEX 文件传输应用的实现过程主要包括初始化、建立连接、文件操作三个阶段。如图 7-5 所示，系统首先执行初始化，初始化过程包括 Client、Server、对象库的初始化。用户在界面上输入 PUT/GET 对象操作请求，系统查询连接是否建立，如未建立，首先应用程序通过调用 OBEX 层 API 请求一个传输层连接，当传输层连接建立后，应用程序又通知 OBEX 层 API 建立 OBEX 层的连接，OBEX 层连接成功之后，应用程序便可以调用 OBEX 层 API 来执行 (GET/PUT/SETPATH) 命令实现文件交换。

### 7.3.4 蓝牙编程环境安装与配置

1. 蓝牙 C#编程描述

利用 VS.NET2005 平台和 C# 语言编写蓝牙信息系统（包括蓝牙文件传输和蓝牙信息广播），可以采用 In The Hand 公司提供的用于开发蓝牙应用的组件 32feet.NET，它支持.net CF 2.0 以及桌面版本.NET Framework，提供短距离领域（personal area networking technologie）的通信功能，支持 Bluetooth、Infrared（IrDA）红外等，这里只介绍利用 32feet.NET 组件开发蓝牙的应用。

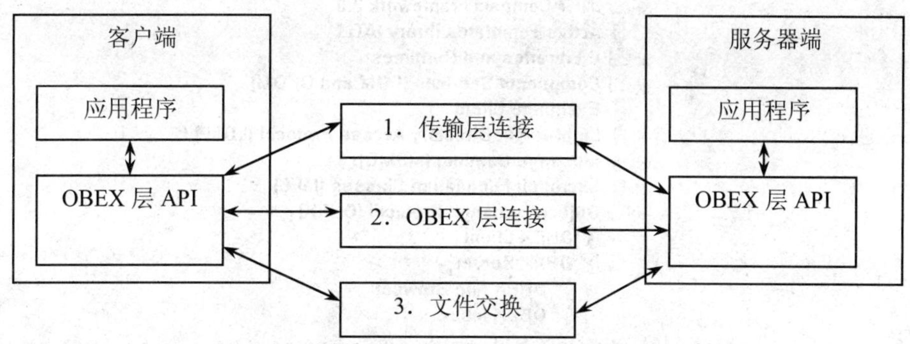


图 7-5　OBEX 文件传输流程

利用 32feet.NET 组件开发蓝牙应用程序，要求设备端必须包含微软蓝牙协议栈（Microsoft Bluetooth stack）以及.net CF 2.0 及以上版本的支持，如果设备端开发的蓝牙应用程序需要和 PC 端进行蓝牙通信，则 PC 端也需要微软蓝牙协议栈（Microsoft Bluetooth stack）及.NET Framework 2.0 及以上版本的支持，设备端在定制 Windows CE 操作系统的时候，需将有关蓝牙驱动及支持功能的组件包括协议栈组件定制进 OS 中，如图 7-6 所示。

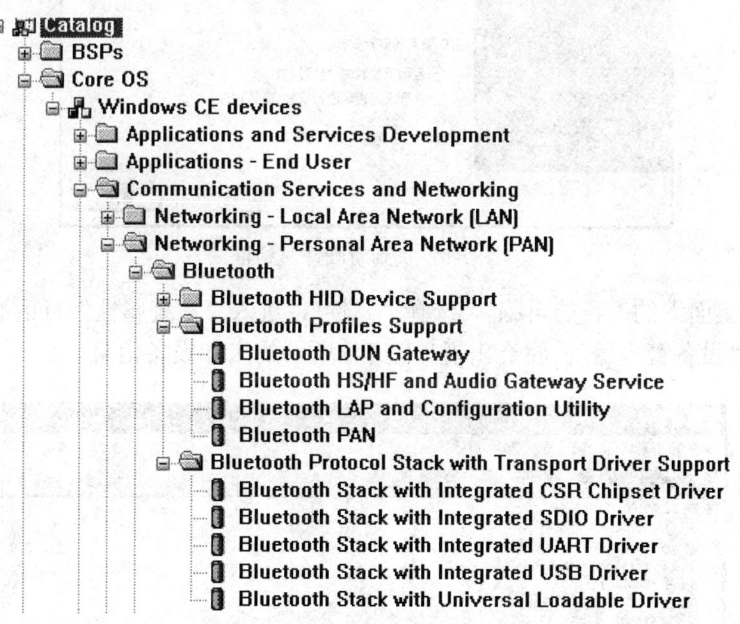


图 7-6　添加蓝牙驱动及协议栈组件

如果开发者开发有关基于 Bluetooth 的 OBEX 协议的文件传输应用，需要在定制 Windows CE 操作系统的映像时，加入有关支持 OBEX 协议的客户端和服务器端组件，如图 7-7 所示。

2．安装 PC 端蓝牙协议栈

（1）将 USB 的蓝牙适配器（BlueTooth Dongle）插入到 USB 接口中。Windows XP 系统会提示发现新的硬件，单击“取消”按钮，如图 7-8 所示。

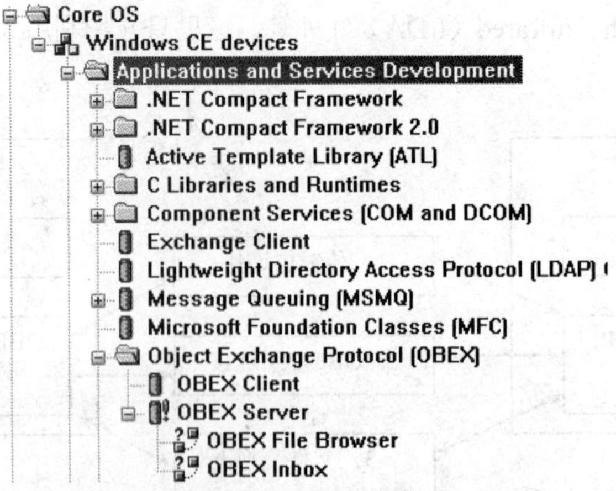


图 7-7　添加 OBEX 协议的客户端和服务器端组件

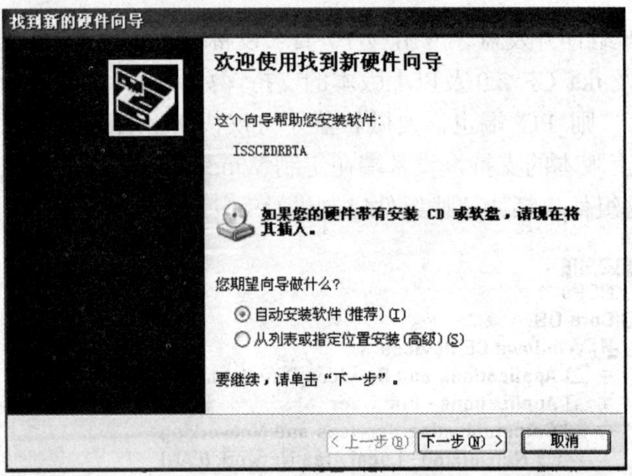


图 7-8　找到新硬件对话框

（2）右击桌面上的"我的电脑"，选择"属性"，进入"系统属性"对话框，选择"硬件"选项卡，单击"设备管理器"，将会出现如图 7-9 所示的未知设备信息。

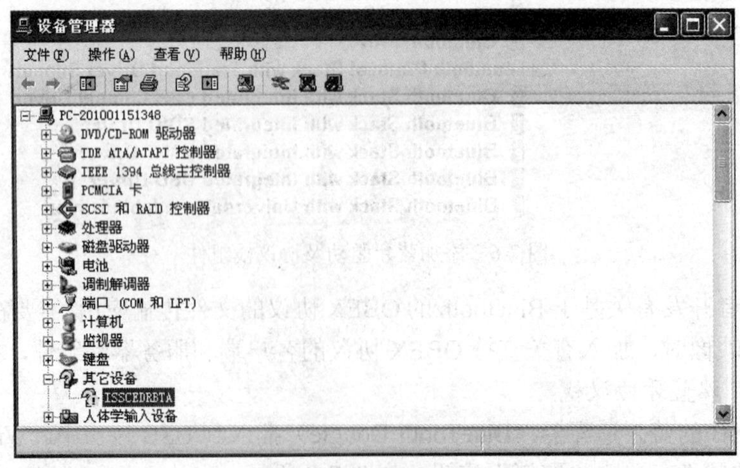


图 7-9　"设备管理器"窗口

（3）右击未知设备选项，选择“属性”，进入属性对话框，选择“详细信息”选项卡，从下拉列表框中选择“硬件 Id”，如图 7-10 所示。在记事本上保存 USB\Vid_1131&Pid_1004 值，后面设置的参数将要用到，单击“确定”按钮。

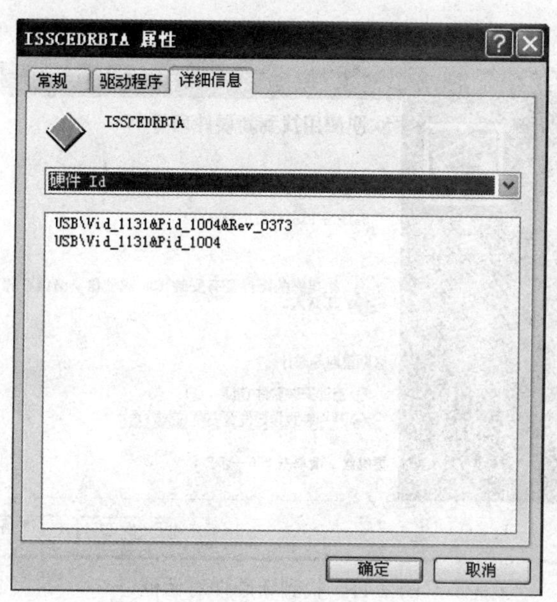


图 7-10　属性对话框

（4）打开 C:\Windows\inf 路径下的 bth.inf 文件，找到如下所示行：

```
;------------- Device section - Start -----------------------

[ALPS.NT.5.1]
ALPS Integrated Bluetooth Device=        BthUsb, USB\Vid_044e&Pid_3005
Alps Bluetooth USB Adapter=              BthUsb, USB\Vid_044e&Pid_3006

[Belkin.NT.5.1]
Belkin Bluetooth Adapter=                BthUsb, USB\Vid_050d&Pid_0081
Belkin Bluetooth Adapter=                BthUsb, USB\Vid_050d&Pid_0084
```

在 Belkin.NT.5.1 子段末尾，再增加一行前面所保存的值，如 Belkin Bluetooth Adapter= BthUsb, USB\Vid_1131&Pid_1004，如下面所示即可，最后保存关闭 bth.inf 文件。

```
;------------- Device section - Start -----------------------

[ALPS.NT.5.1]
ALPS Integrated Bluetooth Device=        BthUsb, USB\Vid_044e&Pid_3005
Alps Bluetooth USB Adapter=              BthUsb, USB\Vid_044e&Pid_3006

[Belkin.NT.5.1]
Belkin Bluetooth Adapter=                BthUsb, USB\Vid_050d&Pid_0081
Belkin Bluetooth Adapter=                BthUsb, USB\Vid_050d&Pid_0084
Belkin Bluetooth Adapter=                BthUsb, USB\Vid_1131&Pid_1004
```

（5）从设备管理器中卸载刚才增加的未知蓝牙设备之后，先将 USB 蓝牙适配器从 USB 接口拔出，然后再一次将 USB 蓝牙适配器插入 USB 接口，过几秒钟之后，Windows XP 系统会提示发现新的硬件，如图 7-11 所示，但这次选择“从列表或指定位置安装”选项，单击“下一步”按钮。

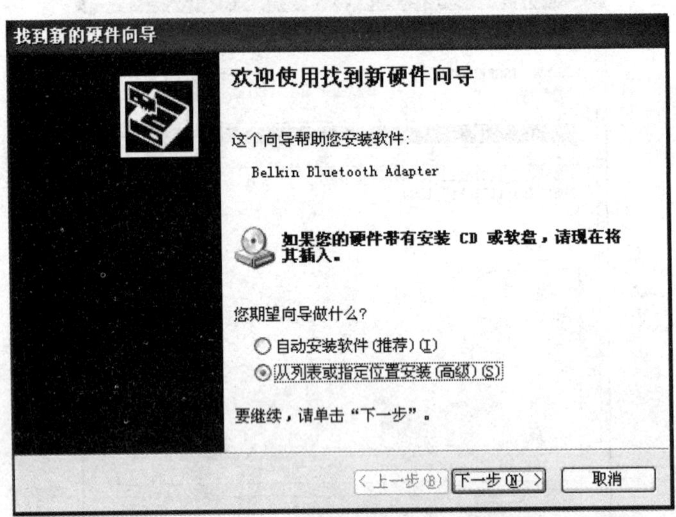


图 7-11　找到新硬件对话框

（6）当出现如图 7-12 所示的对话框时，选择“不要搜索，我要自己选择要安装的驱动程序”选项，单击“下一步”按钮。

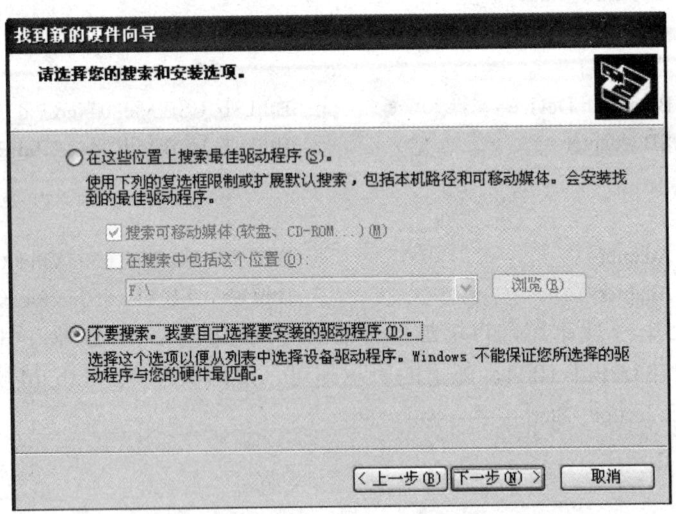


图 7-12　搜索与安装选项对话框

（7）当出现如图 7-13 所示的对话框时，选择 Belkin Bluetooth Adapter 项，直接单击“下一步”按钮。

（8）单击“完成”按钮，完成 Belkin Bluetooth Adapter 的安装，如图 7-14 所示。

（9）等待几秒钟之后，Windows XP 系统将会出现 Microsoft Bluetooth Enumerator 信息界面，如图 7-15 所示。重复以上安装 Belkin Bluetooth Adapter 的步骤。

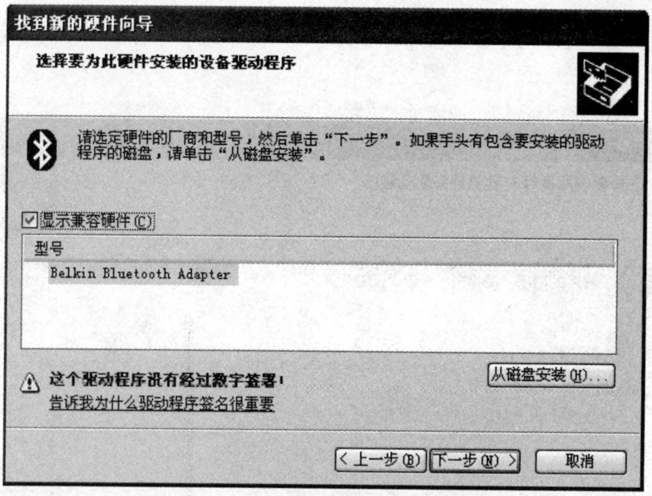

找到新的硬件向导
选择要为此硬件安装的设备驱动程序
请选定硬件的厂商和型号，然后单击“下一步”。如果手头有包含要安装的驱动程序的磁盘，请单击“从磁盘安装”。
显示兼容硬件(C)
型号
Belkin Bluetooth Adapter
这个驱动程序没有经过数字签署!
告诉我为什么驱动程序签名很重要
从磁盘安装(H)...
< 上一步(B)　下一步(N) >　取消

图 7-13　选择安装的设备驱动程序

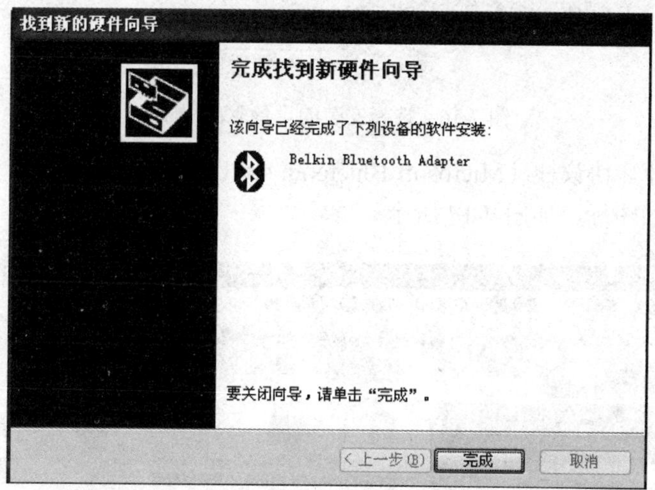


图 7-14　完成 Belkin Bluetooth Adapter 的安装

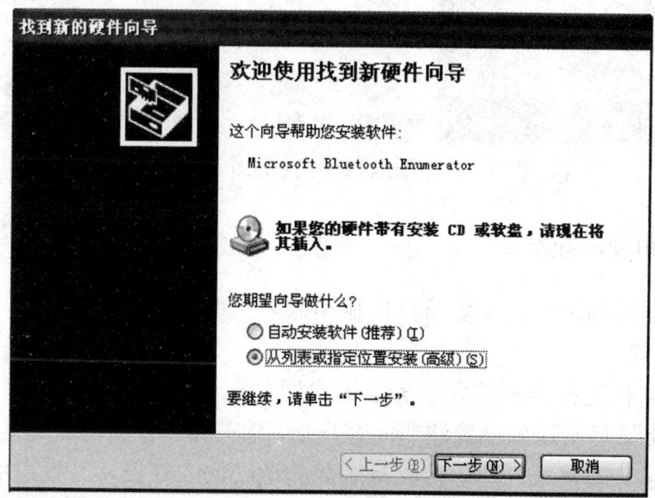


图 7-15　找到新硬件对话框

（10）当安装向导出现如图 7-16 所示的界面时，单击“下一步”按钮，直到最后安装完成。

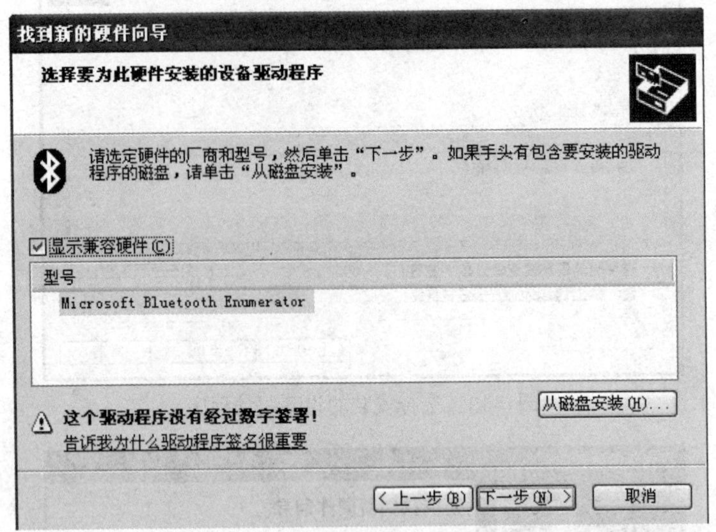


图 7-16　选择安装的设备驱动程序

（11）当微软蓝牙协议栈（Microsoft Bluetooth stack）安装完成之后，打开控制面板可以发现出现蓝牙设备的图标，如图 7-17 所示。

图 7-17　控制面板中的 Bluetooth 设备

### 7.3.5　蓝牙应用程序开发

蓝牙信息系统包括两部分：蓝牙信息传输和蓝牙文件传输。

1. 蓝牙信息传输

蓝牙信息传输同样包括客户端和服务器端实现，这里服务器端由嵌入式设备负责监听和注册服务，它可以将信息发送到已经注册的客户端，客户端由 PC 机负责发现服务器端蓝牙设备，它向服务器发起订阅请求，然后接收从服务器端（嵌入式设备）发送的蓝牙信息。

（1）服务器端（设备端）的功能实现。如图 7-18 所示是服务器端蓝牙信息发送界面设计。

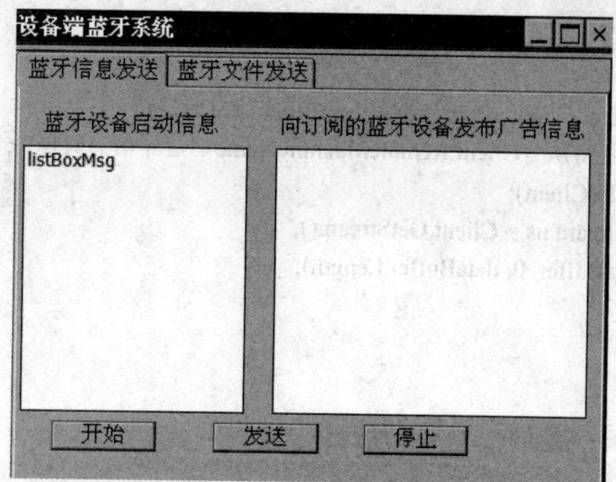

图 7-18　嵌入式设备蓝牙信息发送界面设计

1）btnStart_Click 事件处理方法。单击“开始”按钮，执行 btnStart_Click 方法，启动服务的流程：一方面检查蓝牙设备是否准备好，设置蓝牙设备为可发现，启动蓝牙监听，这里配置的服务类型为串口服务，在客户端也需要配置串口服务类型才能进行通信。另一方面启动监听线程 ListenerThread，它负责处理监听到的订阅请求，并把订阅的 PC 机（附带蓝牙功能）增加到订阅列表中。在 ListenerThread 线程中执行 ListenLoop 方法，该方法完成服务器端蓝牙与客户端蓝牙连接，如果有多个客户端蓝牙设备需要连接到服务器端，可以通过循环方式将多个客户端蓝牙连接到服务器端，并将连接成功（或者订阅成功）的信息发送到客户端（PC 机）。

实现代码如下：

```
private void btnStart_Click(object sender, EventArgs e)
{
    BluetoothRadio radio = BluetoothRadio.PrimaryRadio;
    if (radio == null)
    {
        UpdateUI("没有发现蓝牙设备或者不支持蓝牙协议栈！");
        return;
    }
    radio.Mode = RadioMode.Discoverable;
    Listener = new BluetoothListener(BluetoothService.SerialPort);
    Listener.Start();
    listening = true;
    Thread ListenerThread = new Thread(ListenLoop);
    ListenerThread.Start();
    UpdateUI("蓝牙服务开始！");
}

private void ListenLoop()
{
    string dataToSend = "感谢您的蓝牙信息订阅\r\n";
    byte[] dataBuffer = System.Text.Encoding.Unicode.GetBytes(dataToSend);
    while(listening)
    {
```

```
        try
          {
          BluetoothClient Client = Listener.AcceptBluetoothClient();
          WriteMsg("获得从"+Client.RemoteMachineName+"蓝牙信息订阅");
          clientList.Add(Client);
          System.IO.Stream ns = Client.GetStream();
          ns.Write(dataBuffer, 0, dataBuffer.Length);
          }
        catch
          {
          break;
          }
      }
      Listener.Stop();
}
```

2）btnSend_Click 事件处理方法。单击“发送”按钮，执行btnSend_Click方法，该方法负责将文本框中的信息向已经订阅的设备（这里是附带蓝牙功能的PC机）进行发布，同时移除已经断开的蓝牙设备连接。

实现代码如下：

```
private void btnSend_Click(object sender, EventArgs e)
{
    List<BluetoothClient> tempClientList = new List<BluetoothClient>();
    string   dataSend="蓝牙发送的信息内容："+Msg+"\r\n";
    Byte[]   dataBuffer=System.Text.Encoding.Unicode.GetBytes(dataSend);
    foreach(BluetoothClient client in clientList)
    {
      try
      {
          System.IO.Stream ns = client.GetStream();
          ns.Write(dataBuffer, 0, dataBuffer.Length);
          UpdateUI("蓝牙信息发送已出去");
      }
        catch
      {
          tempClientList.Add(client);
          continue;
      }
    }
    foreach (BluetoothClient client in tempClientList)
    {
        clientList.Remove(client);
    }
}
```

3）btnStop_Click 事件处理方法。单击“停止”按钮，执行 btnStop_Click 方法，该方法实现服务器端断开监听的操作。

实现代码如下：

```
private void btnStop_Click(object sender, EventArgs e)
{
    if(Listener!=null)
    {
        Listener.Stop();
    }
    UpdateUI("服务停止！");
}
```

4）WriteMsg 方法。一般来说，如果某工作线程（除主线程）想实现对窗体控件的操作，缺省情况下是不允许直接操作的，为了使窗体所对应的 UI 主线程能够完成工作线程发来改变窗体控件信息的任务，可以通过调用 Invoke 方法将其发送到 UI 主线程去完成，这里调用的 Invoke 方法是一种线程安全的调用。UI 主线程通过委托 delegate 订阅连接事件，调用参数使用 Object[]来传递，当连接状态发生改变的时候，UI 主线程同步调用 void UpdateUI(string msg) 方法以实现对窗体控件的操作。可以这样理解：先假定 UI 主线程（即窗体控件的拥有者）为 A 线程，工作线程为 B 线程，如果 B 线程需要操作窗体控件，就可以使用 Invoke 方法，Invoke 方法将交给它的委托封装成了一个标准的 Windows 消息，加进了 A 线程的消息队列内，最后 B 线程必须等到 A 线程响应了传送的消息后才能得到返回值，这样 UI 主线程（A 线程）可以呈现工作线程（B 线程）提供的任何信息。

实现代码如下：

```
private delegate void SafeWinFormsThreadDelegate(string msg);
    private void WriteMsg(string msg)
    {
        SafeWinFormsThreadDelegate d = new SafeWinFormsThreadDelegate(UpdateUI);
        Invoke(d, new object[] { msg });
    }
    private void UpdateUI(string msg)
    {
        this.listBoxMsg.Items.Add(msg);
    }
```

蓝牙信息发布的运行效果如图 7-19 所示。

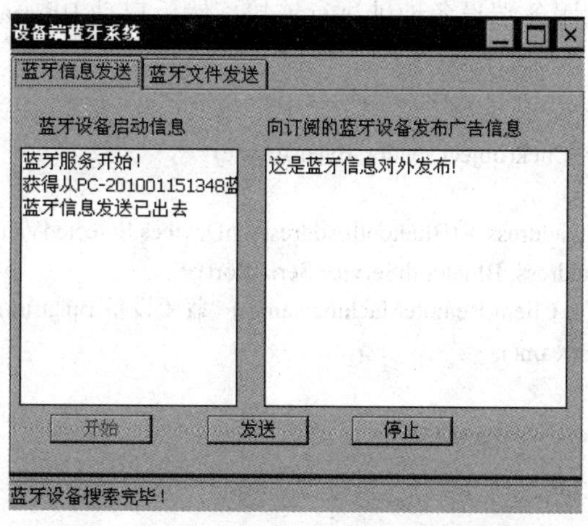


图 7-19　嵌入式设备蓝牙信息发送界面

（2）客户端（PC 端）的功能实现。如图 7-20 所示是客户端蓝牙信息接收界面设计。

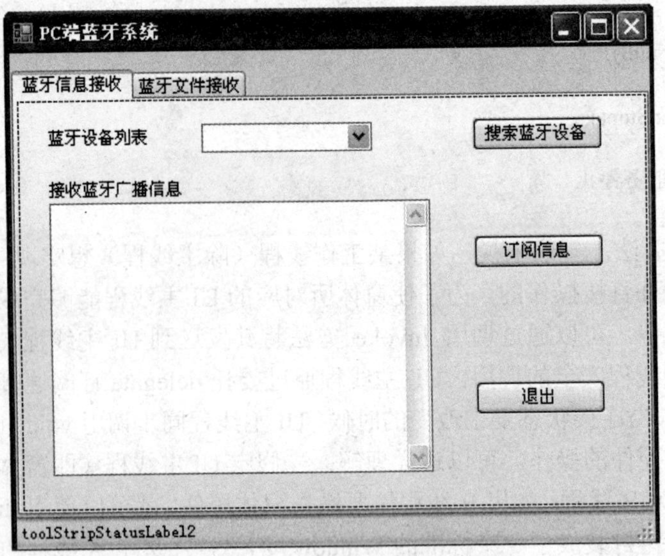


图 7-20　PC 机蓝牙信息接收界面设计

1）btnDiscover_Click事件处理方法。单击“搜索蓝牙设备”按钮，执行btnDiscover_Click方法，该方法负责发现周围的蓝牙设备，并将已发现的设备加入到ComboBox列表控件中。

主要实现代码如下：

```
private void btnDiscover_Click(object sender, EventArgs e)
{
    client = new BluetoothClient();
    BluetoothDeviceInfo[] BthDevices= client.DiscoverDevices();
    cbDevices.DataSource = BthDevices;
    cbDevices.DisplayMember = "DeviceName";
    cbDevices.ValueMember = "DeviceAddress";
}
```

2）btnSubcriber_Click 事件处理方法。单击“订阅信息”按钮，执行 btnSubcriber_Click 方法，该方法根据发现的服务端设备地址进行连接，然后启动 Bthread 线程接收从服务器端发来的信息。

主要实现代码如下：

```
private void btnSubcriber_Click(object sender, EventArgs e)
{
    BluetoothAddress Bthaddress = (BluetoothAddress)cbDevices.SelectedValue;
    Client.Connect(Bthaddress, BluetoothService.SerialPort);
    WriteMsg("连接到" + Client.RemoteMachineName + "蓝牙设备\r\n",true);
    stream = Client.GetStream();
    Receiveing = true;
    Bthread = new Thread(ReceiveLoop);
    Bthread.Start();
}
```

```
private void ReceiveLoop()
{
    while(Receiveing)
    {
        if(stream.CanRead)
        {
            Byte[] databuffer = new Byte[255];
            stream.Read(databuffer, 0, 255);
            string data = System.Text.Encoding.Unicode.GetString(databuffer,0,255);
            WriteMsg(data,true);
        }
    }
}
```

3）btnExit_Click 事件处理方法。单击“退出”按钮，执行 btnExit_Click 方法，该方法负责终止线程和取消蓝牙信息订阅。

主要实现代码如下：

```
private void btnExit_Click(object sender, EventArgs e)
{
    if (Bthread != null)
    {
    Bthread.Abort();
    }
    Receiveing = false;
    if(Client!=null)
    {
        Client.Close();
    }
}
```

客户端蓝牙信息接收的运行效果如图 7-21 所示。

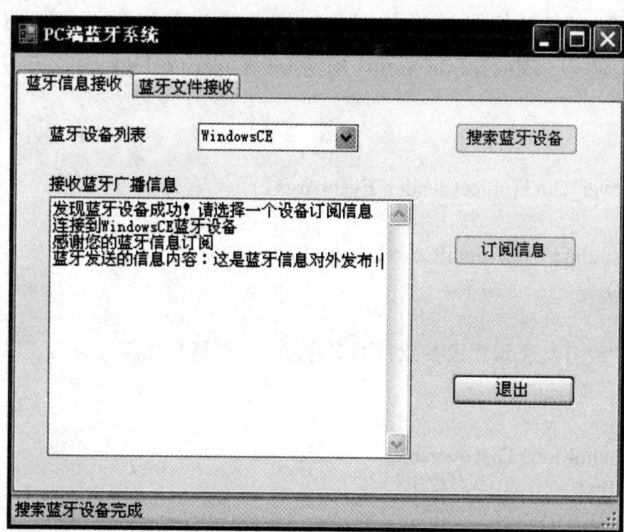


图 7-21　PC 机蓝牙信息接收界面

2. 蓝牙文件传输实现

蓝牙文件传输通过 OBEX 实现，这里包括客户端和服务器端实现，客户端由嵌入式设备作为发送方进行文件的发送，服务器端由外插 USB 蓝牙适配器的 PC 机（或者附带蓝牙功能的 PC）作为接收方进行文件的接收，如图 7-22 所示。通过 ObexWebRequest 来推文件到目标设备，ObexWebRequest 的实现模式和 HttpWebRequest 类似，都是发送请求，等待回应，回应封装在 ObexWebResponse 类中。如果目标设备的 Obex 服务没有打开，会发生文件传输错误。

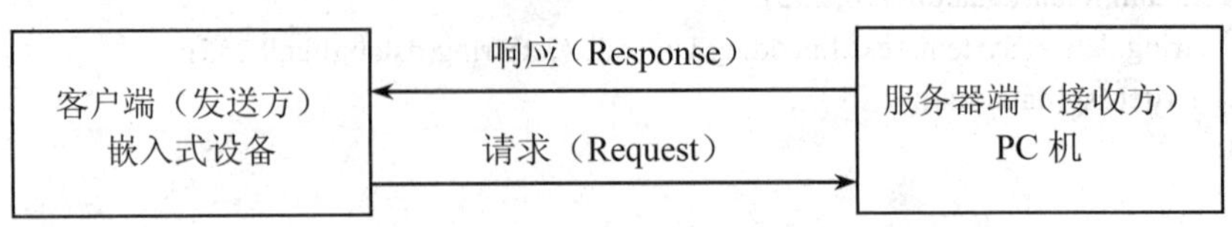


图 7-22　客户端向服务器端进行文件传输

（1）客户端（设备端）的功能实现。如图 7-23 所示是客户端蓝牙文件发送界面设计。

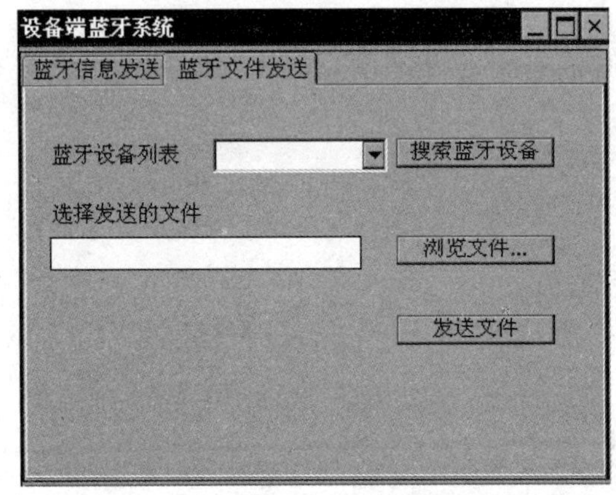


图 7-23　嵌入式设备蓝牙文件发送界面设计

1）btnDiscover_Click 事件处理方法。单击“搜索蓝牙设备”按钮，执行对周围蓝牙设备的搜索，这里利用 32feet.NET 组件提供的对象实现蓝牙设备发现，如可以通过 BluetoothRadio 对象打开蓝牙设备，通过 BluetoothClient 对象的 DiscoverDevices 方法来扫描附近的所有 Bluetooth 设备。

实现代码如下：

```
private void btnDiscover_Click(object sender, EventArgs e)
{
    BluetoothRadio radio = BluetoothRadio.PrimaryRadio;
    if (radio == null)
    {
        UpdateUI("没有发现蓝牙设备或者不支持蓝牙协议栈！");
        return;
    }
    radio.Mode = RadioMode.Discoverable;
    this.statusBar1.Text = "正在搜索蓝牙设备...";
    Application.DoEvents();
    BluetoothClient Client = new BluetoothClient();
```

```
        BluetoothDeviceInfo[] BthDevices = Client.DiscoverDevices();
        cbDevices.DataSource = BthDevices;
        cbDevices.DisplayMember = "DeviceName";
        cbDevices.ValueMember = "DeviceAddress";
        this.statusBar1.Text = "蓝牙设备搜索完毕！";
        Application.DoEvents();
    }
```

2）btnSkip_Click 事件处理方法。单击“浏览文件”按钮，打开文件对话框，选择欲传输的文件。

实现代码如下：

```
private void btnSkip_Click(object sender, EventArgs e)
{
    OpenFileDialog OFD = new OpenFileDialog();
    if (OFD.ShowDialog() == DialogResult.OK)
    {
        this.txtUpFile.Text = OFD.FileName;
    }
}
```

3）btnSendFile_Click 事件处理方法。单击“发送”按钮，执行 btnSendFile_Click 方法，在执行过程中，首先选择文件接收方的蓝牙设备（附带蓝牙功能的 PC 机），然后通过 OBEX 协议的 URI 作为参数实例化 ObexWebRequest 对象并向服务器端发送请求，接着执行 ObexWebRequest 对象的推操作，将文件发往到蓝牙设备，最后通过调用 ObexWebRequest 对象 GetResponse 方法，获取服务器端响应，并将响应封装在 ObexWebResponse 对象中。如果文件传输成功，则响应代码将显示成功信息，否则如果蓝牙设备的 Obex 服务没有打开，则响应代码将显示文件传输错误。

主要实现代码如下：

```
private void btnSendFile_Click(object sender, EventArgs e)
{

    ObexWebResponse Response=null;
  try
    {
    System.Uri uri = new Uri("obex://" + cbDevices.SelectedValue.ToString() + "/" +
                    System.IO.Path.GetFileName(txtUpFile.Text));
    ObexWebRequest Request = new ObexWebRequest(uri);
    Request.ReadFile(txtUpFile.Text);
    Response= (ObexWebResponse)Request.GetResponse();
    MessageBox.Show(Response.StatusCode.ToString());
    }
      catch
   {
      MessageBox.Show("传输失败！");
   }
   finally
   {
     if(Response!=null)
```

```
            {
                Response.Close();
            }
        }
}
```

客户端（设备端）蓝牙文件发送的运行效果如图 7-24 所示。

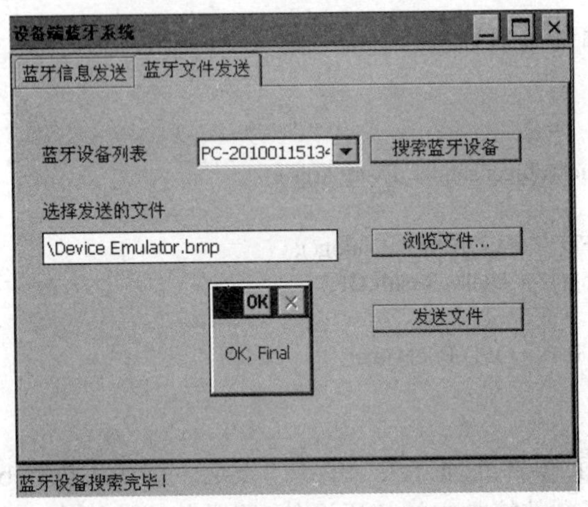


图 7-24　嵌入式设备蓝牙文件发送运行界面

（2）服务器端（PC 机）的功能实现。如图 7-25 所示是服务器端蓝牙文件接收界面的设计。

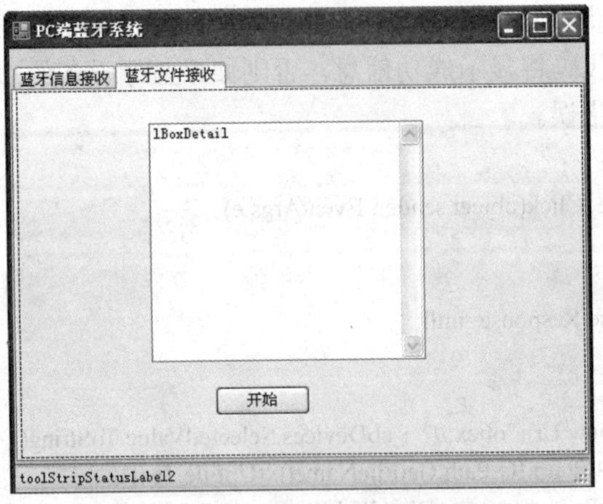


图 7-25　PC 机蓝牙文件接收界面设计

1）btnStart_Click 事件处理方法。单击“开始”按钮，执行从客户端将文件发往服务器端的接收操作。首先创建 ObexListener 的 Obex 侦听器对象，然后执行 Start 方法监听从客户端发来的请求，同时启动一个请求处理线程 threadFile，在该线程中执行 DealWithRequest 方法，通过 DealWithRequest 方法接收从客户端发来的文件。

主要实现代码如下：

```
private void btnStart_Click(object sender, EventArgs e)
{
    if(Listener==null)
    {
```

```
    BluetoothRadio.PrimaryRadio.Mode = RadioMode.Discoverable;
    Listener = new ObexListener(ObexTransport.Bluetooth);
    }
        Listener.Start();
        threadFile = new Thread(DealWithRequest);
        threadFile.Start();
}
```

2）DealWithRequest 方法。首先在该方法中同步调用 ObexListener 对象的 GetContext 方法，该方法将阻塞调用，直到客户端传入 ObexWebRequest 请求时才返回。然后通过 ObexListenerContext 对象的 Request 属性获取 ObexListenerRequest 对象，最后处理 Obex 请求，以获取客户端向服务器端传送的蓝牙文件。

主要实现代码如下：

```
private void DealWithRequest()
{
    while(Listener.IsListening)
    {
        try
        {
            ObexListenerContext Olc = Listener.GetContext();
            ObexListenerRequest Request = Olc.Request;
            string filename = Uri.UnescapeDataString(Request.RawUrl.TrimStart(new char[] { '/' }));
            Request.WriteFile(DateTime.Now.ToString("yyMMddHHmmss") + " " + filename);
            WriteMsg(filename,false);
        }
        catch(Exception e)
        {
            WriteMsg(e.Message,false);
            continue;
        }
    }
}
```

服务器端蓝牙文件接收的运行效果如图 7-26 所示。

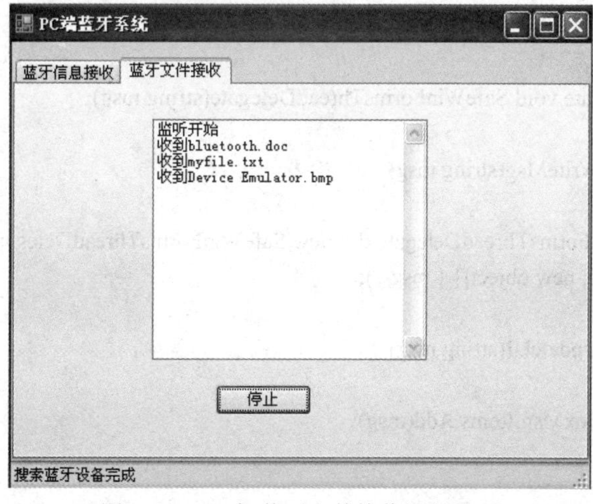


图 7-26　PC 机蓝牙文件接收运行界面

# 附　　录

设备端的蓝牙功能实现代码如下：

```
using System;
using System.Collections.Generic;
using System.ComponentModel;
using System.Data;
using System.Drawing;
using System.Text;
using System.Windows.Forms;
using InTheHand.Net;
using InTheHand.Net.Bluetooth;
using InTheHand.Net.Ports;
using InTheHand.Net.Sockets;
using System.Threading;

namespace NewHMIBth
{
    public partial class MainFrm : Form
    {
        private BluetoothListener Listener;
        private List<BluetoothClient> clientList = new List<BluetoothClient>();
        private bool listening = true;
        public MainFrm()
        {
            InitializeComponent();
            btnSend.Enabled = false;
            btnStop.Enabled =false;
        }

       private    delegate void SafeWinFormsThreadDelegate(string msg);

        private void WriteMsg(string msg)
        {
            SafeWinFormsThreadDelegate d = new SafeWinFormsThreadDelegate(UpdateUI);
            Invoke(d, new object[] { msg });
        }
        private void UpdateUI(string msg)
        {
            this.listBoxMsg.Items.Add(msg);
        }
```

```
private void btnStart_Click(object sender, EventArgs e)
{
    BluetoothRadio radio = BluetoothRadio.PrimaryRadio;
    if (radio == null)
    {
        UpdateUI("没有发现蓝牙设备或者不支持蓝牙协议栈！");
        return;
    }
    radio.Mode = RadioMode.Discoverable;
    Listener = new BluetoothListener(BluetoothService.SerialPort);
    Listener.Start();
    listening = true;
    Thread ListenerThread = new Thread(ListenLoop);
    ListenerThread.Start();
    btnStop.Enabled = true;
    btnStart.Enabled = false;
    btnSend.Enabled = true;
    UpdateUI("蓝牙服务开始！ ");
}
private void ListenLoop()
{
    string dataToSend = "感谢您的蓝牙信息订阅\r\n";
    byte[] dataBuffer = System.Text.Encoding.Unicode.GetBytes(dataToSend);
  while(listening)
  {
    try
    {
        BluetoothClient Client = Listener.AcceptBluetoothClient();
        WriteMsg("获得从"+Client.RemoteMachineName+"蓝牙信息订阅");
        clientList.Add(Client);
        System.IO.Stream ns = Client.GetStream();
        ns.Write(dataBuffer, 0, dataBuffer.Length);
    }
    catch
    {
        break;
    }
  }
  Listener.Stop();
}

private void btnSend_Click(object sender, EventArgs e)
{
    BroadLoop(this.txtMsg.Text);
}
```

```
private void BroadLoop(string Msg)
{
    List<BluetoothClient> tempClientList = new List<BluetoothClient>();
    string  dataSend="蓝牙发送的信息内容："+Msg+"\r\n";
    Byte[]  dataBuffer=System.Text.Encoding.Unicode.GetBytes(dataSend);
    foreach(BluetoothClient client in clientList)
    {
      try
      {
          System.IO.Stream ns = client.GetStream();
          ns.Write(dataBuffer, 0, dataBuffer.Length);
          UpdateUI("蓝牙信息发送已出去");
      }
      catch
      {
          tempClientList.Add(client);
          continue;
      }
    }
    foreach (BluetoothClient client in tempClientList)
    {
        clientList.Remove(client);
    }
}

private void btnStop_Click(object sender, EventArgs e)
{
      if(Listener!=null)
      {
          Listener.Stop();
      }
      UpdateUI("服务停止！");
      btnSend.Enabled = false;
      btnStart.Enabled = true;
      btnStop.Enabled = false;
}

private void btnDiscover_Click(object sender, EventArgs e)
{
    BluetoothRadio radio = BluetoothRadio.PrimaryRadio;
    if (radio == null)
    {
        UpdateUI("没有发现蓝牙设备或者不支持蓝牙协议栈！");
        return;
    }
    radio.Mode = RadioMode.Discoverable;
```

```
        this.statusBar1.Text = "正在搜索蓝牙设备...";
        Application.DoEvents();
        BluetoothClient Client = new BluetoothClient();
        BluetoothDeviceInfo[] BthDevices = Client.DiscoverDevices();
        cbDevices.DataSource = BthDevices;
        cbDevices.DisplayMember = "DeviceName";
        cbDevices.ValueMember = "DeviceAddress";
        this.statusBar1.Text = "蓝牙设备搜索完毕！ ";
        Application.DoEvents();
    }

    private void btnSkip_Click(object sender, EventArgs e)
    {
        OpenFileDialog OFD = new OpenFileDialog();
        if (OFD.ShowDialog() == DialogResult.OK)
        {
            this.txtUpFile.Text = OFD.FileName;
        }
    }

    private void btnSendFile_Click(object sender, EventArgs e)
    {
        if(cbDevices.SelectedIndex<0)
        {
            MessageBox.Show("请选择发送的蓝牙设备!");
            return;
        }
        if(this.txtUpFile.Text.Trim()=="")
        {
            MessageBox.Show("请选择文件再传送!");
            return;
        }
         ObexWebResponse Response=null;
        try
        {
      System.Uri uri = new Uri("obex://" + cbDevices.SelectedValue.ToString() + "/" +
                    System.IO.Path.GetFileName(txtUpFile.Text));
      ObexWebRequest Request = new ObexWebRequest(uri);
      Request.ReadFile(txtUpFile.Text);
      Response= (ObexWebResponse)Request.GetResponse();
      MessageBox.Show(Response.StatusCode.ToString());
        }
        catch
        {
            MessageBox.Show("传输失败！ ");
        }
```

```
                finally
                {
                    if(Response!=null)
                    {
                        Response.Close();
                    }
                }
            }
        }
    }
```

PC 端的蓝牙功能实现代码如下：

```
using System;
using System.Collections.Generic;
using System.ComponentModel;
using System.Data;
using System.Drawing;
using System.Text;
using System.Windows.Forms;
using InTheHand.Net;
using InTheHand.Net.Bluetooth;
using InTheHand.Net.Sockets;
using System.Threading;

namespace NewPCBth
{
    public partial class Form1 : Form
    {
        //文件传输
        private ObexListener Listener=null;
        private bool ServiceStart=false;
        private Thread threadFile;
        //蓝牙信息接收
        private BluetoothClient Client;
        private bool Receiveing;
        private Thread Bthread;
        private System.IO.Stream stream;
        private bool IsFlag = true;
        public Form1()
        {
            InitializeComponent();
            btnExit.Enabled = false;
            btnSubcriber.Enabled = false;
        }
        private delegate void SafeWinFormsThreadDelegate(string msg);
        private void WriteMsg(string msg,bool flag)
        {       SafeWinFormsThreadDelegate d ;
```

```
        if(flag)
        {
        d= new SafeWinFormsThreadDelegate(UpdateUI);
        }
        else
        {
        d = new SafeWinFormsThreadDelegate(UpdateUIFile);
        }
        Invoke(d, new object[] {msg});
    }
    private void UpdateUI(string msg)
    {
        txtMsg.Text += msg;
    }

    private void UpdateUIFile(string msg)
    {
       this.lBoxDetail.Items.Add("收到" + msg );
    }

    private void btnDiscover_Click(object sender, EventArgs e)
    {
        BluetoothRadio radio = BluetoothRadio.PrimaryRadio;
        if(radio==null)
        {
            WriteMsg("没有发现蓝牙设备或者没有支持的蓝牙协议栈！",true);
            return;
        }
        radio.Mode = RadioMode.Discoverable;
        toolStripStatusLabel2.Text = "正在搜索蓝牙设备....";
        Application.DoEvents();
        Client = new BluetoothClient();
        BluetoothDeviceInfo[] BthDevices = Client.DiscoverDevices();
        cbDevices.DataSource = BthDevices;
        cbDevices.DisplayMember = "DeviceName";
        cbDevices.ValueMember = "DeviceAddress";
        toolStripStatusLabel2.Text = "搜索蓝牙设备完成";
        Application.DoEvents();
        txtMsg.Text = "";
        WriteMsg("发现蓝牙设备成功！请选择一个设备订阅信息\r\n",true);
        btnSubcriber.Enabled = true;
        btnExit.Enabled = true;
        IsFlag = true;
    }

    private void btnSubcriber_Click(object sender, EventArgs e)
```

```
{
    try
    {
     if(IsFlag)
        {
        BluetoothAddress Bthaddress = (BluetoothAddress)cbDevices.SelectedValue;
        Client.Connect(Bthaddress, BluetoothService.SerialPort);
        WriteMsg("连接到" + Client.RemoteMachineName + "蓝牙设备\r\n",true);
        stream = Client.GetStream();
        Receiveing = true;
        Bthread = new Thread(ReceiveLoop);
        Bthread.Start();
        this.btnSubcriber.Enabled = false;
        this.btnDiscover.Enabled = false;
        }
        else
        {
         Client = new BluetoothClient();
         BluetoothAddress Bthaddress = (BluetoothAddress)cbDevices.SelectedValue;
        Client.Connect(Bthaddress, BluetoothService.SerialPort);
        WriteMsg("连接到" + Client.RemoteMachineName + "蓝牙设备\r\n",true);
        stream = Client.GetStream();
        Receiveing = true;
        Bthread = new Thread(ReceiveLoop);
        Bthread.Start();
        this.btnSubcriber.Enabled = false;
        this.btnDiscover.Enabled = false;
        }
    }
    catch
    {
     WriteMsg("请求连接的服务器无效！请检查蓝牙服务器是否已经打开\r\n",true);
    }
}

private void ReceiveLoop()
{
    while(Receiveing)
    {
     if(stream.CanRead)
     {
         Byte[] databuffer = new Byte[255];
         stream.Read(databuffer, 0, 255);
         string data = System.Text.Encoding.Unicode.GetString(databuffer,0,255);
         WriteMsg(data,true);
     }
```

```
        }
    }
    private void btnExit_Click(object sender, EventArgs e)
    {
        if (Bthread != null)
        {
        Bthread.Abort();
        }
        Receiveing = false;
        if(Client!=null)
        {
            Client.Close();
        }
        btnDiscover.Enabled = true;
        btnExit.Enabled = true;
        btnSubcriber.Enabled = true;
        IsFlag = false;
    }

    private void Form1_FormClosing(object sender, FormClosingEventArgs e)
    {
        if(Bthread!=null)
        {
        Bthread.Abort();
        }
        if (Client != null)
        {
            Client.Close();
        }
        if (Listener != null)
        {
            Listener.Close();
        }
        if (threadFile!=null)
        {
            threadFile.Abort();
        }
        Application.Exit();
    }

    private void btnStart_Click(object sender, EventArgs e)
    {
         if(Listener==null)
         {
        BluetoothRadio.PrimaryRadio.Mode = RadioMode.Discoverable;
        Listener = new ObexListener(ObexTransport.Bluetooth);
```

```
            }
            if(!ServiceStart)
            {
                ServiceStart = true;
                btnStart.Text = "停止";
                Listener.Start();
                threadFile = new Thread(DealWithRequest);
                threadFile.Start();
                lBoxDetail.Items.Add("监听开始");
            }
            else
            {
                ServiceStart = false;
                btnStart.Text = "开始";
                Listener.Stop();
                lBoxDetail.Items.Add("监听停止");
                threadFile.Abort();
            }
        }

        private void DealWithRequest()
        {
            while(Listener.IsListening)
            {
                try
                {
                    ObexListenerContext Olc = Listener.GetContext();
                    ObexListenerRequest Request = Olc.Request;
                    string filename = Uri.UnescapeDataString(Request.RawUrl.TrimStart(new char[] { '/' }));
                    Request.WriteFile(DateTime.Now.ToString("yyMMddHHmmss") + " " + filename);
                    WriteMsg(filename,false);
                }
                catch(Exception e)
                {
                    WriteMsg(e.Message,false);
                    continue;
                }
            }
        }

    }
}
```

# 参考文献

[1] 何宗健．Windows CE 嵌入式系统．北京：北京航空航天大学出版社，2006.

[2] 张冬泉，谭南林．Windows CE 开发实例精粹．北京：电子工业出版社，2008.

[3] 刘彦博，胡砚、马骐．Windows Mobile 平台应用与开发．北京：人民邮电出版社，2006.

[4] 周毓林，宁杨，陆贵强，付林林．Windows CE.net 内核定制及应用开发．北京：电子工业出版社，2006.

[5] http://www.cnblogs.com/procoder/archive/2009/05/archive/2009/04/13/1434628.html.